Übergang zu postfossiler Mobilität:

Integration von Nutzeranforderungen und Verhaltensmustern in die Planung von Ladeinfrastruktur für Elektroautos

Von der Philosophischen Fakultät der Rheinisch-Westfälischen Technischen Hochschule Aachen zur Erlangung des akademischen Grades eines Doktors der Philosophie genehmigte Dissertation

vorgelegt von
Ralf Theo Philipsen

Berichter:
Univ.-Prof. Dr. phil. Martina Ziefle
Univ.-Prof. Dr.-Ing. Dipl.-Wirt. Ing. Günther Schuh

Tag der mündlichen Prüfung: 13. Mai 2022

Ralf Philipsen

Übergang zu postfossiler Mobilität: Integration von Nutzeranforderungen und Verhaltensmustern in die Planung von Ladeinfrastruktur für Elektroautos

Herausgeber:
HCI Center der RWTH Aachen

Band DIS17

Bibliografische Information der Deutschen Nationalbibliothek
Die Deutsche Nationalbibliothek verzeichnet diese Publikation in der Deutschen Nationalbibliografie; detaillierte bibliografische Daten sind im Internet über https://portal.dnb.de abrufbar.

Ralf Philipsen:

Übergang zu postfossiler Mobilität:
Integration von Nutzeranforderungen und Verhaltensmustern in die Planung von Ladeinfrastruktur für Elektroautos

1. Auflage, 2022

Gedruckt auf holz- und säurefreiem Papier, 100% chlorfrei gebleicht.

Apprimus Verlag, Aachen, 2022
Wissenschaftsverlag des Instituts für Industriekommunikation und Fachmedien an der RWTH Aachen
Steinbachstr. 25, 52074 Aachen
Internet: www.apprimus-verlag.de, E-Mail: info@apprimus-verlag.de

Druck: CPI Druckdienstleistungen GmbH, Ferdinand-Jühlke-Straße 7 I 99095 Erfurt

ISBN 978-3-98555-081-4

D 82 (Diss. RWTH Aachen University, 2022)

Inhaltsverzeichnis

Abbildungsverzeichnis

Tabellenverzeichnis

Zusammenfassung

Aus der fortschreitenden Klimaerwärmung ergeben sich zahlreiche Herausforderungen für die Gesellschaft. Wichtigstes Ziel ist es, die durchschnittliche Erwärmung möglichst zu begrenzen, weswegen sich die Mehrheit der Staaten im Pariser Klimaschutzabkommen darauf verständigt hat, Treibhausgasemissionen, darunter insbesondere die Emission von CO_2, signifikant zu reduzieren. Da Treibhausgase vorwiegend bei der Verbrennung von fossilen Kraftstoffen zur Energiegewinnung freigesetzt werden, trägt neben dem industriellem Sektor und dem Gebäudesektor, insbesondere der Verkehr zu den Gesamtemissionen in relevanter Größenordnung bei.

Während andere Sektoren in den vergangenen Jahren Emissionen reduzieren konnten, war dies im Verkehr, und insbesondere im Straßenverkehr, nicht möglich, da Einsparungen durch technische Verbesserungen durch eine Intensivierung der Mobilität wieder ausgeglichen wurden. Ein Ansatz, um Verbesserungen zu erreichen, wäre daher den Straßenverkehr möglichst vollständig zu elektrifizieren, also unabhängig vom Verbrennungsmotor zu machen und zumindest während der Mobilität selbst keine CO_2-Emissionen mehr zu verursachen.

Obwohl seit 2009 Elektromobilität in Deutschland staatlich gefördert wird, was Forschung, Anschaffung und Infrastrukturaufbau betrifft, und auch wenn die derzeitige Entwicklung der Zulassung elektrischer Fahrzeuge positiv ist, blieb die Entwicklung bisher hinter den politischen Erwartungen. Derzeit sind in Deutschland nur etwa 0.6% der zugelassenen Pkw so genannte BEV, also rein batterieelektrisch angetriebene Pkw ohne Verbrennungsmotor, was verdeutlicht, dass nutzerseitig neben wahrgenommenen Vorteilen weiterhin Adoptionshemmnisse bestehen, die eine breite Marktdurchdringung behindern.

Zu diesen Hemmnissen gehören u.a. die im Vergleich zu Fahrzeugen mit Verbrennungsmotoren noch höheren Anschaffungskosten, Bedenken gegenüber der Langlebigkeit der Batterien, aber insbesondere Aspekte rund um die Themen Reichweite und Laden der Fahrzeuge. Erstere wird als unzureichend für die eigenen Mobilitätsbedürfnisse angesehen und im Zusammenhang mit dem letzteren werden nutzerseitig die langen Ladedauern und der Ausbaustand des Ladeinfrastrukturnetzes als Nutzungshemmnis wahrgenommen. Zwar schreitet der Infrastrukturausbau staatlich gefördert voran, aber hinsichtlich der Positionierung und Ausgestaltung der Ladeinfrastruktur gibt es noch zahlreiche offene Fragen, da bisher überwiegend

Erkenntnisse aus der fossilen Mobilität auf den neuen Kontext übertragen werden und an vielen Stellen noch unklar ist, inwieweit dies zulässig ist oder ob sich durch die Antriebsart neue Anforderungen und Verhaltensweisen der Nutzer ergeben, die bei der Planung der Infrastruktur berücksichtigt werden müssen.

Diese Lücke greift die vorliegende Arbeit auf und adressiert angelehnt an den Reasoned Action Approach von Fishbein und Ajzen (2011) die Wahrnehmung des Ladens, die Anforderungen an Ladestandorte und die konkreten Ladeentscheidungen des Nutzers unter Berücksichtigung der zugrundeliegenden Entscheidungskriterien. In einem konsekutiven Multimethodeneinsatz wurden qualitative und quantitative empirische Methoden in insgesamt fünf Studien genutzt, um u.a. Wahrnehmungsprofile, Standortpräferenzen, Verhaltensmuster und Entscheidungskriterien zu identifizieren und zu vermessen. Neben konventionellen Befragungen, wurden auch eine Conjointanalyse, sowie ein Co-Creation-Ansatz mit einer interaktiven Karte zur Standortplanung angewendet. In allen Studien wurden sowohl tatsächliche Nutzer von Elektroautos, die keine Hemmnisse mehr wahrnehmen oder sich bereits mit diesen arrangiert haben, als auch potentielle zukünftige Nutzer berücksichtigt, die derzeit noch Fahrzeuge mit Verbrennungsmotor (ICEV) fahren, um beide Gruppen zukünftig in der Infrastrukturplanung adressieren zu können. Gleichzeitig wird das Laden im Kontrast zum Tanken betrachtet, um zu untersuchen, inwiefern sich Wahrnehmung, Anforderungen und Verhalten in Abhängigkeit der Antriebstechnologie ändern.

Aus den Ergebnissen wird deutlich, dass sich beide Gruppen kaum hinsichtlich ihrer Wahrnehmung unterscheiden. Elektrofahrzeugnutzer sehen erwartungsgemäß das Laden positiver als dies die ICEV-Nutzer machen. Das mentale Modell, dass ICEV-Nutzer vom Laden haben ist dazu im Vergleich jedoch nicht fundamental verzerrt. Bei den Anforderungen an Ladeinfrastruktur zeigt sich, dass aktuelle BEV-Nutzer öffentliches Laden eher an Achsen und auf Langstreckenfahrten sehen, während ICEV-Nutzer innerstädtische Szenarien fokussieren und insbesondere Einkaufen und andere Freizeiterledigungen als Möglichkeiten sehen, Ladezeit zu überbrücken und entsprechend an Orten, die dies ermöglichen Ladeinfrastruktur erwarten. BEV-Nutzer planen weiterhin räumlich weniger dichte Ladenetze, während ICEV-Nutzer die Ladeinfrastruktur bevorzugt engmaschiger in ihrem lokalen Umfeld sehen. Hinsichtlich Verhaltensmustern zeigte sich, dass BEV-Nutzer dazu tendieren, häufiger kleinere Mengen nachzufüllen, während ICEV-Nutzer favorisieren, den Tank leerzufahren und dann vollzutanken. Abgesehen von einer höheren Wichtigkeit der Gewohnheit beim Laden unterscheiden sich beide Gruppen jedoch nicht hinsichtlich der Anlässe für ein Nachfüllen des Fahrzeugs. Auf die Entscheidung einen Lade-/Tankstandort zu nutzen, haben der aktuelle Preis, die Restreichweite, sowie der notwendige Umweg den größten Einfluss, wobei für BEV-

Nutzer die Restreichweite relevanter ist als der Umweg und für ICEV-Nutzer dies umgekehrt zutrifft. Reichweitenstress oder fehlendes Vertrauen in die Fahrzeuge konnten für beide Gruppen nicht gefunden werden.

Hinsichtlich Nutzerdiversität wurde deutlich, dass klassische sozio-demographische Faktoren und Persönlichkeitsmerkmale weniger relevant in den Kontexten Laden und Tanken sind als Faktoren, die sich aus dem Wohnort und der Mobilität der Nutzer ergeben, sowie als Faktoren der jeweiligen Fahrtsituation.

Zum Abschluss der Arbeit werden die methodische Durchführung und die Ergebnisse kritisch reflektiert, eingeordnet und Handlungsempfehlungen für die zukünftige Forschung und Infrastrukturplanung abgeleitet.

Konventionen

Im folgenden Kapitel werden zunächst Konventionen hinsichtlich Sprache, Referenzierung und Zahlendarstellung vorgestellt, die in der vorliegenden Arbeit angewendet wurden.

Sprache

Die Arbeit ist in Deutscher Sprache verfasst. Unter Verweis auf das generische Maskulinum im Deutschen und aus Gründen der Lesbarkeit wird gemäß den Empfehlungen des Rats für Deutsche Rechtschreibung (2021) auf weitere Schreibweisen im Sinne einer geschlechtergerechten Sprache verzichtet. Soweit nicht anders angeben, adressieren Formulierungen wie z.B. *Nutzer* oder *Fahrer* selbstverständlich beide Geschlechter.

Abkürzungen

Mangels verbreiteter deutschsprachiger Alternativen werden teilweise Abkürzungen genutzt, deren Langformen der Englischen Sprache entstammt. Dies betrifft insbesondere die Klassifizierung der Fahrer von Elektroautos und von Autos mit Verbrennungsmotor. In diesem Zusammenhang werden die international üblichen Abkürzungen *BEV = Battery Electric Vehicle* und *ICEV = Internal Combustion Engine Vehicle* genutzt. Eine Übersicht der wesentlichen genutzten Abkürzungen findet sich in Tabelle 0.1.

Bezeichnungen

In dieser Arbeit werden die Begriffe *Fahrzeug*, *Auto* und *Pkw* vereinfachend synonym verwendet, auch wenn *Fahrzeug* grundsätzlich ein generischer Begriff ist, der nicht nur *Autos* und *Pkws* umfasst. Weiterhin werden synonym für *Tanken* und *Laden* auch die Begriffe *Aufffüllen, Nachfüllen, Füllen* genutzt, um generisch sowohl das Befüllen des Tanks als auch das Aufladen der Batterie zu bezeichnen. Weiterhin wird in dieser Arbeit angelehnt an die international gebräuchlichere, englische Notation die generische Bezeichnung *Batterie* genutzt, auch wenn im deutschen Sprachgebrauch eigentlich *Akkumulator* (kurz *Akku*) oder *Sekundärbatterie* die

Tabelle 0.1.: Übersicht über die genutzten Abkürzungen

ACBC	Adaptive Choice-based Conjoint
APA	American Psychologist Association
BEV	Battery Electric Vehicle
HEV	Hybrid Electric Vehicle
ICEV	Internal Combustion Engine Vehicle
KBA	Kraftfahrt-Bundesamt
LIS	Ladeinfrastruktur
M	Mittelwert
MID	„Mobilität in Deutschland"-Studie
MOP	„Deutsches Mobilitätspanel"
N	Größe der gesamten Stichprobe
n	Größe einer Teilstichprobe
PHEV	Plug-in Hybrid Electric Vehicle
Pkw	Personenkraftwagen
RAA	Reasoned Action Approach
SD	Standardabweichung (Standard Deviation)
SE	Standardfehler (Standard Error)
TPB	Theory of Planned Behavior
TRA	Theory of Reasoned Action
WLTP	Worldwide Harmonized Light Vehicles Test Procedure

korrekten Bezeichnungen für das wiederaufladbare Speicherelement des Fahrzeugs wären.

Referenzen

Zum Zitieren von Referenzen wurde der durch die APA (American Psychological Association) definierte und empfohlene Stil genutzt (American Psychological Association, 2019). Beiträge in internationalen Fachzeitschriften, Konferenzproceedings und Bücher wurden gegenüber anderen Quellen bevorzugt. Bei der Nutzung von Onlinequellen wurde das Datum des letzten Zugriffs angegeben.

Zahlen

Der Empfehlung der APA (American Psychological Association, 2019) folgend wurden Signifikanzwerte (p) auf drei Nachkommastellen gerundet, Prozentzahlen ohne Nachkommastellen dargestellt und alle anderen Zahlenwerte auf zwei Nachkommastellen gerundet. Weiterhin wurde als Dezimaltrennzeichen nicht das in Deutschland übliche Komma, sondern der international in wissenschaftlichen Publikationen verbreitetere Punkt genutzt. Bei Variablen (x), die aufgrund Ihrer Definition nur Werte im Bereich $-1 < x < 1$ einnehmen können, wird gemäß gängiger Konventionen (American Psychological Association, 2019) die Null vor dem

Dezimaltrennzeichen weggelassen (Beispiel: $p = .012$ oder $p = -.012$). Weitere statistische Konventionen können Kapitel 8.4 entnommen werden.

Abbildungen

Bei der Visualisierung von Mittelwerten wird, wo möglich, zusätzlich der Standardfehler (SE) durch Fehlerindikatoren abgebildet. Dieser erlaubt im Gegensatz zur Standardabweichung eine Einschätzung der Streuung der gemessenen Mittelwerte in der Stichprobe um den tatsächlichen Mittelwert in der Grundgesamtheit/Population.

"Nur wenn Laden so einfach wie Tanken und zu einer alltäglichen Handlung wird, schaffen wir es, die Menschen auf dem Weg zur klimaneutralen Mobilität mitzunehmen."

Bundesverkehrsminister Volker Wissing (2021)

Teil I.

Motivation

1. Einleitung

Der Klimawandel ist eine der großen, aktuellen Herausforderungen, vor der nicht nur einzelne Staaten oder Regionen stehen, sondern die sowohl globale Auswirkungen als auch globale Ursachen hat. Bedingt durch menschliche Treibhausgasemissionen - darunter neben Methan (CH_4) und Distickstoffmonoxid (N_2O) vor allem Kohlendioxid (CO_2) - ist ein kontinuierlicher Anstieg der weltweiten Durchschnittstemperatur beobachtbar, was unter anderem zunehmend negative Auswirkungen auf Gletscher- und Polareisschmelze sowie das Auftreten von extremen Wetterereignissen haben wird (IPCC, 2021). Um diese Entwicklung aufzuhalten oder zumindest zu verlangsamen, hat sich die Mehrheit der Staaten im Pariser Klimaschutzabkommen auf das Bestreben geeinigt, die Treibhausgasemissionen zukünftig soweit zu reduzieren, dass der mittlere weltweite Temperaturanstieg auf weniger als $2{,}0\,°$C - idealerweise weniger als $1{,}5\,°$C - im Vergleich zum vorindustriellen Niveau beschränkt bleibt („Paris Agreement“, 2015). Bei diesen zu reduzierenden Emissionen handelt es sich überwiegend um solche, die bei der Verbrennung fossiler Brennstoffe zur Energiegewinnung entstehen. So hatten in Deutschland im Jahr 2020 neben der Landwirtschaft (8%) und industriellen Prozessen (8%) energiebedingte Emissionen (83%) den größten Anteil an den Gesamttreibhausgasemissionen des Landes (Umweltbundesamt, 2021b).

Innerhalb der energiebedingten Emissionen hebt der Straßenverkehr sich von anderen Sektoren wie der Energienutzung in Gebäuden oder der Industrie dadurch ab, dass die Emissionen pro Fahrzeug zwar in den letzten Jahrzehnten durch strengere Grenzwerte und einhergehenden technologischen Fortschritt kontinuierlich gesunken sind, aber diese Reduktion durch zunehmende Zulassungszahlen und Fahrleistungen wieder kompensiert wurde, sodass die absoluten CO_2-Emissionen des Straßenverkehrs in den letzten 30 Jahren annähernd konstant geblieben sind, während der relative Anteil an den deutschen CO_2-Emissionen durch Verbesserungen anderer Sektoren sogar auf 20% angestiegen ist (Umweltbundesamt, 2021a). Folgerichtig rückt daher der Verkehrssektor und insbesondere der Straßenverkehr in den Fokus, wenn es darum geht, Potential für die Verbesserung der CO_2-Bilanz zu identifizieren und zu nutzen. Eine Möglichkeit ist dabei die Abkehr vom Grundprinzip der Verbrennung fossiler Otto- und Dieselkraftstoffe und ein Wechsel hin zu elektrischen Antriebsformen, die im Betrieb bei Nutzung erneuerbarer Energiequellen keine Treibhausgase mehr emittieren. So sieht die Europäische Kommission die Notwendigkeit der Reduktion der Emissionen des gesamten Verkehrssektors bei zwischen 54 und 67 Prozent bis 2050 und schlägt dazu neben Effizienzsteigerungen insbesondere die Nutzung von CO_2-armen (Antriebs-)Technologien vor (Europäische Kommission, 2011). Als positiver Nebeneffekt zur Treibhausgasreduktion würde eine Elektrifizierung des Straßenverkehrs auch die aus Gesundheitsperspektive relevante Feinstaubbelastung an viel befahrenen Straßen reduzieren (Hawkins et al., 2013).

Die Nutzung von elektrischen Antrieben in Straßenfahrzeugen ist keine neue Idee, sondern reicht zurück bis in die erste Hälfte des 19. Jahrhunderts[1] und war damit der Nutzung von Verbrennungsmotoren im Straßenverkehr zunächst zeitlich voraus. Im ersten Jahrzehnt des 20. Jahrhunderts erreichten elektrisch angetriebene Pkw ihre bis dahin größte Marktdurchdringung (Høyer, 2008)[2], jedoch sanken die Zulassungszahlen ab da kontinuierlich ab bis zum fast vollständigen Verschwinden aus dem Markt, was insbesondere auf geringe Reichweiten, niedrige Geschwindigkeiten und hohe Anschaffungskosten im Vergleich zu Fahrzeugen mit Verbrennungsmotoren zurückzuführen war (Guarnieri, 2012). Erst durch die zunehmenden Erkenntnisse zum Einfluss des Menschen auf den Klimawandel ab den 1980er und 1990er Jahren kamen elektrisch angetriebene Fahrzeuge im Kontext einer nachhaltigen und klimaneutralen Mobilität wieder in den Fokus von Forschung und Entwicklung (Høyer, 2008). Seit 2009 wird die Elektromobilität in Deutschland mit Schwerpunkt auf dem Pkw-Bereich staatlich gefördert durch Forschungsförderung, finanzielle Kaufanreize, steuerliche Vorteile und Infrastruktursubventionen. Aktuell besteht seitens Politik dabei das Ziel, dass bis 2030 7 bis 10 Millionen Elektrofahrzeuge in Deutschland zugelassen sind und gleichzeitig 1 Million Ladepunkte für die Fahrzeuge zur Verfügung stehen (Bundesregierung, 2019).

Obwohl die monatlichen Neuzulassungen von Pkw mit Elektro-Antrieben insbesondere in den letzten beiden Jahren zunahmen und batterieelektrische Pkw (BEV) in 2021 durchschnittlich (Januar bis November) 12.8% der gesamten Neuzulassungen ausmachten, was einer Steigerung von 120.7% im Vergleich zum Vorjahr entspricht (Kraftfahrt-Bundesamt, 2021c), und damit auch frühe Prognosen eines Marktpotentials von Elektrofahrzeugen von 5% (2011, Lieven et al. (2011)) übertroffen werden, kann von einer flächendeckenden Durchdringung des Marktes noch nicht gesprochen werden. So waren von ca. 48,24 Millionen zum 1. Januar 2021 zugelassenen Pkw in Deutschland nur 0,6% batterielektrische (309.083 Stück) und 2,1% hybride Fahrzeuge (1.004.089 Stück) (Kraftfahrt-Bundesamt, 2021b). Dies

[1] Auf eine detaillierte Beschreibung der technischen Entwicklung von Fahrzeug-, Batterie- und Motortechnik wird verzichtet, da diese nicht im Fokus dieser Arbeit steht.

[2] 38% Marktanteil von elektrischen Pkw in den USA im Vergleich zu Fahrzeugen mit Verbrennungsmotoren (22%) und Dampfantrieb (40%) (Guarnieri, 2012)

verdeutlicht die trotz staatlicher Einflussnahme auf den Markt aktuell noch große Diskrepanz zwischen dem Status Quo auf der einen und den Zulassungszielen der Bundesregierung für 2030 bzw. einer aus Klimaschutzüberlegungen wünschenswerten vollständigen Elektrifizierung des Pkw-Verkehrs auf der anderen Seite und zeigt gleichzeitig, dass neben politischen, umweltrelevanten, ökonomischen und technologischen auch gesellschaftliche Faktoren relevant für den Erfolg der Elektromobilität sind (Schuh et al., 2018).

Aktuell werden Fahrzeuge mit Verbrennungsmotor von den Käufern mehrheitlich bevorzugt und die Gründe dafür sind vielfältig. Unter anderem stellen ökonomische Aspekte, wie z.B. hohe Anschaffungskosten, technische Einschränkungen, wie z.B. Unsicherheiten bei der Akkulebensdauer, oder fehlendes Vertrauen in die Umweltfreundlichkeit und Rohstoffverfügbarkeit Hemmnisse für eine positive Kaufentscheidung dar (Biresselioglu et al., 2018). Ein zentraler Aspekt für die Kaufentscheidung des Einzelnen und damit für die Marktdiffusion ist auch die Wahrnehmung des Ladens durch den potentiellen Nutzer, zum einen hinsichtlich der verfügbaren Ladeinfrastruktur (Biresselioglu et al., 2018; Burkhardt et al., 2015), zum anderen hinsichtlich des Ladevorgangs selbst und dessen Integration in den Alltag, sowie der Wahrnehmung der Fahrzeugreichweite im Kontrast zum eigenen Mobilitätsbedürfnis (Haddadian et al., 2015). Aus diesem Grund fördern einige Industrienationen nicht nur die Forschung zur Elektromobilität oder geben staatliche Kaufanreize, sondern fördern gezielt den Aufbau von Ladeinfrastruktur für Elektrofahrzeuge. Förderprogramme dazu gibt es u.a. in den USA, China, Japan, Frankreich, in den Niederlanden, im Vereinigten Königreich (Hall & Lutsey, 2017) und Norwegen (Lorentzen et al., 2017). Auch in Deutschland wird seit einigen Jahren Ladeinfrastruktur staatlich gefördert. Während anfangs ab 2009 insbesondere Modellregionen in Forschungsprojekten adressiert wurden und überwiegend lokal begrenzt Infrastruktur errichtet wurde (Bundesregierung, 2009; Burkhardt et al., 2015), erfolgt seit 2017 eine breit angelegte, flächendeckende Förderung (Bundesministerium für Verkehr und digitale Infrastruktur, 2017). Gleichwohl ergibt sich aus der puren Verfügbarkeit von Finanzierungshilfen noch keine Garantie für ein Ladeinfrastrukturnetz, welches vom potentiellen Nutzer als hinreichend und bedarfsgerecht wahrgenommen wird und somit kein Hemmnis für die Kaufbereitschaft mehr darstellt. Die vorliegende Arbeit greift daher diese Herausforderung auf und fokussiert Nutzeranforderungen an die Positionierung von Ladeinfrastruktur, das damit zusammenhängende Nutzungsverhalten, und die Passung zwischen beiden Aspekten, um die gewonnenen Erkenntnisse in die zukünftige Planung von Ladeinfrastruktur für Elektroautos integrieren zu können.

2. Aufbau dieser Arbeit

Die vorliegende Arbeit ist in fünf Teile (ohne Anhang) untergliedert. Nach der bereits erfolgten Motivation des Themas (Teil I), schließt sich im Folgenden Teil II der Arbeit an, der neben der Vorstellung der technischen Rahmenbedingungen einen Überblick über den aktuellen Stand der Forschung zum Thema aus Nutzersicht gibt. Teil III umfasst sowohl die Vorstellung der zentralen Forschungsfragen, des Forschungsdesigns und der methodischen Grundlagen, als auch die durchgeführten empirischen Studien selbst. Letztere unterteilen sich dabei in die Teilbereiche *Anforderungen an Ladeinfrastrukur*, *Wahrnehmung des Ladevorgangs* und *Ladeverhalten*. Im anschließenden Teil IV werden die Ergebnisse aller empirischen Studien übergreifend eingeordnet und hinsichtlich ihrer Bedeutung für zukünftige Forschung und Infrastrukturplanung diskutiert. Die Arbeit schließt mit einem Fazit und Ausblick in Teil V.

Teil II.

Stand der Forschung

Im nun folgenden Teil der Arbeit wird der aktuelle Stand der Forschung zum Thema erarbeitet. Zunächst erfolgt dazu eine kurze Vorstellung einiger technischer Rahmenbedingungen zu Elektrofahrzeugen und zum Laden selbiger. Da der Fokus dieser Arbeit nicht auf technischen Aspekten liegt, bleibt diese Darstellung oberflächlich und dient nur dazu, die Ladetechnlogie als technologische Basis des Untersuchungsgegenstands vorzustellen und einzugrenzen. Anschließend wird die Nutzungs- und Kaufbereitschaft im Kontext Elektroautos genauer betrachtet, insbesondere im Hinblick auf Grundlagen der Adaption, sowie Adaptionshemmnissen und -treibern mit dem Schwerpunkt Reichweite und Ladeinfrastruktur. Zuletzt erfolgt ein Überblick über aktuelle Ansätze zur Ladeinfrastrukturplanung und über das bekannte Wissen zu Anforderungen und Verhalten der Nutzer im Kontext Laden.

3. Technische Rahmenbedingungen

Auch wenn die Geschichte des E-Fahrzeugs bis in das 19. Jahrhundert zurückreicht, eng mit der Entwicklung der Batterietechnologie verbunden ist (Guarnieri, 2012; Høyer, 2008) und es im Laufe der Zeit immer Enthusiasten gab, die z.B. eigenständig Fahrzeuge mit Verbrennungsmotor elektrifizierten, kann man ab dem Übergang vom 20. ins 21. Jahrhundert von einer Art Neugeburt der Elektromobilität im Pkw-Bereich sprechen (Yong et al., 2015).

3.1. Antrieb und Energiespeicher

Das Grundprinzip des Elektroautos ist einfach und bringt viele technische Vorteile, aber auch Nachteile mit sich. Während im Motor eines konventionellen Pkw fossile erdölbasierte Energieträger, wie Benzin oder Diesel, verbrannt werden, um die chemische Energie in mechanische Arbeit zum Antrieb des Fahrzeugs zu überführen, erfolgt der Antrieb eines Elektrofahrzeugs durch Umwandlung von elektrischer Energie. Die hierfür benötigte Energie wird analog zum Tank im konventionellen Fahrzeug in einem Energiespeicher mitgeführt, welcher in Form einer Batterie (Akkumulator) umgesetzt ist. Während in der Frühphase der Elektromobilität insbesondere Nickel-Cadmium- (NiCd) und Nickel-Metallhydrid-Batterien (NiMH) genutzt wurden, finden in aktuellen E-Fahrzeugen lithiumbasierte Energiespeicher Verwendung (Yong et al., 2015).

Die Vorteile des elektrischen Antriebs liegen in seiner hohen Effizienz, einem guten Beschleunigungsverhalten und insbesondere in der Emissionsfreiheit während der Fahrt (Mahmoudzadeh Andwari et al., 2017), so dass der Betrieb des Fahrzeugs, wenn zur Erzeugung der elektrischen Energie ebenfalls emissionsfreie Quellen (Photovoltaik, Windkraft, aber auch Nuklearenergie) genutzt werden, möglich ist, ohne Treibhausgase zu emittieren. Als wesentliche Nachteile sind die Energiedichte und das daraus resultierende Gewicht, sowie die hohen Kosten der Batterien zu nennen, was in geringeren Reichweiten und höheren Anschaffungskosten im Vergleich zu Verbrennungsfahrzeugen in vergleichbaren Fahrzeugklassen führt.

Neben Fahrzeugen, die ausschließlich einen oder mehrere Elektromotoren nutzen, sogenannte batterieelektrische Fahrzeuge (BEV), existieren u.a. noch Plug-in-Hybrid-Fahrzeuge (PHEV), die neben dem elektrischen Antrieb, noch einen Verbrennungsmotor besitzen, so dass kurze Strecken elektrisch absolviert und nach

Entleerung der Batterie der konventionelle Antrieb genutzt werden kann, sowie elektrische Fahrzeuge mit Range Extender, die Elektromotoren zum Antrieb nutzen, aber einen kleiner dimensionierten Verbrennungsmotor (zukünftig evtl. auch Brennstoffzellen) als Generatorantrieb mitführen, um bei Entladung der Batterie diese während der Fahrt wieder zu laden.

Da sowohl PHEV als auch Fahrzeuge mit Range Extender aufgrund der Verbrennungsmotoren im Langstreckenbetrieb nicht emissionsfrei fahren und sich durch die parallele Nutzung zweier Antriebstechnologien andere Anforderungen an das Laden ergeben, liegt der Fokus in dieser Arbeit ausschließlich auf den rein batterieelektrischen Fahrzeugmodellen. Verbreitete Batteriegrößen solcher BEV liegen gegenwärtig zwischen 20 und 100 kWh, wie Tabelle 3.1 entnommen werden kann.

Tabelle 3.1.: Übersicht über Batteriegrößen und Reichweiten ($WLTP_{kombiniert}$-Herstellerangabe) gängiger batterieelektrischer Fahrzeugmodelle

Fahrzeugmodell	Batteriegröße	Reichweite
e.GO Life	21.15 kWh	125 km[3]
Renault Zoe	40-50 kWh	316-360 km[4]
Nissan Leaf	40-62 kWh	285-386 km[5]
Tesla Model 3	60-82 kWh	491-547 km[6]
Volkswagen ID.3	45-77 kWh	349-553 km[7]
Tesla Model S	60-100 kWh	407-632 km[8]

3.2. Ladearten

Grundsätzlich wird zwischen kabelgebundenem und kabellosem Laden unterschieden (siehe Abbildung 3.1, wobei kabelloses Laden per magnetischer Induktion bisher nicht in Serienfahrzeugmodellen eingesetzt wird und geringere Ladeleistungen damit realisiert werden können als mit dem kabelgebundenen Laden (Patil et al., 2018). Kabelgebundenes Laden ist daher aktuell der Standard für das Laden von BEV und wird wiederum unterschieden nach AC- und nach DC-Laden (Khan et al., 2018). AC („Alternating Current") bezeichnet dabei das Laden per Wechselstrom und DC („Direct Current") das Laden per Gleichstrom.

Das AC-Laden umfasst dabei den Leistungsbereich von 3,7 kW, der über eine konventionelle Haushaltssteckdose realisiert werden kann, über 11 kW und 22 kW,

[3] https://e-go-mobile.com/e-go-life/technical-data
[4] https://www.renault.de/elektromodelle/zoe/technische-daten.html
[5] https://www.nissan.de/fahrzeuge/neuwagen/leaf/abmessungen-technische-daten.html
[6] https://www.tesla.com/de_de/model3
[7] https://www.volkswagen.de/de/modelle/id3.html
[8] https://www.tesla.com/de_de/models

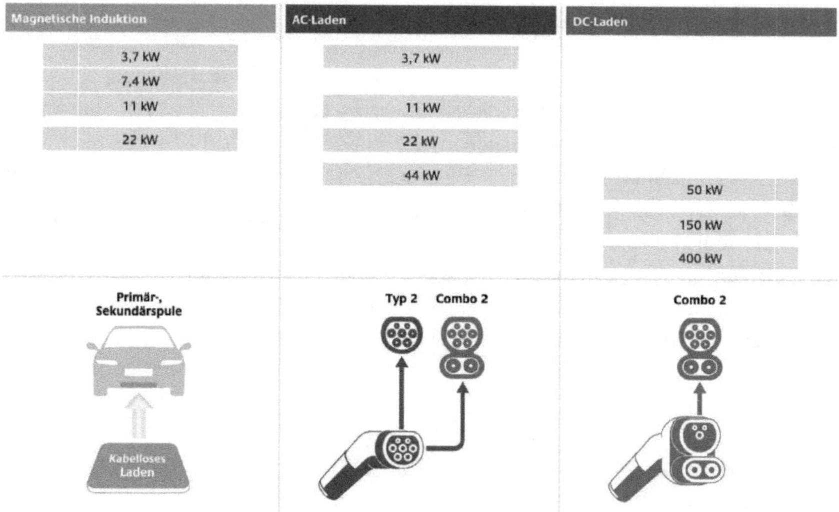

Abbildung 3.1.: Übersicht über die Lademöglichkeiten mit ihren typischen Ladeleistungen. Leistungen über 22 kW werden dabei als *Schnellladen* definiert (Nationale Plattform Elektromobilität, 2020)

was üblicherweise durch CEE-Steckdosen oder Wandladestationen („Wallboxen") Verwendung findet, bis hin zu 44 kW, was üblicherweise mit Ladesäulen realisiert wird. Höhere Ladeleistungen ab 50 kW bis hinzu derzeit 400 kW lassen sich per DC-Laden realisieren. Ladeleistungen bis einschließlich 22 kW werden als *Normalladen* bezeichnet, Ladeleistungen ab 44 kW als *Schnellladen* (Nationale Plattform Elektromobilität, 2020). Ladeleistungen von 350 kW oder höher werden auch als *„Extreme Fast Charging"* (XFC) bezeichnet, jedoch wird eine breite Marktverfügbarkeit erst ab 2024 erwartet (Jenn et al., 2020; Tu et al., 2019). Bei einer Annahme eines durchschnittlichen Verbrauches von 17.6 kWh / 100 km (Hao et al., 2020), ergibt sich ein theoretischer Reichweitengewinn von 100 km beim Laden unter optimalen Bedingungen in 24 Minuten bei einer Ladeleistung von 44 kW, in 21 Minuten bei 50 kW, in 7 Minuten bei 150 kW und in 3 Minuten bei 350 kW. In der Realität kann die Ladezeit in Abhängigkeit des Akkus, der Belegung der Station und anderer Faktoren länger ausfallen.

Die vorliegende Arbeit beschränkt sich auf die verfügbaren Technologien und öffentliches Laden und fokussiert daher hauptsächlich DC-Laden mit Ladeleistungen von 50 bis 150 kW, adressiert also *Schnellladen* und nicht langsameres *Normalladen* z.B. zuhause oder am Arbeitsplatz.

3.3. Ladeinfrastruktur

Hinsichtlich der Ladeinfrastruktur muss zwischen *Ladestandorten* bzw. *Ladestationen*[9], *Ladesäulen* und *Ladepunkten* unterschieden werden. Ein Ladepunkt bezeichnet dabei in der hier verwendeten Definition die Anschlussmöglichkeit zum Laden eines einzelnen Fahrzeugs, während eine Ladesäule das gesamte technische Produkt aus Spannungswandlern, Kühlung, Benutzerschnittstelle, usw. bezeichnet. Eine Ladesäule kann dabei über einen oder mehrere Ladepunkte (üblicherweise bis zu drei) verfügen, also mehrere Fahrzeuge in gleicher oder auch unterschiedlicher Geschwindigkeit mit gleichen oder unterschiedlichen Steckertypen aufladen. Eine oder mehrere Ladesäulen bilden zusammen einen Ladestandort. Die Bandbreite reicht also von einer einzelnen Ladesäule an einem Standort, die nur jeweils ein Fahrzeug laden kann bis hin zu großen Stationen, die über eine Vielzahl an sogenannten *Double-* oder *Trippelchargern* (zwei oder drei Ladepunkte) verfügen und somit mehrere Fahrzeuge parallel laden können.

Die exakte Bezifferung des aktuellen Ausbauzustands der Ladeinfrastruktur ist schwierig, weil keine vollständige zentrale Erfassung erfolgt. Zwar soll die Errichtung von Ladeinfrastruktur aufgrund der Ladesäulenverordnung der Bundesnetzagentur angezeigt werden, jedoch bestehen Ausnahmen insbesondere bei privater LIS, weswegen die Erfassung nicht lückenlos ist. Die Bundesnetzagentur weist für den 1. Dezember 2021 einen Bestand von 24141 öffentlich zugänglichen Lädesäulen aus (Bundesnetzagentur, 2021a). Diese bieten insgesamt 43325 Ladepunkte für *Normallladen* und 7576 Ladepunkte für *Schnellladen* (Bundesnetzagentur, 2021b). Nicht-behördliche Statistiken, die teilweise auf Meldungen der Nutzer beruhen, weisen zum Vergleich höhere Zahlen aus, wie z.B. das Internetprotal GoingElectric mit deutschlandweit aktuell 27076 Standorten und insgesamt 78817 Ladepunkten, wovon etwa 18% als schnellladefähig ausgewiesen werden (GoingElectric, 2022). Inwiefern und in welchem Umfang Standorte tatsächlich genutzt werden, oder ob die staatliche Förderung zur Errichtung ohne Nutzung geführt hat, ist unklar, da umfassende öffentliche Daten dazu nicht vorliegen. Im Vergleich zu den genannten 24000-27000 Ladestandorten existierten zum Beginn des Jahres 2021 insgesamt 14459 konventionelle Tankstellen (Wirtschaftsverband Fuels und Energie e.V., 2022), welche jedoch jeweils aufgrund des schnelleren Auffüllvorgangs mehr Fahrzeuge pro Zeit bedienen können.

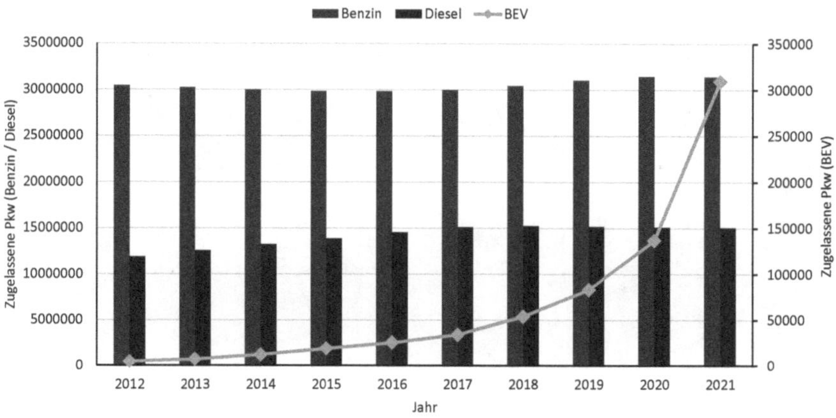

Abbildung 3.2.: Bestand an Pkw in Deutschland zwischen 2012 und 2021 (jeweils zugelassene Fahrzeuge zum 1. Januar) unterschieden nach Antriebsarten. Eigene Abbildung basierend auf (Kraftfahrt-Bundesamt, 2021b)

3.4. Marktdiffusion

Grundsätzlich ist die Marktentwicklung der batterieelektrischen Fahrzeuge (BEV) positiv, wie Abbildung 3.2 entnommen werden kann. Seit 2012 stieg die Anzahl der zugelassenen BEV von 4541 auf über 300000 Fahrzeuge an (Kraftfahrt-Bundesamt, 2021b). Die Zulassungszahlen müssen jedoch in Relation zu anderen Antriebsarten gesehen werden und derzeit übertreffen diese die BEV noch um ca. den Faktor 100. Alleine die Zunahme von Benzinfahrzeugen zwischen 2019 und 2020 war größer als die Gesamtzahl der aktuell zugelassenen BEV, weshalb man trotz positiver Entwicklung im Vergleich zu konventionellen Fahrzeugen mit Verbrennungsmotor noch von einem Nischenprodukt sprechen muss und von existierenden Hemmnissen hinsichtlich der Nutzungs- und Kaufbereitschaft ausgegangen werden kann.

[9] Die Begriffe *Ladestandort* und *Ladestation* werden in dieser Arbeit synonym verwendet.

4. Nutzungs- und Kaufbereitschaft

Um zu verstehen, welche Rolle die Existenz und Wahrnehmung der Ladeinfrastruktur für die Nutzungsbereitschaft von E-Fahrzeugen einnehmen, ist es nötig, genauer zu betrachten, wie Diffusion und Adoption generell und konkret im Elektromobilitätskontext funktionieren.

4.1. Grundlagen der Diffusion und Adaption

Die Vorhersage von menschlichem Verhalten - sei es hinsichtlich Nutzungsbereitschaft, Kaufbereitschaft oder konkreter Interaktion mit einer Technologie - ist schon lange im Interesse diverser Wissenschaftsdisziplinen, sowie der industriellen Entwicklung und Martkforschung. Einer der ältesten Ansätze dabei ist, dass sich Verhalten in überlegter Weise aus Wissen oder Überzeugungen über das Verhalten ergibt, wobei überlegtes Verhalten nicht mit aus Gesellschaftlicher Sicht rationalem Verhalten zu verwechseln, sondern nur schlüssig auf Basis der aktuell im Individuum vorhandenen Überzeugungen ist (Fishbein & Ajzen, 2011).

Theorie des überlegten Handelns / Theory of Reasoned Action (TRA) Der älteste Ansatz zur Erklärung von Verhalten stammt von Fishbein und Ajzen (1977). Ihrem Entscheidungsmodell liegt zum einen die Annahme zu Grunde, dass die Vorstellungen über ein Objekt oder eine Handlung mit der Einstellung gegen über diesem Objekt/dieser Handlung zusammenhängen (Fishbein, 1967). Weiterhin wird angenommen, dass eine Handlung oder ein Verhalten dann erfolgt, wenn auch eine Absicht oder Intention, dieses Verhalten durchzuführen, vorhanden ist. Das Modell enthält zwei erklärende Faktoren für die Intention, ein Verhalten durchzuführen: (1) die Einstellung gegenüber dem Verhalten und (2) subjektive Normen. Das Verhalten ergibt sich also aus der Summe der Einstellungen und der subjektiven Normen, wobei die subjektiven Normen den wahrgenommenen sozialen Einfluss, ein Verhalten durchzuführen oder eben nicht, abbilden, welcher durch Familie oder Freunde, Gesellschaft, aber z.B. auch durch ein gesellschaftlich erwünschtes Verhalten entstehen kann. Die Einstellung wiederum kann positiv, neutral oder negativ gegenüber einem Verhalten sein und ergibt sich durch Vorstellungen über die Wahrscheinlichkeit und die Art des Ergebnisses der Handlung. Eine schematische Übersicht ist in Abbildung 4.1a zu finden.

Theorie des geplanten Handelns / Theory of Planned Behavior (TPB) Die Theorie des überlegten Handels wurde von Ajzen (1985) wenige Jahre später weiterentwickelt und in die Theorie des geplanten Handelns überführt. Diese unterscheidet sich dadurch, dass ein weiterer die Verhaltensintention beeinflussender Faktor in das Modell aufgenommen wurde (siehe Abbildung 4.1b). Neben den Einstellungen und den subjektiven Normen enthält das Modell nun auch (3) die wahrgenommene Verhaltenskontrolle. Diese beruht auf der Überzeugung des Individuums, inwieweit die Handlung für das Individuum durchführbar ist, also ob Faktoren vorliegen, die die Handlung entweder begünstigen oder erschweren bzw. verhindern. Diese Kontrollüberzeugungen wirken im Modell dabei nicht nur indirekt über die Intention auf die Handlung, sondern auch direkt auf die Umsetzung der selbigen. Eine weitere Ergänzung des Modells betrifft das Vorhandensein von Wechselwirkungen zwischen Einstellungen, subjektiven Normen und wahrgenommener Verhaltenskontrolle, welche in der ursprünglichen TBA noch nicht angenommen wurden.

Angewendet auf den Elektromobilitätskontext ergibt sich aus der TRB, dass ein Elektrofahrzeug dann tatsächlich genutzt oder gekauft wird, wenn eine Nutzungsintention oder eine Kaufabsicht vorliegt. Ob diese vorliegt, wird dabei beeinflusst durch die Einstellung gegenüber Elektrofahrzeugen, den sozialen Einfluss oder Druck in diesem Kontext und der Überzeugung, ob die Nutzung des Fahrzeugs umsetzbar ist, oder ob evtl. Hemmnisse vorliegen, die dies negativ beeinträchtigen. Die TRB findet in zahlreichen Untersuchungen zur Kaufbereitschaft bei BEV Anwendung (vgl. Shalender & Sharma, 2021; Wang et al., 2016; K. Zhang et al., 2018). Die Herausforderung dabei liegt nicht im Modell, sondern in dem, was rundherum im Umfeld des Modells wirkt, was aus einer weiteren Erweiterung der Theorie ersichtlich wird.

Reasoned Action Approach (RAA) Aufbauend auf der TRB haben Fishbein und Ajzen (2011) das Entscheidungsmodell nochmals erweitert und in den sogenannten *Reasoned Action Approach* (RAA, Ansatz des überlegten Handelns) überführt (Abbildung 4.2). Auch in dieser Theorie bleiben die Einstellungen, die subjektiven Normen und die wahrgenommene Verhaltenskontrolle die erklärenden Faktoren hinsichtlich der Intention, eine Handlung auszuführen. Neu ist, dass die Grundannahme, dass Überzeugungen bzw. Wahrnehmungen die Einstellungen beeinflussen (Fishbein, 1967), nun auch abgebildet sind, in dem Sinne, dass z.B. die Wahrnehmung eines Verhaltens die Einstellung gegenüber einem Verhalten beeinflusst. Weiterhin enthält der RAA nun auch die Faktoren, die ein Verhalten begünstigen oder erschweren, sowohl was individuelle Fähigkeiten des Individuums, als auch was Rahmenbedingungen betrifft. Zuletzt haben Fishbein und Ajzen (2011) das Mo-

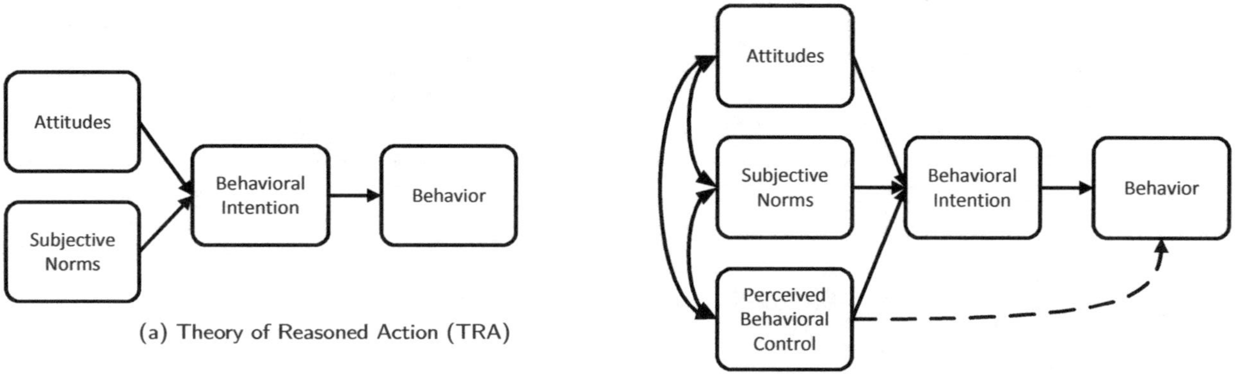

(a) Theory of Reasoned Action (TRA)

(b) Theory of Planned Behavior (TPB)

Abbildung 4.1.: Schematische Darstellungen der Entscheidungsmodelle zur (a) Theory of Reasoned Action (Fishbein & Ajzen, 1977) und zur (b) Theory of Planned Behavior (Ajzen, 1985)

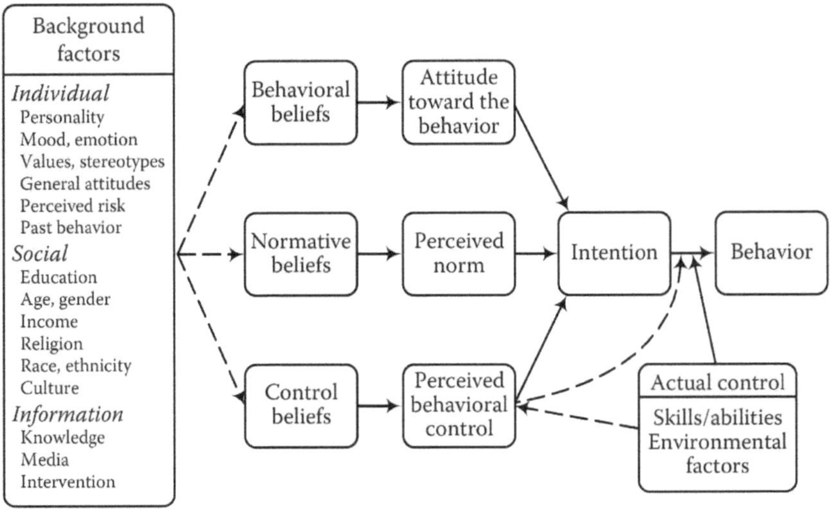

Abbildung 4.2.: Reasoned Action Approach (RAA) von Fishbein und Ajzen (2011)

dell um Hintergrundfaktoren erweitert, die die Überzeugungen beeinflussen können. Sie unterscheiden dabei zwischen individuellen Faktoren, wie z.B. Persönlichkeit, Emotionen, vergangenes Verhalten, soziale Faktoren, wie z.B. Alter, Geschlecht, Einkommen, Bildung, und Information im Sinne von z.B. Vorwissen oder medialem Einfluss.

Neben TRA, TRB und RAA existieren weitere Verhaltenstheorien bzw. -modelle, wie z.B. das TAM (Technology Acceptance Model, Davis (1985)) oder das UTAUT (Unified Theory of Acceptance and Use of Technology, Venkatesh et al. (2003)), welche auch im Kontext Elektromobilität eingesetzt werden (vgl. Abbasi et al., 2021; Ambak et al., 2006; Jain et al., 2021) und zwei Dinge gemeinsam haben: Zum einen wird vorausgesetzt, dass Intention zu Verhalten führt. Dies bedeutet, dass eine Vorhersage von Verhalten möglich ist, wenn Intention empirisch messbar ist. Zum anderen berücksichtigen insbesondere die späteren Modelle Nutzer- und Technologiefaktoren als moderierende oder beeinflussende Faktoren. Vergleichbare Ansätze finden sich auch in der Diffusionstheorie von Rogers (1962), in der Wissen (RAA:Information) zu Überzeugung führt (RAA analog), welche wiederum eine Nutzungsentscheidung zur Konsequenz hat (RAA: Intention), die dann zur Implementation (RAA: Verhalten) führt. Ergänzend ist in der Diffusionstheorie als letzter Schritt die Bestätigung integriert, die einer Prüfung des Handlungsergebnisses entspricht und darüber entscheidet, ob ein Verhalten fortgesetzt/wiederholt oder eingestellt wird.

Zusammenfassend lässt sich sagen, dass auch im Elektromobilitätskontext eine ganzheitliche Betrachtung notwendig ist, wenn eine Verhaltensänderung hin zur Nutzung emissionsfreier Technologie eintreten soll. Es ist daher notwendig, nicht nur technische Parameter zu fokussieren, sondern menschliches Verhalten und zugehörige Nutzercharakteristiken (RAA: Hintergrundfaktoren) zusammen mit der technischen Lösung zu denken (Tran et al., 2012).

4.2. Adaptionshemnisse und -treiber

Wie an den niedrigeren Zulassungszahlen von BEV im Vergleich zu denen von ICEV ersichtlich ist (Kraftfahrt-Bundesamt, 2021b), existieren neben Adaptionstreibern auch wahrgenommene oder tatsächliche Hemmnisse, die eine Nutzungs- oder Kaufintention negativ beeinflussen und damit eine höhere Marktdiffusion be- oder verhindern (Biresselioglu et al., 2018; Egbue & Long, 2012; Kumar & Alok, 2020). Auch in empirischen Studien zu Nutzerpräferenzen und Kaufentscheidungen liegen konventionelle Antriebe noch vor elektrischen (Gómez Vilchez et al., 2017). Im Folgenden sollen für eine bessere Einordnung der Relevanz der Themen Laden und Ladeinfrastruktur die wahrgenommenen Vorteile, aber insbesondere auch die Hemmnisse, mit einem Fokus auf für das Laden relevante Aspekte vorgestellt werden:

Umweltschutz Als Treiber der Adaption kann der Umweltschutz festgestellt werden (Adnan et al., 2017; Degirmenci & Breitner, 2017; Ziefle et al., 2014). Die Wahrnehmung von E-Fahrzeugen als umweltfreundliche Fahrzeuge hängt dabei positiv mit der Nutzungs-, Kauf- und Zahlungsbereitschaft zusammen (White & Sintov, 2017). Nutzer bewerten sowohl die verringerte Abhängigkeit von fossilen Ressourcen (Erdöl) als auch die Vermeidung von CO_2-Emissionen als Vorteil der BEV (Egbue & Long, 2012).

Anschaffungskosten Ein Argument, dass in zahlreichen Studien als Adaptionshemmnis genannt wurde, sind die Anschaffungskosten des BEV, die aus Nutzersicht zu hoch sind. (Abotalebi et al., 2019; Adepetu & Keshav, 2017; Afroz et al., 2015; Gómez Vilchez et al., 2017; Kim et al., 2017; Lebeau et al., 2013; Li et al., 2017). Dabei spielt insbesondere die Wahrnehmung, welche Leistung der Nutzer in Austausch für sein Geld erhält eine wesentliche Rolle und somit vergleicht der Nutzer Leistungsparameter zwischen BEV und ICEV und setzt diese ins Verhältnis zum Kaufpreis (Degirmenci & Breitner, 2017), was in der Nutzerwahrnehmung zu Vorteilen des ICEV führt. Entsprechend ist die Zahlungsbereitschaft für E-Fahrzeuge nicht höher als für Fahrzeuge mit Verbrennungsmotoren (Larson et al., 2014), was allerdings inkompatibel zu den tatsächlich höheren Preisen von E-Fahrzeugen in vergleichbaren Fahrzeugklassen ist. Eine Reduktion der Fahrzeugpreise wäre daher ein geeignetes Mittel, um Nutzergruppen zu erreichen, für die dieses Hemmnis z.B. aufgrund des Einkommens besonders relevant ist (Zarazua de Rubens, 2019).

Batterie Eng mit den Anschaffungskosten verbunden, sind auch Bedenken hinsichtlich der Batterietechnik. So nehmen Nutzer Zusatzkosten für eine Batteriemiete oder hohe Kosten für größere Batteriekapazitäten negativ wahr (Chéron & Zins, 1997). Auch die Befürchtung, dass die Lebensdauer der Batterie kurz ist, hängt negativ mit der Nutzungsintention zusammen (Chéron & Zins, 1997). Damit in Zusammenhang steht auch der befürchtete geringere Wiederverkaufswert, der bei elektrischen Fahrzeugen negativer auf die Kaufintention wirkt als bei ICEV (Schoettle & Sivak, 2018). Eine längerfristige Garantie für Batterie durch den Hersteller würde aus Nutzersicht daher positiv auf die Einstellung gegenüber BEV wirken (Abotalebi et al., 2019).

Staatliche Förderung Für staatliche Förderung konnte schon vor der Elektrifizierung des Verkehrs eine Wirkung auf das Nutzungs- und Kaufverhalten festgestellt werden, wie z.B. hinsichtlich der Förderung von ICEV mit geringeren CO_2-Emissionen (de Haan et al., 2009). Dementsprechend ist die finanzielle Förderung des BEV-Kaufs eine Forderung der Bürger (Lebeau et al., 2013) und hängt positiv mit der Kaufbereitschaft zusammen (Abotalebi et al., 2019). Direkte Subventionen im Sinne finanzieller Kaufanreize werden dabei seitens der Nutzer als wichtiger empfunden, als die Bevorzugung von BEV auf Umweltspuren (Abotalebi et al., 2019) oder gesonderten Parkflächen (Philipsen et al., 2018).

Modellauswahl Die Modellvielfalt wird generell als gering angesehen und wirkt als Adaptionshemmnis (Gómez Vilchez et al., 2017; Kim et al., 2017). Neben der Passung von verfügbaren zu bevorzugten Fahrzeugklassen, sind dabei auch Funktionalitäten, wie z.B. fehlende Möglichkeiten der Anhängernutzung, relevant.

Reichweitenzufriedenheit Ein weiteres Hemmnis für die Nutzung von E-Fahrzeugen ist eine wahrgenommene Diskrepanz zwischen den Mobilitätsbedürfnissen der Nutzer und der Möglichkeit diese durch die Mobilitätsressourcen, insbesondere der nutzbaren Reichweite des Fahrzeugs, zu befriedigen (Franke et al., 2012). Dabei kommt es weniger auf die technische Reichweite an, sondern auf die Wahrnehmung durch den Nutzer im Sinne der Reichweite, die der Nutzer als komfortabel ansieht und die er bereit ist auch zu nutzen (Franke et al., 2017; Franke,

Günther, Trantow, Rauh et al., 2015). Je besser diese nutzbare Reichweite in der Wahrnehmung zu den individuellen Möbilitätsbedürfnissen passt, desto höher ist die Reichweitenzufriedenheit und desto geringer ist das Hemmnis für die Adaption (Degirmenci & Breitner, 2017; Franke et al., 2017). Hinzu kommt jedoch, dass das wahrgenommene Reichweitenbedürfnis höher ist, als der tatsächliche tägliche Bedarf, den die Nutzer durchschnittlich haben (Franke & Krems, 2013c).

In Deutschland liegt die durchschnittliche Strecke, die ein Bürger am Tag zurücklegt bei $39km$ ($46km$ bei mobilen Personen) und die Länge der einzelnen Strecke liegt im Durchschnitt aller Wegzwecke bei $12km$ (Nobis & Kuhnimhof, 2018). Beides können alle aktuell gängigen BEV auf dem Markt und selbst viele PHEV in ihrer elektrischen Reichweite abdecken. Vergleichbare Größenordnungen finden sich auch für die USA, wo die durchschnittliche Streckenlänge bei 9.3 Meilen und die durchschnittliche Tagesstrecke bei 38.4 Meilen liegt (Krumm, 2012) und auch auf europäischer Ebene sind die durchschnittlichen täglich gefahrenen Strecken so, dass BEV diese ohne zwischenzeitliches Nachladen absolvieren könnten. 61% der befragten EU-Bürger (aus Deutschland, Niederlande, Schweden, Frankreich, Italien, Spanien und Portugal) gaben an, weniger als $100km$ am Tag zu fahren, ein Viertel davon sogar weniger als $20km$ am Tag (Bunzeck et al., 2011). Auch für China (Peking) und Australien kann gezeigt werden, dass aktuelle BEV 77% aller Fahrzeuge ersetzen könnten, ohne die gefahrenen Strecken unmöglich zu machen (X. Shi et al., 2019), bzw. 90% aller alltäglichen Fahrten mit BEV abdeckbar wären (Greaves et al., 2014).

Technische Reichweite ist aber ungleich erwünschter Reichweite und letztere liegt um ein vielfaches über dem durchschnittlichen Tagesbedarf. Franke und Krems (2013c) sprechen in diesem Zusammenhang vom Reichweitenparadox. Nutzer erwarten von E-Fahrzeugen höhere Reichweiten als sie im Alltag benötigen würden, so gaben in Studien die Teilnehmer im Mittel eine gewünschte Reichweite von $308km$ (EU) bzw. $328km$ (Deutschland) für eine vollgeladene Batterie an (Bunzeck et al., 2011), in anderen Studien sogar mehrheitlich über 400 (Accenture, 2011) oder 500 Kilometer (Lebeau et al., 2013).

Wie im Reasonable Action Modell ersichtlich ist, wirkt die Einstellung gegenüber einem Verhalten direkt auf die Nutzungsintention (Fishbein & Ajzen, 2011) und die Einstellung hängt wiederum von der Wahrnehmung des Nutzers nach eigenen Bewertungskriterien und nicht von der technischen Möglichkeit, durchschnittliche Bedarfe zu decken, ab. Dies führt zum einen dazu, dass einige Nutzer E-Fahrzeuge mit hohen Reichweiten erwünschen und kaufen und zum anderen, dass, wenn keine Reichweitenzufriedenheit vorliegt, ein generelles Hemmnis für die Adaption besteht (Egbue & Long, 2012; Gómez Vilchez et al., 2017; Kim et al., 2017).

Reichweitenangst/-stress Im Kontrast zur Reichweitenzufriedenheit ist der sogenannte Reichweitenstress oder die sogennannte Reichweitenangst als Phänomen besonders hervorzuheben. Die beiden Begriffe werden dabei oftmals synonym verwendet aufgrund großer inhaltlicher Überschneidungen[10] (Franke et al., 2018). Dabei beschreibt das Phänomen Sorgen oder Ängste von E-Fahrzeugnutzern, durch die sich während der Fahrt entladende Batterie und der damit noch zur Verfügung stehenden Reichweite mit ihrem Fahrzeug die Fahrtziele nicht mehr erreichen zu können, oder schlimmstenfalls liegenzubleiben (Nilsson, 2011b). Der Reichweitenstress hängt negativ mit der Reichweitenzufriedenheit zusammen: Je größer der Reichweitenstress, desto höher die gewünschte Reichweite (Franke & Krems, 2013d), desto geringer die Reichweitenzufriedenheit und desto geringer die Nutzungs- oder Kaufbereitschaft.

Aus psychologischer Sicht wird der Reichweitenstress sowohl durch Nutzerfaktoren, also auch durch externe, situative Faktoren beeinflusst. So führt individuelle Erfahrung im Umgang mit dem E-Fahrzeug zu einer Reduzierung des Reichweitenstresses und einer stärkeren Ausnutzung der Fahrzeugreichweite (Burkert et al., 2021; Franke et al., 2017; Franke, Rauh, Günther et al., 2016). Hinsichtlich der situativen Faktoren hatte u.a. die Frage, inwiefern die gefahrenen Routen dem Fahrer bekannt sind, einen Einfluss auf den wahrgenommenen Reichweitenstress. Bei vertrauten Routen ist dieser geringer als bei Fahrten in unbekannter Umgebung (Franke, Rauh & Krems, 2016). Weiterhin hängen die Kontrollüberzeugung im Umgang mit Technik, emotionale Stabilität, Toleranz gegenüber Unsicherheiten, sowie Vertrauen in die reichweitenbezogenen Anzeigen des Fahrzeugs negativ mit dem Reichweitenstress zusammen (Franke et al., 2011; Franke, Rauh & Krems, 2016; Franke et al., 2018). Kontrollüberzeugungen und Vertrauen werden wiederum durch die Ausgestaltung der Informationsdarstellung im Fahrzeug beeinflusst (Franke, Rauh, Günther et al., 2016).

Aus dem Reichweitenstress und dem Umgang mit einer begrenzten Reichweite ergeben sich verschiedene Strategien oder Verhaltensweisen, um Situationen zu vermeiden, die ein Liegenbleiben mit dem Fahrzeug wahrscheinlich machen würden (Nilsson, 2011a; Woodjack et al., 2012): (1) Planung im Vorfeld einer Fahrt, ob die Strecke hinsichtlich Länge und Charakteristik mit der maximalen oder vorhandenen Reichweite abbildbar ist, bzw. inwiefern Laden unterwegs möglich ist, (2) das Fahrzeug und dessen Zustand kennen, (3) Nutzung der kürzesten statt der schnellsten Route nutzen, (4) Anpassung des Fahrstils und (5) Ständiges Vorhalten eines Sicherheitspuffers an Batteriefüllstand bzw. Restreichweite. Es ist daher anzunehmen, dass BEV-Nutzer hinsichtlich ihrer Fahrten und damit ggf. auch hinsichtlich ihres Ladeverhaltens tendenziell geplanter vorgehen und bereits bei

[10] In der vorliegenden Arbeit wird im Folgenden einheitlich der Begriff *Reichweitenstress* genutzt.

höheren Füllständen wieder auffüllen, als ICEV-Nutzer dies machen würden.

Ladeinfrastruktur Ein als unzureichend wahrgenommener Ausbauzustand der Ladeinfrastruktur ist ein Hemmnis für die Nutzung und die Anschaffung eines BEV (Gómez Vilchez et al., 2017). Eine höhere Verfügbarkeit von öffentlicher Ladeinfrastruktur und das Bewusstsein der Verfügbarkeit der selbigen gehen entsprechend mit einer positiveren Wahrnehmung von BEV und einer höheren Kaufbereitschaft einher (Giansoldati et al., 2018; Krause, Ladwig & Schwalm, 2018; Schulz & Rode, 2022), was außer in Befragungen auch in Regionen, in denen schon mehr als eine Schnelllademöglichkeit existiert und den Nutzern bekannt ist, in Infrastruktur- und Fahrzeugzulassungszahlen sichtbar ist (Bailey et al., 2015). Durch den Ladeinfrastrukturausbau können so potentiell auch weitere Nutzergruppen erschlossen werden (Globisch et al., 2018). Die wahrgenommene Bedeutung der LIS unterscheidet sich dabei nicht in Abhängigkeit davon, ob der Nutzer eine Lademöglichkeit zuhause hat, oder nicht (Bühler et al., 2013).

Bei Ladeinfrastruktur wird hinsichtlich der Bedeutung für die BEV-Nutzungsintention die Ladegeschwindigkeit als wichtiger wahrgenommen, als die räumliche Positionierung (Globisch et al., 2018; Halbey et al., 2017). Als Hemmnisse werden weiterhin eine generell hohe Ladedauer (Lebeau et al., 2013), Preismodelle, die feste Grundgebühren vorsehen, (Globisch et al., 2018) und die Notwendigkeit des Umparkens, um Ladepunkte freizugeben, (Bonges & Lusk, 2016) angesehen.

4.2.1. Relative Wichtigkeit der Hemmnisse und Treiber

Bei der Abwägung der zuvor genannten Adaptionshemmnisse und -treiber hinsichtlich ihrer Wichtigkeit für Nutzerentscheidungen ergibt sich ein diverses Bild, welches sich teilweise durch unterschiedliche Stichproben und Erhebungszeiträume ergibt, aber im wesentlichen eine Konsequenz aus einer fehlenden ganzheitlichen Betrachtung des Fahrzeugkaufs oder -besitzes ist. Da die meisten Studien wenige Hemmnisse/Treiber fokussieren, ergeben sich nur relative Wichtigkeiten zwischen den jeweils untersuchten Faktoren. So konnten Degirmenci und Breitner (2017) zeigen, dass Umweltaspekte stärker mit der Einstellung gegenüber BEV und der Kaufintention zusammenhängen als die Reichweitenzufriedenheit und die Anschaffungskosten. Auch bei Egbue und Long (2012) ist die Fahrzeugreichweite für den Nutzer wichtiger als die Anschaffungskosten, welche wiederum als relevanter empfunden werden als der Ausbauzustand der Ladeinfrastruktur, was auch bei Kim et al. (2017) und Lebeau et al. (2013) geringfügig der Fall ist. Bei Philipsen et al. (2018) hingegen konnte kein signifikanter Unterschied zwischen der Bedeutung der Ladeinfrastruktur und der Anschaffungskosten für den BEV-Kauf festgestellt werden. Beide Faktoren waren aber auch hier weniger wichtig als Umweltaspekte.

Staatliche Förderung hatte relativ gesehen den geringsten Einfluss auf die Kaufbereitschaft, insbesondere, wenn diese nicht direkt den Kaufpreis betrifft Philipsen et al. (2018) und war weniger relevant, als z.B. das mit einem BEV-Kauf verbundene wahrgenommene Risiko (Wang et al., 2018).

Zusammenfassend ist davon auszugehen, dass Umweltfreundlichkeit durch den Nutzer als Grundvoraussetzung angesehen wird (z.B. die Erzeugung des Stroms durch regenerative Quellen, Philipsen et al. (2018)) und abgesehen davon die wahrgenommene Fahrzeugreichweite den größten Einfluss auf die Kaufbereitschaft hat, gefolgt von Anschaffungskosten und Ladeinfrastrukturausbau in vergleichbarer Größenordnung, während staatliche Subventionen, wenn sie nicht direkt den Kaufpreis oder die Infrastruktur betreffen, von geringerer Bedeutung sind.

4.2.2. Relevante Nutzerfaktoren für die Nutzungsbereitschaft

Die Nutzungs- und Kaufbereitschaft hängt neben den wahrgenommenen Vorteilen und Hemmnissen auch von Nutzerfaktoren in den Kontexten der Sozio-Demographie, der Persönlichkeit und der Vorerfahrung ab:

Sozio-Demographie Bei Betrachtung sozio-demographischer Charakteristiken der E-Fahrzeughalter zeigt sich, dass diese tendenziell ein höheres Alter, einen höheren Bildungsgrad, ein höheres Einkommen, und eine intensivere Fahrzeugnutzung als ICEV-Nutzer haben (Frenzel et al., 2015; Simsekoglu, 2018; Trommer et al., 2015). Unabhängig von den Zulassungszahlen konnte gezeigt werden, dass ältere Personen, ggf. aufgrund eines höheren Umweltbewusstseins, eine positivere Einstellung gegenüber BEV haben als jüngere (Ziefle et al., 2014). Hinsichtlich des Wohnortes sind BEV-Nutzer eher in ländlichen Regionen und in Vororten als in Innenstädten wohnhaft (Frenzel et al., 2015) und darüber hinaus können Nachbarschaftseffekte festgestellt werden, so dass regional erhöhte Zulassungen von BEV feststellbar sind (Westin et al., 2018).

Während die tatsächlichen Halterzahlen wie beschrieben zeigen, dass mehr E-Fahrzeuge auf Männer als auf Frauen zugelassen sind, ergibt die Forschung zum Einfluss des Geschlechts auf Nutzungs- oder Kaufintention ein diverseres Bild. So konnte sowohl festgestellt werden, dass bei Männern eine geringere Nutzungsintention vorliegt (Simsekoglu & Nayum, 2019; Ziefle et al., 2014), auch auch, dass sich Männer und Frauen in der Bewertung von E-Fahrzeugen nicht unterscheiden (Anfinsen et al., 2019). Es ist daher wahrscheinlich, dass die Zulassungszahlen nicht ursächlich durch das Geschlecht bestimmt sind, sondern weitere Faktoren, wie z.B. das Einkommen, eine Verzerrung verursachen.

Persönlichkeit Hinsichtlich der Einstellung gegenüber BEV steht inbesondere das Umweltbewusstsein im Fokus. BEV-Fahrer zeigen ein höheres Bewusstsein für die Umweltkonsequenzen der Pkw-Nutzung und der damit verbundenen persönlichen Veantwortung (Simsekoglu, 2018). Je höher das generelle Umweltbewusstsein (Westin et al., 2018), und je stärker die Eigenwahrnehmung einer grünen Identität (Barbarossa et al., 2017) oder die Selbstwahrnehmung als Klimaschützer (White & Sintov, 2017), desto positiver werden E-Fahrzeuge wahrgenommen und desto größer ist die Kaufbereitschaft.

Während die Offenheit gegenüber Wandel positiv mit der Nutzungsintention zusammenhängt (Afroz et al., 2015), ist für den Wunsch, den Status Quo zu bewahren, das Gegenteil der Fall (Barbarossa et al., 2017).

Domänenwissen Neben den Persönlichkeitsmerkmalen beeinflusst auch das sogenannte Domänenwissen einer Person, also inwiefern diese bzgl. des Untersuchungsgegenstands informiert ist und Vorkenntnisse hat, die Sicht auf Elektrofahrzeuge. Je mehr Domänenwissen vorhanden ist, desto weniger negativ werden Nachteile gesehen, wohingegen die Bewertung von Vorteilen davon unabhängig ist (Ziefle et al., 2014). Insbesondere die Informiertheit über Umweltaspekte und Leistungsfähigkeit von Elektrofahrzeugen wirkt sich positiv auf die Nutzungsintention aus (W. Zhang et al., 2022), während andere Studien diesen Effekt nicht belegen konnten (Simsekoglu & Nayum, 2019).

Praktische Erfahrung Neben dem Vorwissen ist auch die praktische Vorerfahrung relevant für die Einstellung gegenüber Elektrofahrzeugen. So wird die Bewertung von BEV positiv durch - auch kurzfristige - Vorerfahrung im Umgang mit diesen beeinflusst (Schmalfuß et al., 2017). Die Aufpreisbereitschaft ist ebenfalls höher bei Personen, die schon BEV nutzen, als bei denjenigen, die bisher nur Fahrzeuge mit Verbrennungsmotor genutzt oder besessen haben (Larson et al., 2014). Neben der Fahrerfahrung konnte in Experimenten auch gezeigt werden, dass selbst die erstmalige praktische Durchführung eines Ladevorgangs einen - wenn auch geringen - positiven Einfluss auf die BEV-Bewertung hat (Gebauer et al., 2016). Praktische Erfahrung führt außerdem zu einem ökonomischeren Fahrstil und einer höheren wahrgenommen nutzbaren Reichweite (Günther et al., 2019).

Aus der beschriebenen Bedeutung für die Bereitschaft, Elektrofahrzeuge zu nutzen oder zu kaufen, sowohl des Faktors *Reichweite* als auch des Faktors *Ladeinfrastruktur*, welche beide über den Vorgang des Nachladens verbunden sind, und aus der Verschränkung mit diversen Nutzercharakteristiken, zeigt sich neben den theoretischen Überlegungen (vgl. 4.1) erneut die Notwendigkeit, diese Themen bei deren

Adressierung z.B. durch Planung und Errichtung öffentlicher Ladeinfrastruktur, ganzheitlich zu denken.

5. Ladeinfrastrukturplanung

Die Marktdurchdringung der Elektrofahrzeuge und die errichtete Ladeinfrastruktur unterliegen dem Henne-Ei-Problem (Delacrétaz et al., 2020; Gnann et al., 2015; L. Shi et al., 2021). Die als unzureichend wahrgenommene Ladeinfrastruktur wird durch die Nutzer als Hemmnis bzgl. der Nutzung oder des Kaufs eines BEV wahrgenommen (vgl. Kapitel 4.2). Gleichzeitig lässt sich aber eine Ladeinfrastruktur nur wirtschaftlich errichten und betreiben, wenn eine entsprechende Nachfrage durch Kunden vorhanden ist, was wiederum das Vorhandensein von E-Fahrzeugen voraussetzt. So konnte für Spanien gezeigt werden, dass erst ein Marktanteil von 3% oder mehr Elektrofahrzeugen zu einer rein marktbasierten öffentlichen Ladeinfrastruktur führen würde, die die Ladebedarfe abdecken kann (Bernardo et al., 2016). Für Deutschland entspräche dies einem Umfang von annähernd 1,5 Millionen zugelassenen BEV (Kraftfahrt-Bundesamt, 2021b).

Aus dem Henne-Ei-Problem ergibt sich die Herausforderung, dass die Ladeinfrastruktur eigentlich schon den Bedarf adressieren muss, der zukünftig entstehen könnte, um in der Wahrnehmung der potentiellen Nutzer nicht mehr als Kaufhemmnis wahrgenommen zu werden, was dann wiederum erst den Bedarf verursachen würde. Während man in der Infrastrukturplanung gegenwärtige Bedarfe, zumindest was die Quantität betrifft, auf Basis von regionalen Zulassungszahlen der E-Fahrzeuge abschätzen kann, benötigt es für die Adressierung zukünftiger Bedarfe Extrapolationen hinsichtlich der zukünftig vorhanden E-Fahrzeuge (Lin et al., 2021) und derer gefahrenen Strecken. Neben einer regionalen Marktbetrachtung liegen dabei Annahmen über die Nutzung der E-Fahrzeuge zugrunde, die überwiegend auf dem nicht-elektrifizierten Verkehr beruhen und auf die neue Antriebstechnologie übertragen werden (Maia et al., 2015).

5.1. Standortmodellierung

Im wesentlichen können drei verschiedene Ansätze zur Positionierung von Ladeinfrastruktur unterschieden werden: knoten-, pfad- und aktivitätsbasiert (Metais et al., 2022). Während bei knotenbasierten Ansätzen die Bedarfe an konkreten Ziel/Startstandorten betrachtet werden und diejenigen favorisiert sind, die den höheren Bedarf haben, wie z.B. Points of Interest (POI) (Gauglitz et al., 2021), erfolgt die Positionierung im pfadbasierten Ansatz entlang Strecken und hinsichtlich des höchsten Durchflusses an Fahrzeugen (vgl. Cruz-Zambrano et al., 2013). Aktivitätsbasierte Ansätze betrachten hingegen Herkunft-Ziel-Relationen einzelner Nutzer, oft in agentenbasierten Modellen (Metais et al., 2022; Wolbertus et al., 2021).

Datenbasis bilden dabei existierende Verkehrsdaten zu Länge und Anzahl von täglichen Strecken, durchschnittlichen Parkdauern, Wegzwecken, usw. (Shahraki et al., 2015; Thiel et al., 2016), die z.B. städtischen Verkehrsmodellen (vgl. Hardinghaus et al., 2016) oder in Deutschland den großen Verkehrserhebungen wie der „Mobilität in Deutschland"-Studie (MID) (Nobis & Kuhnimhof, 2018) oder dem „Deutschen Mobilitätspanel" (MOP) (Ecke et al., 2021) entnommen werden. So lassen sich auf Basis aktueller - allerdings fast ausschließlich auf ICEV-Fahrten basierenden - Verkehrsdaten theoretische Bedarfe und Auslastungen für Ladestationen über den Tages- und Wochenverlauf berechnen (Gnann et al., 2018; Gnann et al., 2016; Gong et al., 2016).

Die Zielkriterien sind dabei meist technischer oder finanzieller Natur. So werden die Infrastrukturplanungsmodelle oft danach optimiert, möglichst viele Elektrofahrzeuge laden zu können, möglichst viele angenommene Fahrten zu ermöglichen (Maia et al., 2015), dem Betreiber möglichst geringe Kosten zu verursachen (Dong et al., 2021; Guo et al., 2016; Kavianipour et al., 2021), eine maximale Menge an Energie bereitzustellen (Maia et al., 2015), das Stromnetz möglichst wenig zu belasten (Gupta et al., 2021; Sadeghi-Barzani et al., 2014) oder die angenommenen finanziellen Ladekosten für den Nutzer zu minimieren (González et al., 2014).

Nur wenige Modelle wählen einen ganzheitlicheren Ansatz, der auch den Nutzer, und damit den Entscheider über einen Ladestopp, und dessen Verhalten mit in den Fokus nehmen, und so z.B. auch Demographie, Sozio-Ökonomie oder soziale Milieus berücksichtigen und diese Nutzerfaktoren mit Verkehrs- und Fahrzeugdaten verschneiden (vgl. Brost et al., 2019; Brost, Funke, Philipsen et al., 2018). Solche Modelle brauchen jedoch auch eine signifikant größere Datenbasis (Metais et al., 2022), was zu weiteren Herausforderungen führt. Zusammenfassend ergeben sich drei Herausforderungen der aktuellen Standortmodellierung aus verkehrsplanerischer Sicht - ohne noch zusätzlich die energetische, bauliche oder finanzielle Perspektive zu berücksichtigen:

1. Annahmen über Verkehrsflüsse oder einzelne Fahrten entstammen überwiegend der fossilen Mobilität und es ist unklar, inwieweit diese alle übertragbar auf den elektromobilen Kontext sind, da reale Verkehrsdaten zu BEV bisher kaum vorliegen.

2. Ladedaten zu BEV liegen mittlerweile zunehmend vor und werden in die Modellierung integriert (Morrissey et al., 2016; Wolbertus et al., 2021), aber

sind selten mit weiteren Faktoren kombinierbar, da meist außer Ladedauer, Füllstand, geladene Energie hinaus keine Informationen zu Herkunft, Zweck, Ziel der Fahrt oder zum Nutzer selbst vorliegen. Es fehlt - bis auf Ausnahmen wie bei Krause et al. (2017) und Wen et al. (2021) - die notwendige Verknüpfung zwischen Ladedaten und Nutzerdaten.

3. Für eine Modellierung des Nutzers (z.B. in agentenbasierten Modellen) müssen dessen Präferenzen und Entscheidungen abbildbar sein (Schmidt et al., 2020), indem möglichst lokal verortbare oder wenn möglich universelle Nutzerverhaltens- und Nutzerpräferenzprofile vorliegen, die im Kontext der BEV bisher nur in Ansätzen erforscht sind.

Im Folgenden wird daher das existierende Wissen zum Einfluss von Nutzercharakteristiken auf die Ladepräferenzen und das Ladeverhalten vorgestellt und mit dem Tankverhalten kontrastiert.

5.2. Nutzeranforderungen, -präferenzen und -verhalten im Kontext LIS

Die grundlegende Anforderung von Nutzern an das Laden ist, dass dieses nicht als Unterbrechung oder Verzögerung wahrgenommen werden darf und entsprechend zu existierenden Mobilitätszielen passen soll (Daubitz & Kawgan-Kagan, 2015). Daraus ergeben sich verschiedene Konsequenzen hinsichtlich der Ladestandorte und der Nutzung dieser:

Ladestandorte und -geschwindigkeiten Privates Laden ohne zusätzlichen Zeitaufwand, z.B. in der Nacht, wird gegenüber Laden im öffentlichen Raum bevorzugt (Anderson et al., 2016). Daraus lässt sich allerdings nicht die Annahme ableiten, dass für BEV-Nutzer mit Lademöglichkeit zuhause keine zusätzliche Ladeinfrastruktur benötigt wird, um deren Mobilitätsbedürfnisse abzudecken (vgl. González et al., 2014), wie z.B. durch Studien ersichtlich, die ein Verhältnis von 60% der Ladevorgänge zuhause und 40% in der Öffentlichkeit ausweisen (Krause et al., 2017). Schnellladen wird insbesondere an Orten erwartet, die nur unregelmäßig aufgesucht werden (Anderson et al., 2018; Anderson et al., 2016). Generell gilt, dass die Ladegeschwindigkeit zur Standzeit passen muss, weswegen Normalladen im öffentlichen Raum die unattraktivste Option darstellt (Anderson et al., 2016).

Hinsichtlich der genauen Positionierung liegt noch kein einheitliches Bild der Wissenschaft vor. Während das größte Potential wie beschrieben beim Laden zuhause, aber auch beim öffentlichen Laden in Wohngebieten gesehen wird (Melliger et al., 2018), führen Annahmen auf Basis von ICEV-Verkehrsdaten dazu, dass

Schnellladen im innerstädtischen Bereich nur wenig Potential zugeschrieben wird, da dort nur wenige Orte mit entsprechend kompatiblen Standzeiten vorhanden seien (Csonka & Csiszár, 2017), während andere Empfehlungen öffentliches Laden nicht mehrheitlich an Achsen sehen (Anderson et al., 2018).

Hinsichtlich konkreter Standorte ist ebenfalls eine hohe Diversität zu sehen, insbesondere was die Nutzung konventioneller Tankstellen als Ladeorte betrifft. Während Empfehlungen auf Basis von Annahmen Tankstellen als Ladeorte aufgrund der fehlenden Möglichkeit vor Ort, die Ladezeit mit anderen Tätigkeiten zu überbrücken, ausschließen (Csonka & Csiszár, 2017), werden diese in der Praxis jedoch genutzt (Sun et al., 2016), wenn auch seltener als andere Standorte (Morrissey et al., 2016).

Grundsätzlich wird die Verfügbarkeit von Lademöglichkeiten am Zielort und unterwegs durch (potentielle) Nutzer höher bewertet, als Ladenmöglichkeiten ausschließlich unterwegs. Insbesondere in den Kontexten Arbeit und Einkaufen wird ein hohes Potential von Laden am Zielort gesehen (Krause, Ladwig, Saupp et al., 2018). Die Möglichkeit des Ladens an Einkaufsorten hat weiterhin den größten positiven Effekt auf die wahrgenommene Nützlichkeit von BEV (Krause, Ladwig & Schwalm, 2018).

Ladeverhalten Das Ladeverhalten wird u.a. durch die verbleibende Reichweite (Daina et al., 2015; Sun et al., 2016), den Wegzweck (Krause, Ladwig & Schwalm, 2018), die gefahrene Strecke (Csonka & Csiszár, 2017), die Bereitschaft zu Umwegen (Sun et al., 2016), die Zahlungsbereitschaft (Plenter et al., 2018), die Ladezeit (Halbey et al., 2015) und die Attraktivität des Standortes (Halbey et al., 2015) beeinflusst. Analog zur Gewichtung der Hemmnisse und Treiber für die Kaufbereitschaft, findet sich auch beim Ladeverhalten kein ganzheitliches Bild, sondern viele Einzelerkenntnisse.

Grundsätzlich werden geringere Umwege zur Erreichung eines Ladestandortes bevorzugt (Sun et al., 2016), wobei Umweglängen bis zu 700m keinen Einfluss auf die Ladeentscheidung haben (nur bis 700m untersucht, Wolbertus und van den Hoed (2019)). Die Bereitschaft zu Umwegen lässt sich durch den Preis für die Ladung beeinflussen (Bernardo et al., 2016). Je niedriger der Preis, desto höher die Umwegbereitschaft. Gleichzeitig ist die Zahlungsbereitschaft höher, wenn der Füllstand niedriger (Dorcec et al., 2019) und die angebotene Ladegeschwindigkeit höher ist (Dorcec et al., 2019; Plenter et al., 2018). Generell wirkt die Ladezeit negativ auf die Nutzungsbereitschaft (Wolbertus & van den Hoed, 2019).

In städtischen Regionen konnte weiterhin eine höhere Zahlungsbereitschaft festgestellt werden als in ländlichen Regionen (Plenter et al., 2018). Diese unterscheiden sich nicht nur hinsichtlich der Zahlungsbereitschaft, sondern auch hinsichtlich der Batteriekapazität, bei der geladen wird, welche in ländlichen Regionen signifikant höher liegt (27.8% in ländlichen zu 19.8% in städtischen Regionen, Krause et al. (2017)).

Weiterhin konnte festgestellt werden, das die Restreichweite für eine Ladeentscheidung wichtiger ist, als der Standort und die Geschwindigkeit der Ladeinfrastruktur (Halbey et al., 2017), während die Batteriekapazität negativ mit der Ladefrequenz zusammenhängt (Daina et al., 2015). Grundsätzlich laden E-Fahrzeugnutzer in höherer Frequenz als benötigt (Weldon et al., 2016). Es gibt außerdem einen Zusammenhang zwischen Ansteckzeit und Leerlaufzeit an öffentlicher LIS, was darauf schließen lässt, dass Nutzer nicht dazu tendieren, Ladepunkte direkt nach dem Laden freizugeben (van der Kam et al., 2020).

Hinsichtlich Wegzwecken gaben Nutzer an, dass insbesondere Freizeitaktivitäten und Dienstfahrten von öffentlichem Laden profitieren würden, weil damit weitere Fahrten jenseits der Fahrzeugreichweite ermöglicht würden (Krause, Ladwig & Schwalm, 2018).

Beeinflussende Nutzerfaktoren Bei Betrachtung möglicher erklärender Nutzerfaktoren für Präferenzen und Verhalten zeigt sich, dass nur wenige erklärende Faktoren bekannt sind. Zwar gibt es Unterscheidungen von Nutzerprofilen, wie z.B. durch Helmus und Van den Hoed (2015) nach u.a. Anwohner, Pendler, Nutzer von Car-Sharing, Besucher, jedoch sind diese konzeptioneller Natur und nur in Ansätzen empirisch gestützt. Weiterhin ist naheliegend, dass auch die Art und Weise, wie das Auto genutzt wird (Strecken, Zwecke) die Auswahl einer Ladestation beeinflusst (Anfinsen et al., 2019).

Aus Kapitel 4.2 wurde bereits ersichtlich, dass emotionale Stabilität und Vertrauen in das Fahrzeug negativ auf den Reichweitenstress wirkt, womit anzunehmen ist, dass diese Faktoren auch den Füllstand, bei dem Ladeentscheidungen getroffen werden, beeinflussen. Dieser wird ebenfalls durch die individuelle Risikobereitschaft des Nutzers (Hu et al., 2019) negativ beeinflusst. Je größer die Risikobereitschaft, desto geringer der Füllstand beim Nachladen. Auch das Geschlecht hat darauf einen Einfluss, in dem Sinne, dass Frauen bei niedrigeren Füllständen entspannter bleiben als Männer (Daina, 2014).

Das Alter hat einen Einfluss auf die wahrgenommene Wichtigkeit der Kosten für eine Ladeentscheidung. Jungen Nutzern sind Kosten wichtiger als älteren Nutzern (Daina, 2014) Der Bildungsstand hat hingegen einen Einfluss auf die wahrgenommen Wichtigkeit der Ladezeit. Je gebildeter der Nutzer, desto negativer werden lange Ladezeiten - also niedrige Ladegeschwindigkeiten - gesehen (Daina, 2014). Wer Vorerfahrungen mit Schnellladen hat, lädt tendenziell seltener in normaler Geschwindigkeit (Sun et al., 2015). Wer häufig schnell lädt, nutzt außerdem wahrscheinlicher auch Ladeorte ohne konkreten anderen Aufenthaltszweck (Wen et al., 2021).

Hinsichtlich der Persönlichkeitsmerkmale konnte die wahrgenommene Kontrollüberzeugung als Prädiktor festgestellt werden. Je höher diese ausgeprägt ist, desto niedriger ist die Ladefrequenz (Daina et al., 2015). Die Verfügbarkeit einer Lademöglichkeit zuhause führt in Abhängigkeit der Energiekosten dort zu einem geringeren Anteil an öffentlichen Ladevorgängen (Lee et al., 2020).

5.3. Kontrast: Tanken

Erwartungsgemäß war die wissenschaftliche Literatur zum Tankverhalten bzw. zur Planung von Tankinfrastruktur deutlich älter, weniger zahlreich und tw. lobbygetrieben. Insbesondere das Alter der Quellen und der damit einhergehende Stand der Technik, was zum Beispiel die Effizienz der Verbrennungsmotoren und den damit verbundenen Kraftstoffverbrauch betrifft, erschweren die Übertragbarkeit. Dennoch sind einige Erkenntnisse zum Tankverhalten zu nennen.

Eine aktuelle Einsicht gibt das *Tankbuch* des *Deutschen Mobilitätspanels* (Ecke et al., 2021), woraus hervorgeht, dass ICEV-Nutzer in etwas mehr als 20% der Fälle vollständig und in fast 80% der Fälle teilweise tanken. Es erfolgt jedoch außer der Nennung ökonomischer Gründe keine weitere Bestimmung erklärender Nutzerfaktoren.

Generell sind im Tankkontext situative Faktoren wichtiger als Nutzerfaktoren (Sperling & Kitamura, 1986). So beeinflussen weder Demographie noch Sozioökonomie signifikant den Ort und den Zeitpunkt des Ladens (Kitamura & Sperling, 1987). Als situative Faktoren wirken neben der eigentlichen Autonutzung (Kitamura & Sperling, 1987) insbesondere der Kraftstoffpreis und der Füllstand auf die Tankentscheidung (Dewenter et al., 2012), wobei der Kraftstoffpreis hinsichtlich längeren notwendigen Anfahrten zur Tankstelle kompensierend wirken kann (Sperling & Kitamura, 1986).

Im Gegensatz dazu stehen Profile der Tankstellennutzer (vgl. ARAL, 2006), die sehr wohl auch Demographiebezug haben und zum Beispiel Nutzer hinsichtlich Wahrnehmung des Tankens und der getankten Mengen unterscheiden: Tanken als notwendiges Übel im Unterschied zu Tanken als Entspannung. Weiterhin sei der Anbieter und die Wartezeit auf eine freie Zapfsäule, im Gegensatz zur Wahrnehmung des Tankvorgangs selbst, nicht entscheidend für eine Tankentscheidung oder die Auswahl einer Tankstelle. Bei diesen Profilen und Erkenntnissen handelt es sich jedoch um qualitative Konstrukte, deren Validierung aussteht.

Zusammenfassend lässt sich feststellen, dass insbesondere hinsichtlich Nutzerdiversität wenig belastbare Erkenntnisse vorliegen. Dies könnte zum einen daran liegen, dass es tatsächlich wenige Nutzerfaktoren gibt, die das Tankverhalten beeinflussen und somit nur der Kontext der Fahrtsituation entscheidend ist. Zum anderen wäre es aber auch möglich, dass durch das lange bestehende, gewachsene Tankstellennetz und das Alter der Technologie, Nutzerfaktoren nie so im Fokus waren, wie sie es gegenwärtig im Kontext der Elektromobilität sind und man keine Entscheidungs- oder Verhaltensprofile zur Planung einer neuen Infrastruktur benötigte.

Teil III.

Forschungsdesign und Empirie

6. Zentrale Forschungsfragen

Im Folgenden werden zunächst die Einschränkungen des existierenden Wissens, und die sich aus diesen Wissenslücken ergebenden Ziele und Fragestellungen der vorliegenden Arbeit vorgestellt.

6.1. Einschränkungen des existierenden Wissens

Aus dem berichteten Stand der Forschung ergeben sich verschiedene Lücken und Einschränkungen, aus denen sich Forschungsbedarf ableiten lässt:

Fokussierung auf Early Adopter Zahlreiche Studien - insbesondere rund um das Thema Reich-weitenangst/-stress - wurden mit kleinen Gruppen von Early Adoptern Anfang der 2010er-Jahre durchgeführt (vgl. Cocron et al., 2011; Weldon et al., 2016). Dies hat zur Folge, dass tw. Fahrzeuge bereitgestellt wurden und nicht im privaten alltäglichen Besitz waren, dass die Fahrzeuge tw. prototypischen Charakter hatten und geringere Reichweiten möglich waren, als es gegenwärtig der Fall wäre und dass insbesondere Technikenthusiasten als Teilnehmer zu finden sind. Dies schmälert zwar nicht die Belastbarkeit der existierenden Erkenntnisse für den damaligen Status Quo, aber es ist unklar, inwieweit sich das Wissen auf die aktuelle Situation übertragen lässt. Mit fortschreitender Technikentwicklung (u.a. Reichweiten und Modellvielfalt), Förderung und Infrastrukturausbau hat sich auch das Feld der E-Fahrzeugnutzer verbreitert und macht dies weiterhin. Eine fortlaufende Überprüfung des existierenden Wissens mit fortschreitender Entwicklung in der Elektromobilität ist daher notwendig, wird in dieser Arbeit schlicht durch zeitlich spätere Erhebungen realisiert, ist mit dieser Arbeit aber auch noch nicht abgeschlossen.

Fokussierung auf auf tatsächliche Nutzer Ein Großteil der Nutzerstudien im Kontext Elektromobilität fokussiert die tatsächlichen Nutzer der E-Fahrzeuge, z.B. durch Befragung von BEV-Nutzern oder durch Auswertung von realen Ladedaten aus den Ladesäulen bzw. deren Backendsystemen. Dies ist erst mal stimmig, weil so ein Abbild des aktuellen Status Quo zur E-Fahrzeug- und Ladeinfrastrukturnutzung erzeugt wird und zum ganzheitlichen Bild beigetragen wird, hat aber auch einen entscheidenden Nachteil. Aktuelle E-Fahrzeugnutzer sind diejenigen, die sich bereits mit der Technologie arrangiert haben und entweder keine Nachteile mehr wahrnehmen oder die Technologie so in ihren Alltag integrieren konnten, dass bestehende Nachteile gegenüber Fahrzeugen mit Verbrennungsmotoren, wie z.B. geringere Reichweiten und längere Nachfüllzeiten, kein Hemmnis für den Kauf oder die Nutzung mehr waren. Dies führt zu zwei Herausforderungen. Zum einen ist unklar, ob die Anforderungen und Verhaltensmuster der aktuellen Nutzer übertragbar sind auf potentielle Nutzer, also diejenigen, die derzeit noch ICEV fahren, aber aus Klimaschutzgründen idealerweise zukünftig die Antriebsart wechseln sollten. Zum anderen fehlt der absolute Bezugspunkt zur Einordnung des bestehenden Wissens über BEV-Fahrer, wenn die Vergleichs- bzw. Kontrollgruppe nicht mitbetrachtet wird. Es ist daher unklar, ob aktuelle Wahrnehmungen, Anforderungen und aktuelles Verhalten von BEV-Fahrern sich zwingend durch den Umgang mit der Technologie ergeben und nach Technikadoption auch für die künftigen Nutzer gelten, oder ob dies eine Besonderheit der aktuellen Nutzergeneration ist, die sich durch deren spezielle Nutzercharakteristik ergibt (vgl. Frenzel et al., 2015; Trommer et al., 2015). Zentral für diese Arbeit ist daher der Vergleich zwischen aktuellen Nutzern, also tatsächlichen BEV-Nutzern, und den potentiellen zukünftigen Nutzern, die derzeit noch ICEV-Nutzer sind. Der Gruppenvergleich umfasst dabei nicht nur die Anforderungen beider Gruppen an Ladeinfrastruktur, sondern auch den Vergleich der gegenwärtigen Verhaltensweisen im Kontext des Nachfüllens der jeweiligen Fahrzeuge, also der direkte Vergleich zwischen dem Tanken und dem Laden.

Fokussierung auf Anforderungsanalyse und Beschreibung statt Erklärung Der bestehende Stand der Forschung ist detailliert, was die Betrachtung von Adoptionshemmnissen betrifft. So existiert ein breites Bild, welche Vor- und Nachteile hinsichtlich der Elektromobilität wahrgenommen werden, wie aus Kapitel 4.2 ersichtlich wurde. Bei Fokussierung einzelner wahrgenommener Nachteile, wie konkret des Themas Laden (Ladezeiten, Reichweiten, Verfügbarkeit und Ausgestaltung Ladeinfrastruktur) und bei Betrachtung von Nutzerentscheidungen in diesem Zusammenhang, bleibt der überwiegende Teil der Studien auf einem deskriptiven Level. Die Verschneidung mit Nutzercharakteristiken, die Ableitung von Nutzer- und Nutzungsprofilen, die eine erklärende Funktion für Anforderungen und Verhalten haben könnten, ist bisher jedoch nur unzureichend erforscht. Eine Ausnahme bildet dabei nur die existierende Forschung zur Reichweitenangst (vgl. Kapitel 4.2), die jedoch den beiden zuvor genannten Einschränkungen unterliegt. Die vorliegende Arbeit adressiert diese Problematik auf zwei Arten: Zum einen bleibt der Fokus nicht auf einer reinen Anforderungsanalyse, sondern bezieht neben den konkreten Anforderungen an Ladeinfrastruktur auch die Wahrnehmung der selbigen sowie

Verhaltensmuster im Umgang mit dieser mit ein. Zum anderen erfolgt eine Verschneidung aller Themen mit Nutzerfaktoren im Sinne einer Prüfung inwieweit Nutzerprofile existieren, die Wahrnehmung, Anforderungen und Verhalten prädizierbar machen.

Fehlende Ganzheitlichkeit in der Faktorgewichtung Eine Schwäche des aktuellen Forschungsstands ist weiterhin die an vielen Stellen fehlende ganzheitliche Betrachtung der Nutzerwahrnehmungen und -entscheidungen. Zwar liegen viele Einzelerkenntnisse vor, wie z.B. Teilmengen von Hemmnissen für Nutzungs- und Kaufbereitschaft oder von Entscheidungskriterien für eine Ladeentscheidung in Relation zueinander gewichtet werden, aber es fehlt an vielen Stellen die inhaltliche und vor allem zahlenmäßige Verbindung von Einzelerkenntnissen. Hinzukommt, dass nicht alle Einzelerkenntnisse vollkommen widerspruchsfrei sind, sondern in Kontext der jeweiligen Erhebungsmethodik und Stichproben betrachtet werden müssen. Die vorliegende Arbeit adressiert diese Herausforderung durch einen ganzheitlicheren Ansatz, indem Nutzerfaktoren immer mitgedacht werden und nicht bereits im Ansatz ein Fokus auf z.B. Fahrzeug-, Infrastruktur- oder Angebotsfaktoren gelegt wird, sondern mit Nutzern zusammen die relevanten Faktoren identifiziert und diese vollständig betrachtet werden.

6.2. Sich ergebende Ziele und Fragestellungen

Angelehnt an den Reasoned Action Approach (vgl. Abbildung 4.2, Fishbein und Ajzen (2011)) ergibt sich basierend auf den zuvor genannten Einschränkungen im Forschungsstand, ein Verhaltensmodell, dass die drei grundlegenden Themenfelder dieser Arbeit abbildet (siehe Abbildung 6.1). Das Modell ist dabei nicht als ein in Gänze statistisch zu testendes Modell im Sinne einer Strukturgleichungsmodellierung gedacht, da Einstellungs- oder Kognitionsmodelle, wie TPB oder TRA, dies in der Praxis nicht leisten können (Ogden, 2003), sondern als Strukturierung des Forschungsansatzes. Weiterhin adressiert das Modell nicht die generelle Einstellung gegenüber Elektrofahrzeugen, sondern konkret Nutzung von Ladeinfrastruktur, setzt also die Bereitschaft zur Nutzung der eigentlichen Fahrzeugtechnologie voraus.

Das übergeordnete Ziel der Arbeit ist es, Nutzerverhalten im Kontext des Ladens (in Abgrenzung zum Tanken) in Abhängigkeit von individuellen Nutzerprofilen besser beschreiben und idealerweise - wenn möglich - vorhersagen zu können, um diese Erkenntnisse für zukünftige Technikentwicklung sowie Verkehrs- und Infrastrukturplanung nutzbar zu machen. Um ein solches besseres Verständnis des Nutzerverhaltens zu schaffen, steht die Nutzungsintention, also die Entscheidung und die

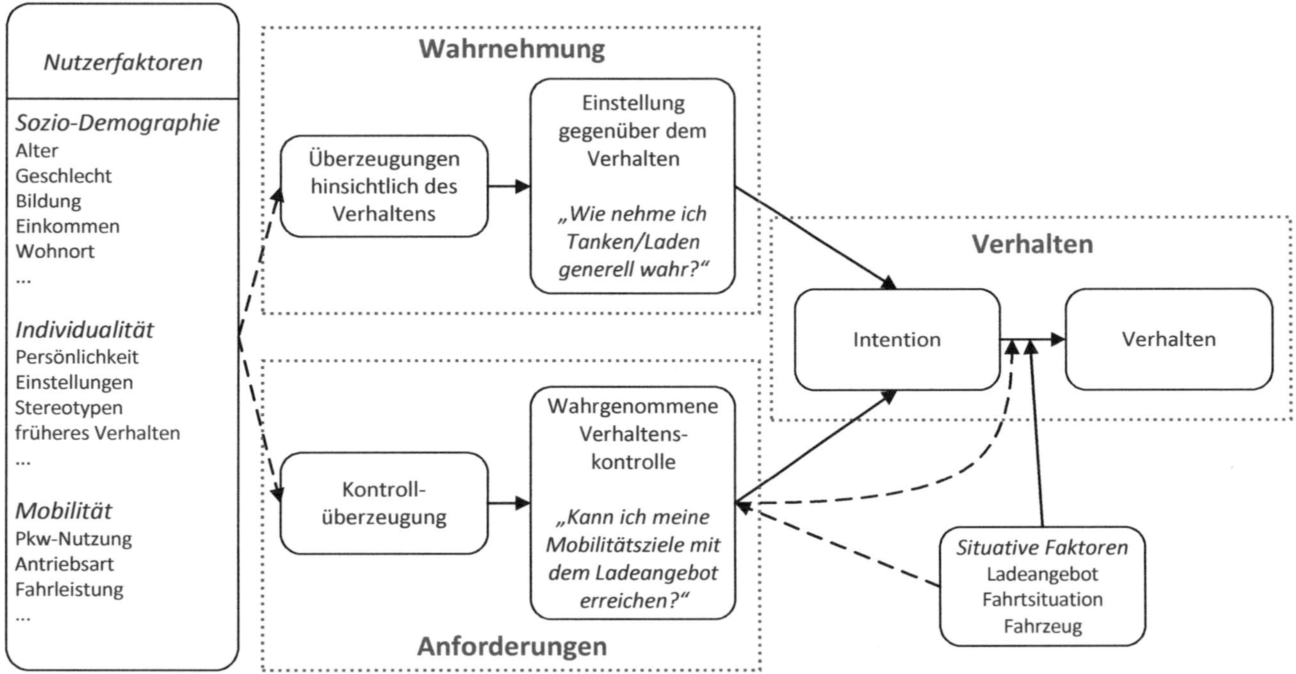

Abbildung 6.1.: Zugrundeliegendes Verhaltensmodell der Arbeit, angelehnt an das Reasoned Action Model von Fishbein und Ajzen (2011)

dafür relevanten Kriterien des (potentiellen) Nutzers, eine öffentliche Ladestation zu nutzen, oder nicht, im Fokus. Nach Fishbein und Ajzen (2011) wirken auf die Nutzungsintention die Einstellung gegenüber dem Verhalten, die wahrgenommene Norm und die wahrgenommene Kontrolle des Verhaltens.

In dieser Arbeit wird auf die Betrachtung der wahrgenommenen Norm verzichtet, da nicht die grundsätzliche Frage der Bewertung der Elektromobilität adressiert wird, sondern ein konkreter Umgang mit verschiedenen Ausgestaltungen einer Ladeinfrastruktur im Fokus steht. Es ist zumindest nicht erwartbar, dass eine Beeinflussung durch die Gesellschaft oder das soziale Umfeld in einem relevanten Umfang in dem Sinne stattfindet, dass die Nutzung eines konkreten Standortes von LIS konform einer gesellschaftlichen Norm ist und ein anderer nicht, solange davon ausgegangen werden kann, dass alle Ladeangebote mit erneuerbaren Energien gespeist werden.

Weiterhin wird die wahrgenommene Verhaltenskontrolle hier nicht als individuelle Bewertung der persönlichen Fähigkeiten definiert, sondern als die Überzeugung, inwieweit die gegebenen Mittel im Sinne des Tank-/Ladeangebots die Möglichkeit bieten, die eigenen Mobilitätsziele zu erreichen, also die Anforderungen des Nutzers generell und in der jeweiligen Fahrtsituation erfüllen. Die Betrachtung der Nutzeranforderungen an LIS ergibt sich somit als zweiter großer Themenbereich dieser Arbeit. Der dritte und letzte Themenbereich umfasst die generelle Wahrnehmung des Nutzers, die bedingt, welche Einstellung der Nutzer gegenüber einem Verhalten einnimmt und somit indirekt die Nutzungsintention beeinflusst.

Die drei Themenbereiche dieser Arbeit ergeben sich damit zu *Anforderungen*, *Wahrnehmung*, und *Verhalten* (potentieller) Nutzer im Kontext Laden und Ladeinfrastruktur in Abgrenzung zum konventionellen Tanken. Als Querschnittthemen müssen sowohl Nutzerfaktoren als auch situative Faktoren (vgl. *Background factors* bzw. *Environmental factors* bei Fishbein und Ajzen (2011)), wie das Ladeangebot selbst, aber auch die konkrete Fahrtsituation und die zugehörigen Fahrzeugparameter betrachtet werden (Helmus & Van den Hoed, 2015). Während situative Faktoren nicht die generelle Wahrnehmung, aber die wahrgenommene Kontrolle und das Verhalten direkt beeinflussen können, ist ein Einfluss der Nutzerfaktoren auf alle Bereiche direkt oder indirekt denkbar und soll daher untersucht werden.

Aus diesen Überlegungen ergeben sich fünf wesentliche Fragen, die beantwortet werden müssen, um die so gewonnenen Erkenntnisse anschließend in konkrete Entscheidungsszenarien zu überführen:

1. Welche konkreten **Anforderungen** haben (potentielle) Nutzer an Ladeinfrastruktur hinsichtlich Positionierung?

2. Wie ist die **Wahrnehmung** von Tanken und Laden durch den (potentiellen) Nutzer?

3. Wie lässt sich das **Verhalten** der (potentiellen) Nutzer im Umgang mit Reichweite und mit Tank-/Ladeinfrastruktur beschreiben?

4. Wie beeinflussen Nutzercharakteristiken die drei zuvor genannten Themen und inwiefern lassen sich unterscheidbare Nutzerprofile zur Prädiktion identifizieren?

5. Wie ist bei den zuvor genannten Themen das Größenverhältnis zwischen den Einflüssen von Nutzercharakteristik und den Einflüssen des jeweils gegebenen Kontext (Fahrtsituation, Fahrzeug, Infrastruktur)?

7. Forschungsdesign

Im folgenden Kapitel werden das grundlegende empirische Studiendesign, sowie Querschnittthemen, die über alle Studien hinweg untersucht werden, vorgestellt.

7.1. Überführung der thematischen Schwerpunkte in empirische Studien

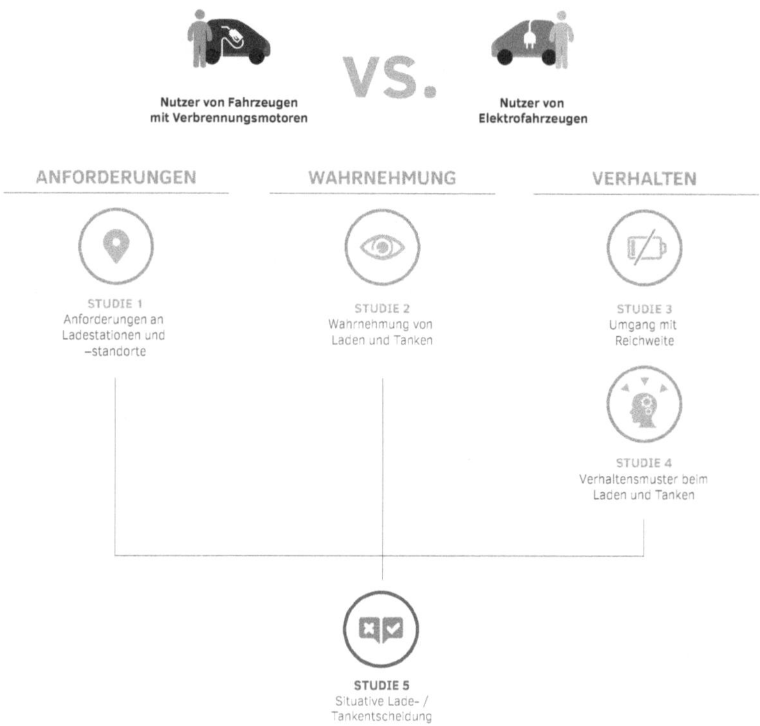

Abbildung 7.1.: Übersicht über das Forschungsdesign mit Zuordnung der Studien zu den drei inhaltlichen Bereichen Anforderungen, Wahrnehmung und Verhalten.

Im Folgenden werden die einzelnen für diese Arbeit durchgeführten empirischen Studien mit Ihrer jeweiligen thematischen Ausrichtung und ihrem Ziel vorgestellt. Eine Übersicht kann Abbildung 7.1 entnommen werden. Die Umsetzung erfolgte im Sinne eines Multimethodenansatzes tw. inhaltlich unabhängig und tw. konsekutiv mit sowohl qualitativen als auch quantitativen empirischen Methoden[11]. In Abhängigkeit der jeweiligen Fragestellung war jeweils ein eigener methodischer Ansatz mit Entwicklung individueller Messinstrumente notwendig.

Studie 1 - Anforderungen an Ladesäulen und -standorte Im ersten Schritt werden Nutzeranforderungen an die Gestaltung und Positionierung von Ladeinfrastruktur adressiert. Im Untersuchungsfokus stehen dabei sowohl generelle Anforderungen und Bewertungskriterien an Ladestandorte, als auch konkrete Positionierungswünsche. Ziel ist die Identifizierung und Gewichtung der Anforderungen, um die Basis für eine grundsätzliche Bewertung von potentiellen Ladestandorten zu legen.

Studie 2 - Wahrnehmung von Laden und Tanken Im zweiten Schritt wechselt der Fokus von den Anforderungen der Nutzer an Standorte hin zur Nutzung derselbigen bei Lade- und Tankvorgängen. Grundlegend für Interaktionen mit Technik, sind die mentalen Modelle, die ein Nutzer von sich selbst und von der Interaktion hat (Norman, 2014; Staggers & Norcio, 1993). Der Term *Mentales Modell* bezeichnet dabei ein Modell, das durch Überführung von externen Ereignisse bei (physischer) Interaktion intern (in einem Menschen) entsteht und auf dessen Basis Entscheidungen getroffen und Handlungen ausgeführt werden (Craik, 1943). Studie 2 hat daher das Ziel, die mentalen Modelle, die Nutzer vom Tanken und Laden haben, zu erarbeiten, indem genauer untersucht wird, wie die beiden Vorgänge von Nutzern wahrgenommen werden, welche Eigenschaften ihnen durch die Nutzer zugeschrieben werden. Die erarbeiteten mentalen Modelle dienen dem besseren Verständnis der tatsächlichen Handlungen, welche die beiden folgenden Studien thematisieren.

Studie 3 - Umgang mit Reichweite Die dritte Studie thematisiert den Umgang mit (limitierter) Reichweite. Wie bereits in Kapitel 4.2 beschrieben wurde, wird im Zusammenhang mit der Nutzung von Elektrofahrzeugen die sogenannte Reichweitenangst bzw. der Reichweitenstress häufig sowohl als grundsätzliches Hemmnis für die Nutzungs- und Anschaffungsbereitschaft als auch als relevanter

[11] Umfangsbedingt werden die qualitativen Vorstudien nicht im Detail berichtet und nur dann angeführt, wenn Informationen für den Bericht der quantitativen Studien notwendig sind. Exemplarisch kann auf Philipsen et al. (2015) verwiesen werden, worin die Ergebnisse einer der qualitativen Studien vorgestellt werden.

Faktor während des eigentlichen Fahrens gesehen. Zum besseren Verständnis der Relevanz der Reichweitenstresses für das Lade- und Tankverhalten wird in dieser Studie herausgearbeitet, wie sich BEV- und ICEV-Nutzer hinsichtlich der Wahrnehmung von und Umgang mit (Rest-)Reichweite unterscheiden und inwieweit sich Reichweitenstress anhand von Nutzer- oder Fahrzeugcharakteristiken vorhersagen lässt.

Studie 4 - Verhaltensmuster beim Laden und Tanken Der Fokus der vierten Studie liegt auf den konkreten Auslösern für einen Lade- oder Tankvorgang, sowie auf Verhaltensmustern hinsichtlich Häufigkeit des Tankens- bzw. Ladens. Ziel dieser Studie ist u.a. herauszuarbeiten, inwieweit sich BEV- und ICEV-Nutzer hinsichtlich der Motivation und Auslöser für Nachfüllentscheidungen unterscheiden und inwiefern es diesbezügliche weitere, evtl. prädizierbare, Verhaltensmuster gibt.

Studie 5 - Situative Lade- und Tankentscheidung Die fünfte und letzte Studie dieser Arbeit soll Erkenntnisse der vorherigen Studien in eine Entscheidungssimulation überführen, um die Prozesse, die zu einer Entscheidung für oder gegen einen Tank- bzw. Ladestopp führen, besser zu verstehen. Dazu sollen Wichtigkeiten konkreter Faktoren für die Entscheidungsfindung erarbeitet werden und gleichzeitig mögliche Zielkonflikte (Trade-offs) der Teilnehmer bei der Abwägung verschiedener Ladestationsattribute und Rahmenbedingungen der Fahrt identifiziert werden.

7.2. Querschnittthema: Nutzerprofile und Prädiktion

Neben der bereits beschriebenen Unterscheidung zwischen BEV- und ICEV-Nutzern wurden weitere sozio-demographische, sowie mobilitäts- und persönlichkeitsbezogene Faktoren in allen durchgeführten Studien betrachtet, um, wenn möglich, unterscheidbare Nutzerprofile abzuleiten. Ziel dabei war, Nutzeranforderungen und -verhalten auf Basis von Nutzerprofilen prädizierbar zu machen, um solche Profile zukünftig in Modelle und Simulationen zur Verkehrs- und Infrastrukturplanung, z.B. als Entscheidungsprofile in agentenbasierten Methoden, integrieren zu können. Gleichzeitig sollte durch die Betrachtung der Verkehrsmittelverfügbarkeit und -nutzung, der Antriebstechnologie und von Kontextbedingungen in Tank- und Ladeszenarien (insb. Studie 5) untersucht werden, zu welchem Anteil Anforderungen, Wahrnehmung und Verhalten von Sozio-Demographie und Persönlichkeit bestimmt werden im Vergleich zu Einflüssen der situativen und technischen Parameter.

Hinsichtlich Sozio-Demographie wurden dabei u.a. Geschlecht, Alter, Bildung, Berufstätigkeit, Haushaltsgröße, Haushaltsnettoeinkommen und die Siedlungsdichte des Wohnorts betrachtet, während im Kontext der Mobilität der Befragten insbesondere die Fahrzeugnutzung im Sinne der jährlichen Fahrleistung, der Pkw-Klasse oder sonstigen Fahrzeugeigenschaften mit in die Untersuchungen einfloss. Als Persönlichkeitsmerkmale wurden insbesondere die Technik- bzw. Innovationsbereitschaft sowie die Risikobereitschaft untersucht, da erstere einen Einfluss auf die Adaption neuer Technologien haben (Brauner et al., 2017; Nov & Ye, 2008; Wicki et al., 2019) und letztere für den Umgang mit Reichweite relevant ist (Franke & Krems, 2013a; Franke et al., 2011; Hu et al., 2019). Diese werden daher im Folgenden in jeder Studie mit berichtet, die anderen Nutzerfaktoren nur dann, wenn signifikante Zusammenhänge mit diesen festgestellt wurden. Eine vollständige Übersicht über die in den Studien erhobenen Nutzerfaktoren kann Tabelle A.1 im Anhang entnommen werden.

7.3. Strukturentdeckend vs. Strukturprüfend

Auch wenn bereits zahlreiche Forschungsergebnisse u.a. zur Nutzungs- und Kaufbereitschaft im Kontext Elektromobilität vorliegen, wie Teil II der Arbeit entnommen werden kann, waren die Wissenslücken hinsichtlich der konkreten Fragestellung dieser Arbeit so groß, dass ein explorativer Ansatz gewählt wurde. Die Beschränkung der Mehrheit der bisherigen Studien auf Early Adopter-Gruppen, die fehlende ganzheitliche Sicht auf tatsächliche und potentielle Nutzer, sowie das bisherige Fehlen ganzheitlicher Modelle zur Prädiktion des Lade- bzw. Tankverhaltens ließen ein strukturprüfendes Vorgehen, im Sinne einer Testung von detaillierten, auf dem Stand der Forschung deduktiv entwickelten Hypothesen oder gar strukturellen Modellen, nicht zu. Auf das Aufstellen und die Testung von Hypothesen wird daher im weiteren verzichtet. Stattdessen ist das Vorgehen in den einzelnen Studien strukturentdeckend, indem leitfragengestützt induktiv im Datenmaterial mögliche Strukturen und Muster im Sinne von Zusammenhängen zwischen Faktoren identifiziert und quantifiziert werden.

8. Methodische Grundlagen

Im Folgenden werden die methodischen Gemeinsamkeiten aller Studien vorgestellt, um Redundanzen in den späteren Kapiteln zu vermeiden. Neben Informationen zu Qualitätskriterien bei Datenerhebung und -aufbereitung betrifft dies insbesondere Angaben zur Operationalisierung und statistischen Auswertung.

8.1. Operationalisierung

Soweit zu den jeweiligen Studien nicht anders angegeben, wurden Einstellungen und Verhaltensweisen der Teilnehmer durch die Erfragung der Zustimmung zu Aussagen (im folgenden auch „Antwortitems" oder kurz „Items" genannt) auf sechsstufigen Skalen im Likert-Antwortformat erhoben (min: *„Stimme gar nicht zu"* bis max: *„Stimme voll zu"*). Für eine intuitivere Darstellung wurden Skalen, wo sinnvoll, auf einen Wertebereich von -1 bis +1 normiert, so dass positive Zahlenwerte als Zustimmung und negative Werte als Ablehnung (keine Zustimmung) interpretiert werden können, während 0 einer indifferenten Meinung entspricht. Wenn nicht anders angegeben, wurden Antwortitems selbst formuliert, soweit nicht auf validierte Items aus dem Stand der Forschung zurückgegriffen werden konnte. Die jeweiligen Formulierungen der Fragestellungen und Antwortoptionen wurden, soweit möglich und relevant, in allen fünf Studien konstant gehalten, um Vergleichbarkeit zu gewährleisten.

Zur Messung von Persönlichkeitsmerkmalen wurden mit Ausnahme von Studie 1 die Skala von Neyer et al. (2016) mit den Dimensionen *Technikakzeptanz*, *Technikkontrollüberzeugung* und *Technikkompetenzüberzeugung* zur Messung der *Technikbereitschaft* genutzt. Aufgrund der noch fehlenden Verfügbarkeit des genannten Konstrukts wurde in Studie 1 alternativ die Kontrollüberzeugung im Umgang mit Technik nach Beier (1999) als Indikator für die Technikbereitschaft gemessen. Zur Messung der *Risikobereitschaft* wurde in allen Studien die Kurzskala von Beierlein et al. (2015) genutzt. Persönlichkeitsmerkmale wurden ebenfalls auf einer sechsstufigen Skala von min=0: keine Ausprägung des Merkmals bis max=5: höchste Ausprägung des Merkmals erfasst.

Der Wohnort - konkret die Siedlungsdichte des Wohnorts - der Befragten wurde auf zwei Wegen operationalisiert und klassifiziert. Da eine Abfrage der genauen Adresse aus Anonymisierungsgründen nicht möglich war, erfolgte zum einen eine

Selbsteinschätzung der Teilnehmer, ob sie in der Stadt, in einem Vorort oder auf dem Land wohnen. Zusätzlich wurde die Postleitzahl der Teilnehmer erfragt, um diese über einen Abgleich der Postleitzahl mit dem Amtlichen Gemeindeschlüssel (AGS) einem Landkreis oder einer kreisfreien Stadt zuordnen zu können. Auf dieser regionalen Ebene erfolgte in einem weiteren Schritt die Überführung in die Regionalstatistische Raumtypologie (RegioStaR) (Bundesministerium für Digitales und Verkehr, 2021), um ergänzend zur persönlichen Einschätzung eine weitere Klassifizierung des Wohnorts hinsichtlich städtischer und ländlicher Regionen zu nutzen. Wenn im Folgenden ohne Unterscheidung der generische Begriff „*Wohnort*" genutzt wird, kann davon ausgegangen werden, dass sich Selbsteinschätzung und Raumtypologie der Siedlungsdichte hinsichtlich des Zusammenhangs mit anderen Faktoren nicht signifikant unterschieden haben. Eine Übersicht über die geographische Verteilung der Beantwortungen kann Abbildung A.1 im Anhang entnommen werden.

8.2. Datenerhebung

Alle quantitativen Studien wurden als Online-Befragungen konzipiert. Die Teilnehmerakquise erfolgte, soweit nicht anders angegeben im universitären Umfeld, in sozialen Netzwerken und insbesondere in Fachforen zu den Themen Automobilnutzung und -technik, sowie zur Elektromobilität, um sowohl Nutzer herkömmlicher Fahrzeuge mit Verbrennungsmotor als auch Nutzer von Elektroautos adressieren zu können. Die Befragungen erfolgten ausschließlich in deutscher Sprache und waren entsprechend bei der Akquise auf den deutschsprachigen Raum begrenzt. Weiterhin wurde der Führerscheinbesitz (Pkw) und zumindest gelegentliche Pkw-Nutzung vorausgesetzt. Nutzer von hybriden Elektrofahrzeugen wurden, genauso wie Nutzer alternativer Kraftstoffarten (z.B. LPG) ebenfalls von der Analyse ausgeschlossen, da diese Nutzergruppen nicht im Fokus dieser Arbeit standen. Die Teilnahme erfolgte in allen Fällen freiwillig und es gab keine finanzielle Inzentivierung oder ähnliches als Kompensation für den Bearbeitungsaufwand der Teilnehmer. Rückschlüsse auf einzelne Teilnehmer waren durch die Anonymität der Befragung nicht möglich. Sämtliche Datenerhebungen fanden im Zeitraum 2015-2019 statt und waren damit vor Beginn der Corona-Pandemie abgeschlossen, so dass evtl. pandemiebedingte Veränderungen im Mobilitätsverhalten, z.B. durch zunehmende Arbeitstätigkeiten von zuhause aus, in den Daten nicht abgebildet sind.

8.3. Datenaufbereitung

Vor der Analyse der akquirierten Daten wurden diese einer Qualitätsprüfung unterzogen. Diese beruhte auf den drei Kriterien *Vollständigkeit*, *Widerspruchsfreiheit* und *Bearbeitungszeit*:

Vollständigkeit Datensätze von Teilnehmern, die ausschließlich Fragen zur Nutzercharakteristik beantwortet und thematische Fragen ausgelassen haben, wurden von der Analyse ausgeschlossen. Datensätze mit nur vereinzelt fehlenden Beantwortungen wurden hingegen ausgewertet.

Widerspruchsfreiheit Zu Identifizierung von Datensätzen, bei denen keine ernsthafte Beantwortung angenommen werden kann, wurden diverse Ausschlusskriterien angelegt: Zunächst wurden Freitextfelder auf auffällige, nicht zur Frage passende, und teilweise fremdsprachige Antworten, wie sie typischerweise durch Bots entstehen, hin untersucht. Darüber hinaus wurden Kontrollfragen eingesetzt, um die Aufmerksamkeit des Befragten bei der Beantwortung bewerten zu können (z.B. *„Bitte kreuzen Sie hier Stimme gar nicht zu an“*). Wiederholt widersprüchliches Antwortverhalten, wie z.B. gegensätzliche Bewertungen von identischen Faktoren, wurde ebenfalls beim Ausschluss von der Analyse berücksichtigt.

Bearbeitungszeit Um sogenannte „Speeder“, also Teilnehmer zu identifizieren, die zwar keine Beantwortung ausgelassen haben, aber deren Beantwortungszeit so kurz war, dass von einer gründlichen, ernsthaften Bearbeitung nicht ausgegangen werden kann, wurde für jede Studie eine individuelle Mindestbearbeitungszeit definiert. Diese entsprach der Hälfte des Medians der Bearbeitungszeit der Stichprobe nach Anwendung der beiden zuvor genannten Kriterien. Die so definierten Grenzen lagen jeweils leicht über der gemessenen Mindestlesezeit des Umfragentexts. Alle Teilnehmer mit einer kürzeren Bearbeitungszeit wurden von der Analyse ausgeschlossen.

Neben der Qualitätsprüfung beinhalte die Datenaufbereitung auch, falls notwendig, die Berechnung von Skalen aus Einzelitems, sowie die Überprüfung und Anpassung der in den Daten definierten Messniveaus (metrisch, ordinal, nominal) an das genutzte Antwortformat.

8.4. Statistische Auswertung und Ergebnisdarstellung

Im Anschluss an die Datenaufbereitung erfolgte die statistische Auswertung, wobei sowohl deskriptive als auch (multivariate) inferenzstatistische Methoden angewendet wurden. In Abhängigkeit der Prüfung der jeweiligen Voraussetzungen der Testverfahren (z.B. Normalverteilung der Daten, Varianzhomogenität, etc.) wurden entsprechende parametrische und nicht-parametrische Verfahren eingesetzt, um auf Zusammenhänge und Unterschiede zwischen Faktoren und Gruppen zu prüfen. Als Signifikanzniveau wurde $\alpha = .05$ angenommen. Cohen's *d* (Cohen, 1988), ϵ^2 (Kelley, 1935), partielles Eta-Quadrat (η_p^2), Phi-Koeffizienten (ϕ und Cramer's V), sowie Korrelationskoeffizienten (r, r_{rb}) wurden genutzt, um Effektstärken bei Gruppenvergleichen und Korrelationen zu beschreiben. Zur Ableitung von Nutzerprofilen wurden k-Means-Clusteranalysen genutzt und als Zielkriterium der Silhouettenwert optimiert. Als Bestimmtheitsmaß für lineare oder (multi-)nominale logistische Regressionsmodelle wurde das korrigierte R^2 bzw. McFadden's R^2 genutzt.

9. Anforderungen an Ladestationen und -standorte[12]

[12]Teile dieses Kapitels wurden veröffentlicht in „Philipsen, R., Schmidt, T., Van Heek, J., & Ziefle, M. (2016). Fast-charging station here, please! User criteria for electric vehicle fast-charging locations. *Transportation research part F: traffic psychology and behaviour, 40*, 119-129." und „Philipsen, R., Schmidt, T., & Ziefle, M. (2015). A Charging Place to Be - Users' Evaluation Criteria for the Positioning of Fast-charging Infrastructure for Electro Mobility. *Procedia Manufacturing, 3*, 2792-2799."

9.1. Fokus und Ziel der Studie

Ziel dieser ersten Studie im Forschungsprozess war es, Anforderungen an und Bewertungskriterien an Ladeinfrastruktur zunächst zu identifizieren und anschließend zu vermessen. Daraus ergaben sich für die Studie folgende Fragestellungen:

- *Welche Bewertungskriterien werden an Ladeinfrastruktur angelegt?* Ziel war es, ein erstes Verständnis dafür zu erlangen, nach welchen Kriterien (potentielle) Nutzer die Positionierung von Ladeinfrastruktur bewerten, um diese Kriterien bei der Infrastrukturplanung berücksichtigen zu können.

- *Welche konkreten Standorte sehen und bevorzugen (potentielle) Nutzer?* Neben den generischen Bewertungskriterien sollten hier auch konkrete Standortvorschläge, durch die Befragten erstellt und bewertet werden, um besser zu verstehen, in welchem Umfeld oder welchen Straßen Nutzer sich Ladeinfrastruktur wünschen.

- *Wie unterscheiden sich tatsächliche E-Fahrzeugnutzer von potentiellen zukünftigen Nutzern hinsichtlich der Bewertungskriterien und der Standortpräferenzen?* Ziele dabei waren zum einen, die Grundlage zu schaffen, um bereits errichtete Ladeinfrastruktur mit den Anforderungen von tatsächlichen Nutzern abzugleichen und zum anderen zu verstehen, inwieweit für potentielle Nutzer andere Anforderungen in der Infrastrukturplanung berücksichtigt werden, damit diese Nutzergruppe Ladeinfrastrukur nicht mehr als Kauf- oder Nutzungshemmnis wahrnimmt.

9.2. Methodische Besonderheiten

Das Vorgehen zur Beantwortung der Forschungsfragen war zweischrittig. Zunächst wurden in einer qualitativen Vorerhebung ($N = 15$) mit leitfadengestützten Interviews generelle Anforderungen an Ladestandorte ermittelt. Aus diesen Anforderungen konnten neben konkreten Platzierungswünschen auch generische Bewertungskriterien der Nutzer abgeleitet werden, die Tabelle 9.1 entnommen werden können.

Zur Konkretisierung der Standortfindung wurde den Teilnehmern eine große Karte der Städteregion Aachen zur Verfügung gestellt, anhand derer Standorte ausgewählt und begründet werden sollten. Die identifizierten Bewertungskriterien, sowie die in den Interviews genannten Standortvorschläge wurden anschließend in eine quantitative Studie überführt, um eine Vermessung zu ermöglichen.

Die anschließende quantitative Erhebung nutzte zwei unterschiedliche methodische Ansätze. Zum einen wurde ein konventioneller Online-Fragebogen genutzt,

Tabelle 9.1.: In qualitativer Vorerhebung identifizierte Bewertungskriterien für Ladeinfrastruktur

Kriterium	Definition
Doppelnutzung	Möglichkeit das Laden mit einer anderen (täglichen) Aktivität zu verbinden
Verlässlichkeit	Ausreichende Verfügbarkeit von Ladepunkten
Erreichbarkeit	Leichte Erreichbarkeit der Ladeinfrastruktur
Gewohnheitskompatibilität	Lage des Ladestandorts in der Nähe gewohnter Zielen/Strecken erfordert keine Verhaltensanpassung
Sicherheit für Fahrer und Passagiere	Sicherheit zu jeder Uhrzeit für Fahrer und Passagiere
Sicherheit für das Fahrzeug	Sicherheit für das abgestellte Fahrzeug
Anbindung an den ÖPNV	Möglichkeit des Park&Rides
Sichtbarkeit	Sichtbar- und Wahrnehmbarkeit des Standorts von der Straße aus

um die Meinungen und Anforderungen der Teilnehmer zu erheben. Neben soziodemographischen Angaben wurden auch Informationen zum Fahrzeugbesitz und Mobilitätsverhalten, sowie wie bereits beschrieben die Technik- und Risikobereitschaft als möglicherweise erklärende Nutzerfaktoren erhoben (siehe Tabelle A.1). Thematisch fokussierte dieser Teil die Meinung der Nutzer zu konkreten Standortvorschlägen sowie die Gewichtung der Bewertungskriterien. Dies wurde u.a. mit klassischen Likertformaten, wie in Kapitel 8 beschrieben, umgesetzt.

Der zweite Teil der Erhebung folgte einem partizipativen Ansatz. Analog zu Anderson et al. (2018), wurde ein interaktives Kartentool entwickelt, mit dem die Befragten selbst online Wunschladestationen positionieren konnten, also die Ladeinfrastrukturplanung als Co-Creation-Prozess (Ramaswamy & Ozcan, 2018) selbst übernehmen sollten. Technische Grundlage war dabei eine auf OpenStreetMap[13] und Leaflet[14] basierte Benutzeroberfläche mit einem JavaEE-Backend (siehe Abbildung 9.1) zur Speicherung aller Eingaben. Über eine generierte Nutzer-Id waren diese später den Beantwortungen im konventionellen Fragebogen zuzuordnen.

Um allen Teilnehmern die gleichen Rahmenbedingungen zu geben, wurde zu Beginn der Interaktion instruiert, dass es sich bei den platzierten Ladestationen um öffentliche Ladeinfrastruktur handele und diese in der Lage sei, ein Fahrzeug in 30 Minuten soweit aufzuladen, dass ein Reichweitengewinn von ca. 150 km möglich ist, was in etwa der zum Zeitpunkt der Erhebung verbreiteten DC-Ladeleistung von

[13] https://www.openstreetmap.org
[14] https://leafletjs.com/

50 kW entspricht (vgl. Kapitel 3.2). Weiterhin wurde die Gesamtzahl an Ladestationen auf 20 begrenzt, um eine Fokussierung der Teilnehmer zu fördern und zu verhindern, dass wahllos ohne Überlegung flächendeckend in geringstem Abstand Säulen in hoher Zahl platziert werden.

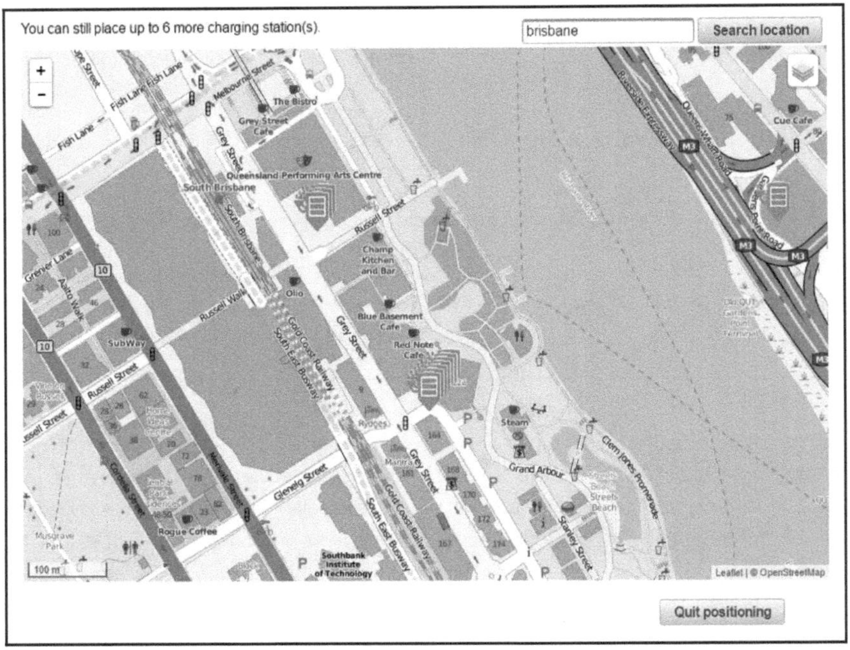

Abbildung 9.1.: Screenshot der Benutzeroberfläche des interaktiven Kartentools

Die Teilnehmer hatten im Kartentool die Möglichkeit zu Scrollen, Zoomen, Städte/Regionen zu suchen und Ladestationen zu positionieren (oder bei Bedarf wieder zu entfernen). Weiterhin konnten die Teilnehmer selbst bestimmen, wie viele Ladepunkte an jedem gesetzten Standort aus ihrer Sicht benötigt würden. Zu jedem positionierten Standort wurde abgefragt, wie der Nutzer diesen anhand der vorgegebenen Kriterien bewerten würde, inwiefern konkrete Einrichtungen im Umfeld zu finden sind, für welchen Wegzweck (Nobis & Kuhnimhof, 2018) der Befragte den Standort benötigen würde und ob es ein notwendiger oder eher „schön zu haben"-Standort wäre (siehe Abbildung 9.2).

Zusätzlich zu diesen erfragten Information wurden die Geokoordinaten aller platzierten Standorte erfasst, um diese später netzwerkanalytisch auszuwerten. Dazu wurden zwischen allen gewählten Standorten eines Teilnehmers basierend auf

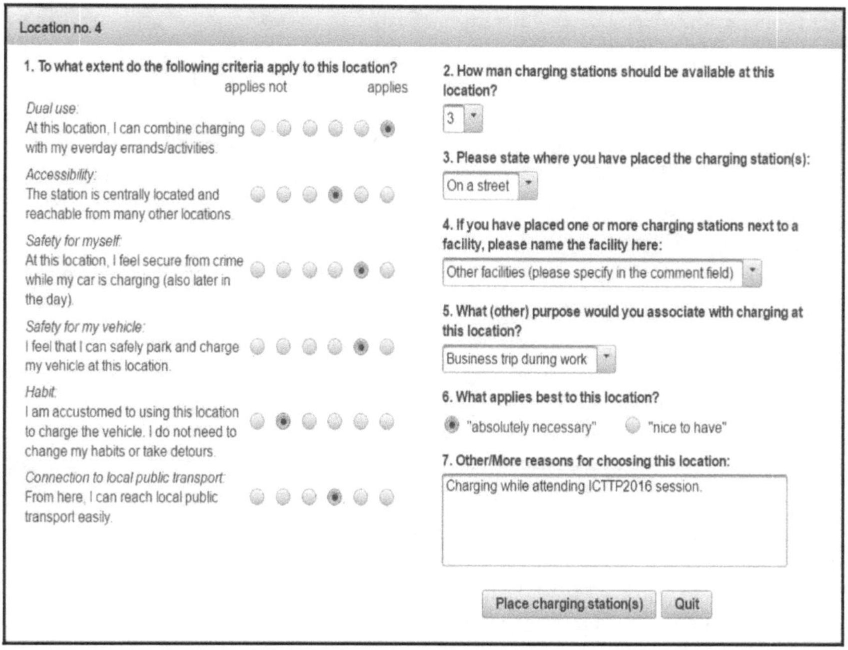

Abbildung 9.2.: Screenshot des Dialogfenster bei der Platzierung eines Ladestandortes im interaktiven Kartentool

OSRM[15] die kürzesten Straßenpfade zwischen den Standorten berechnet, um die kürzesten, längsten und durchschnittlichen Entfernungen je Teilnehmer zu berechnen (Dijkstra-Algorithmus). Zwar ist nicht davon auszugehen, dass die gewählten Standorte im Alltag auf dem direkten Weg von Ladestandort zu Ladestandort angefahren würden, aber anhand der berechneten Entfernungen sollte eingeschätzt werden, inwiefern sich BEV- und ICEV-Nutzer hinsichtlich der Feinmaschigkeit des platzierten Ladenetzes unterscheiden.

Um bei der Betrachtung des Ladestandortes insbesondere im Kontext des Kartentools eine breite regionale Diversität bei den Teilnehmern zu erreichen, wurde die zuvor generisch beschriebene Teilnehmerakquise in dieser Studie durch die Nutzung von Teilnehmerpaneln als externe Dienstleistung ergänzt. Dabei wurden für die Stichprobenziehung zensusrepräsentative Quoten auf Alter, Geschlecht und Wohnort (Bundeslandebene) der Teilnehmer genutzt.

[15] http://project-osrm.org/

9.3. Stichprobe

Ingesamt bildeten $N = 921$ Beantwortungen die Datenbasis für diese Studie. Die Mehrheit der Teilnehmer waren ICEV-Nutzer ($n = 847$, 92%), während die BEV mit 8% ($n = 74$), zwar die Minderheit stellten, aber im Vergleich zur Antriebsverteilung der zugelassenen Pkw in Deutschland (Kraftfahrt-Bundesamt, 2021b) dennoch überrepräsentiert waren. Eine Übersicht über die Nutzercharakteristiken beider Gruppen kann Tabelle 9.2 entnommen werden.

Die BEV-Nutzer hatten mit 93% Männeranteil einen signifikant geringeren Frauenanteil als die ICEV-Nutzer ($\chi^2(1) = 26.1, p < .001, \phi = 0.17$). Mit mehrheitlich vorhandenen Hochschulabschlüssen wiesen sie außerdem einen höheren Bildungsgrad ($U = 25958$, $p = .007$, $r_{rb} = 0.18$) auf, gaben ein höheres Haushaltsnettoeinkommen ($U = 19901$, $p < .001$, $r_{rb} = 0.34$) sowie eine höhere jährliche Fahrleistung ($U = 7564$,p=.006,$r_{rb} = 0.29$) an und wohnten signifikant häufiger in Regionen mit weniger dichter Siedlungsstruktur (mehrheitlich vorstädtisch, $U = 11446$, $p < .001$, $r_{rb} = 0.32$). Die Nutzercharakteristiken der BEV-Nutzer entsprechen damit den Eigenschaften der Early-Adopter der Elektromobilität in Deutschland (Frenzel et al., 2015; Peters & Dütschke, 2014; Trommer et al., 2015). Hinsichtlich des Durchschnittsalters lag hingegen kein signifikanter Unterschied vor. Beide Gruppen unterschieden sich damit nicht vom Durchschnittsalter der deutschen Bevölkerung (44.5 Jahre, (Statistisches Bundesamt, 2021)). Bezgl. Persönlichkeitsmerkmalen wiesen die BEV-Nutzer eine signifikant höhere Technikbereitschaft ($t(91.8) = 7.40$, $p < .001$, Cohen's $d = 0.83$), aber keine höhere Risikobereitschaft auf ($p > .05$).

Weiterhin gaben 89% der BEV-Nutzer an, zuhause eine Lademöglichkeit für ihr E-Fahrzeug zu haben, während 39% ihr Fahrzeug auch am Arbeitsplatz laden könnten. 50% gaben eine maximale Reichweite von bis zu $150km$ (gleichzeitig auch Median) für ihr BEV an.

9.4. Ergebnisse

Im Folgenden werden die Ergebnisse der Studie vorgestellt. Dazu liegt der Fokus zunächst auf den Bewertungskriterien für die Ladeinfrastrukturpositionierung, bevor bevorzugte Standorte vorgestellt werden. Anschließend werden die Wegzwecke, für die Ladeinfrastruktur benötigt wird, berichtet. Zuletzt erfolgt die Auswertung der sich aus den Platzierungen im Kartentool ergebenden Netzwerkparameter. Insgesamt wurden durch die Probanden an 4165 Positionen Ladeinfrastruktur platziert und jeweils Fragen dazu beantwortet, was neben dem konventionellen Fragebogenteil die Grundlage für die folgenden Auswertungen bildet.

Tabelle 9.2.: Nutzercharakteristik der BEV- und ICEV-Nutzer (Mittelwerte, Standardabweichungen, Medianlevel und prozentuale Anteile)

	 **BEV-Nutzer**	 **ICEV-Nutzer**
n	74	847
Geschlecht		
männlich	93%	64%
weiblich	7%	36%
Alter in Jahren	$M = 44.8$ ($SD = 11.6$)	$M = 45.0$ ($SD = 17.3$)
Bildungsabschluss		
(Fach-)Hochschule	55%	43%
(Fach-)Hochschulreife	40%	29%
Mittlere Reife	5%	28%
Haushaltsnetto-einkommen (Medianlevel)	3000 – 4000 €	2000 – 3000 €
Jährliche Fahrleistung (Medianlevel)	15000 – 20000 km	10000 – 15000 km
Siedlungsdichte		
innerstädtisch	19%	48%
vorstädtisch	48%	34%
ländlich	33%	18%
Persönlichkeitsmerkmale		
Technikbereitschaft	$M = 4.27$ ($SD = 0.96$)	$M = 3.40$ ($SD = 1.14$)
Risikobereitschaft	$M = 3.50$ ($SD = 1.34$)	$M = 2.76$ ($SD = 1.56$)

9.4.1. Bewertungskriterien

Zunächst erfolgt die Vorstellung der Gewichtung der Bewertungskriterien auf Basis der konventionellen Befragung. In Abbildung 9.3 wird ersichtlich, dass Verlässlichkeit und Erreichbarkeit die beiden wichtigsten Kriterien für die Teilnehmer waren. Für mehr als die Hälfte der BEV-Nutzer war die Verlässlichkeit, also die Sicherheit, dass vor Ort eine Ladung möglich ist, eine Grundvoraussetzung, während die Erreichbarkeit dies für ca. die Hälfte der ICEV-Nutzer war. Für jeweils etwa 30% der Teilnehmer waren die Sichtbarkeit und die Möglichkeit, die Ladezeit doppelt zu nutzen, also mit anderen Tätigkeiten zu überbrücken, ebenfalls eine Grundvoraussetzung. Hinsichtlich der Sicherheit zeigt sich, dass die Fahrzeugsicherheit als wichtiger wahrgenommen wird, als die Sicherheit für die Fahrer und Passagiere. Die Gewohnheitskompatibilität, also wie sehr der Standort zu aktuellem Mobilitätsverhalten passt und keine Gewohnheiten geändert werden müssen ist relativ gesehen als weniger wichtig einzustufen. Den Abschluss der Reihung bildet die Anbindung an den ÖPNV, welcher zwar von 13% der ICEV-Nutzern als Grundvoraussetzung angesehen wird, aber gleichzeitig auch von 21% der ICEV-Nutzer und mehr als der Hälfte (56%) der BEV-Nutzer als unwichtig angesehen wird.

Signifikante Unterschiede zwischen den BEV- und ICEV-Nutzern konnten nur für die Kriterien Gewohnheitskompatibilität ($U = 4436$, $p = .027$, Cohen's $d = 0.25$), ÖPNV-Anbindung ($U = 2971$, $p < .001$, Cohen's $d = 0.50$) und sowohl für die Sicherheit der Personen ($U = 3016$, $p < .001$, Cohen's $d = 0.49$) als auch des Fahrzeugs gefunden werden ($U = 3495$, $p < .001$, Cohen's $d = 0.42$). In allen vier Fällen schrieben die ICEV-Nutzer den Kriterien eine höhere Wichtigkeit zu als die BEV-Nutzer.

Auffällig ist, dass jedes der Kriterien zumindest von einem Teil der Befragten als Grundvoraussetzung, als ausschlaggebend für die Standortwahl oder als wichtig eingestuft wurde, weshalb im zweiten Schritt im Kontrast nun betrachtet werden soll, wie die Teilnehmer ihre eigenen platzierten Ladestandorte anhand der vorgestellten Kriterien (siehe Tabelle 9.1) bewerteten, da davon auszugehen ist, dass bei der Möglichkeit der freien Standortwahl im Kartentool die Platzierung basierend auf den eigenen Entscheidungskriterien optimal erfolgt und sich somit die Gewichtung der Kriterien in der Standortbewertung abbildet, aber evtl. auch Kompromisse bei der Platzierung eingegangen werden müssen, die sich in der konventionellen Befragung nicht abbilden. Auf eine Abfrage der Verfügbarkeit im Sinne des ausreichenden Vorhandenseins von Ladepunkten wurde verzichtet, da der Teilnehmer dies selbst durch die Auswahl der Ladepunkte pro Standort vorgeben konnte und die Verfügbarkeit somit für die platzierte LIS als gewährleistet anzunehmen ist. Auf eine Abfrage der Sichtbarkeit wurde ebenfalls verzichtet, da diese auch von Faktoren wie der individuellen Bebauung oder Werbemaßnahmen abhängt, die im Kartentool nicht abbildbar sind.

Es wird zunächst deutlich, dass sich BEV- und ICEV-Nutzer signifikant hinsichtlich der Bewertung ihrer Ladeinfrastruktur unterschieden (siehe Abbildung 9.4). Während die Erreichbarkeit ($t(99.7) = 4.297$, $p < .001$, Cohen's $d = 0.45$) bei den BEV-Nutzern priorisiert wurde, erreichten die Stationen der ICEV-Nutzer signifikant höhere Zustimmungswerte hinsichtlich der Kriterien Doppelnutzung ($t(852) = -2.469$, $p = .014$, Cohen's $d = -0.31$), Gewohnheitskompatibilität ($t(77.0) = -2.952$, $p = .004$, Cohen's $d = -0.40$) und der Anbindung an den ÖPNV ($t(823) = -4.516$, $p < .001$, Cohen's $d = 0.58$). Insbesondere beim Kri-

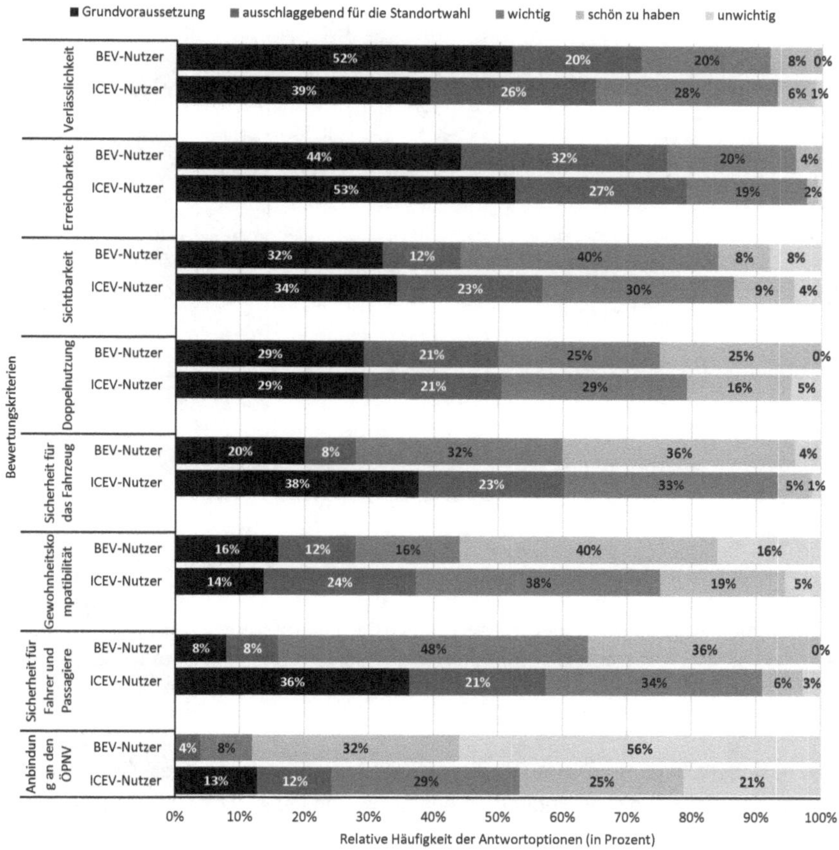

Abbildung 9.3.: Bewertung der Standortbewertungskriterien (prozentuale Häufigkeiten) unterschieden nach BEV- und ICEV-Nutzern

terium der Anbindung an den ÖPNV wird dies deutlich, da diese im Mittel auf die Standorte der ICEV-Nutzer eher zutrifft, während das Kriterium auf die BEV-Nutzer-Standorte eher nicht zutrifft.

Absolut betrachtet spiegelt sich in der Standortbewertung auch die zuvor konventionell gemessene Gewichtung der Entscheidungskriterien wieder. Die Erreichbarkeit erzielte die höchsten Zustimmungswerte, gefolgt von Sicherheitsaspekten. Auch hier bieten die Standorte im Durchschnitt eine größere Sicherheit für das Fahrzeug als für Fahrer und Passagiere, auch wenn die Mittelwertunterschiede gering sind. Analog zur vorherigen Messung schließen sich hinsichtlich der Abfolge

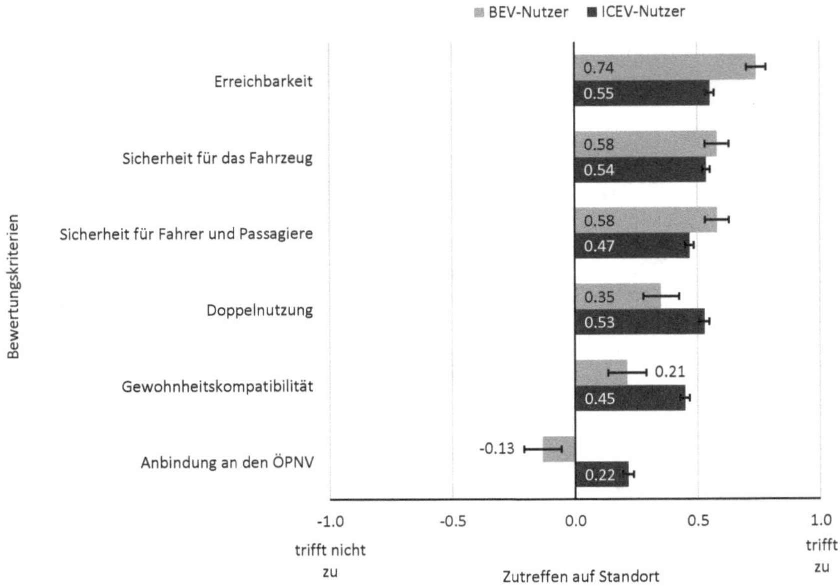

Abbildung 9.4.: Zutreffen der Bewertungskriterien auf die platzierten Standorte (Mittelwerte und Standardfehler) unterschieden nach BEV- und ICEV-Nutzern

des Zutreffens der Kriterien auf die Standorte die Doppelnutzung, die Gewohnheitskompatibilität und die Anbindung an den ÖPNV an. Abgesehen von den Gruppenunterschieden entsprechen die Bewertungen der Standorte also der Gewichtung der Bewertungskriterien im Fragebogen.

9.4.2. Bevorzugte Standorte

Die Auswahl der Orte für die Platzierung der Ladeinfrastruktur unterschied sich zwischen BEV- und ICEV-Nutzern (siehe Abbildung 9.5). Während die Mehrheit der Ladestationen der ICEV-Nutzer (54%) auf größeren Parkplätzen platziert wurden, platzierten die BEV-Nutzer bevorzugt an Autobahnraststätten und -parkplätzen (49%). Hierdurch und durch die große Häufigkeit der Platzierungen der ICEV-Nutzer an Parkbuchten am Straßenrand kann abgeleitet werden, dass der Fokus der BEV-Nutzer eher auf den Achsen (Autobahn) und der Fokus der ICEV-Nutzer eher auf den Siedlungen lag. Für beide Gruppen spielten Parkgaragen nur eine untergeordnete Rolle mit einem Platzierungsanteil von jeweils unter 10%.

Auch im Hinblick auf die POI (Point of Interests), in deren Nähe die Teilnehmer

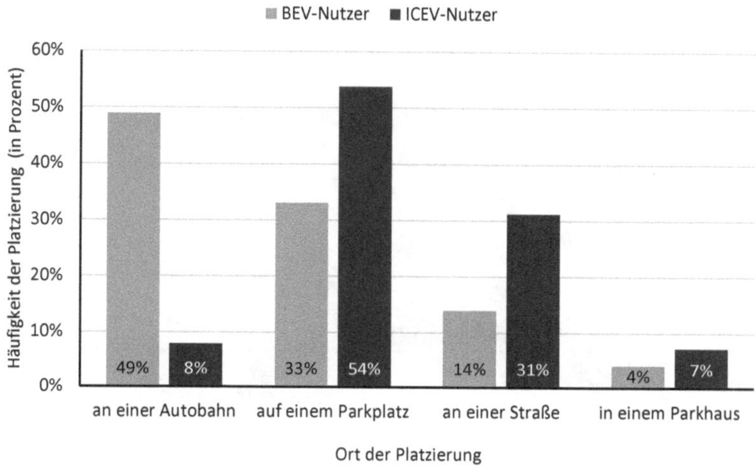

Abbildung 9.5.: Orte der Platzierung (prozentuale Häufigkeiten) unterschieden nach BEV- und ICEV-Nutzern

Ladeinfrastruktur positioniert haben, zeigt sich die unterschiedliche Fokussierung der beiden Gruppen. Aus der bereits erwähnten mehrheitlichen Platzierung der LIS an der Autobahn, folgt konsequenterweise, dass der häufigste POI der BEV-Nutzer-Standorte eine Raststätte oder ein Autohof ist, während diese Einrichtungen für ICEV-Nutzer mit 6% der Platzierungen nur eine geringe Rolle spielen (siehe Abbildung 9.6). Der Fokus der ICEV-Nutzer lag hingegen auf dem Laden während des Einkaufs. So platzierte diese Gruppe 37% der LIS an Einkaufsmöglichkeiten, während dies nur auf 22% der durch die BEV-Nutzer gewählten Standorte zutraf. Die restlichen Standorte verteilten sich auf Tankstellen, Freizeiteinrichtungen, den Arbeitsplatz und Bildungseinrichtungen. Relativ gesehen waren diese Standorte für ICEV-Nutzer jeweils relevanter als für BEV-Nutzer. Hervorzuheben ist, dass die klassische Tankstelle von beiden Gruppen häufiger als Standort gewählt wurde, als z.B. Freizeit- oder Bildungseinrichtungen.

Unter *Sonstiges* wurden im Umfeld der Platzierung insbesondere Bahnhöfe, aber auch Park&Ride-Parkplätze, Ärzte bzw. Krankenhäuser, Gastronomie, Behörden, touristische Attraktionen, Parks und Friedhöfe genannt. Einige Teilnehmer wünschten sich auch öffentliche LIS direkt am Wohnort. Bei Betrachtung ausschließlich der ersten getätigten Platzierung zeigt sich, dass *Sonstiges* - und darin mehrheitlich die Wohnortnähe - bei den ICEV-Nutzern 43% der Standorte ausmacht, während die BEV-Nutzer auch bei der ersten gesetzten LIS mehrheitlich Raststätten bzw. Autohöfe wählten.

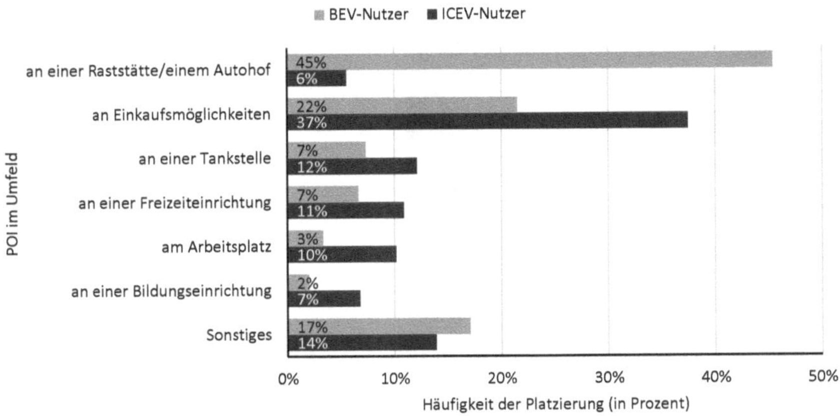

Abbildung 9.6.: Studie 1: Angegebene POI (Point of Interests) in der Nähe der Platzierung (prozentuale Häufigkeiten) unterschieden nach BEV- und ICEV-Nutzern

9.4.3. Wegzwecke

Bei Betrachtung der Wegzwecke zeigte sich erneut die Fokussierung der BEV-Nutzer auf die Achsen bzw. die Langstrecke dadurch, dass die meisten Ladestandorte für Urlaubsfahrten gesetzt wurden, während dies für ICEV-Nutzer einer der am wenigsten angegebene Wegzweck war (siehe Abbildung 9.7). Analog zu den POI im Umfeld der Platzierungen waren hingegen die meisten Ladestationen der ICEV-Nutzer für das Einkaufen gedacht. Danach folgen in Reihenfolge der Häufigkeit bei den ICEV-Nutzern sonstige Erledigungen, der Besuch der Arbeitsstelle und Freizeitaktivitäten als Wegzwecke beim Aufsuchen der platzierten Stationen. BEV-Nutzer gaben am zweithäufigsten (20%) an, dass sie die gesetzte Station nur zum Zwecke des Ladens aufsuchen würden, ohne eine andere Aktivität damit zu verbinden. Für die von den ICEV-Nutzern gesetzte LIS wurde dies hingegen bei 9% der Standorte angegeben. Die Mehrheit der für diesen Wegzweck platzierten LIS wurde an Tankstellen positioniert. Abholen/Bringen von Personen und der Besuch der Ausbildungsstätte spielten in den Überlegungen beider Gruppen kaum eine Rolle, was jedoch an der Stichprobenzusammensetzung liegen könnte.

9.4.4. Netzwerkparameter

In der Auswertung der Positionierung im Kartentool wurde ersichtlich, dass BEV-Nutzer mit im Mittel 5.35 Ladestationen signifikant mehr Standorte setzten als ICEV-Nutzer ($t(81.4) = 5.79$, $p < .001$, Cohen's $d = 0.78$), die durchschnittlich

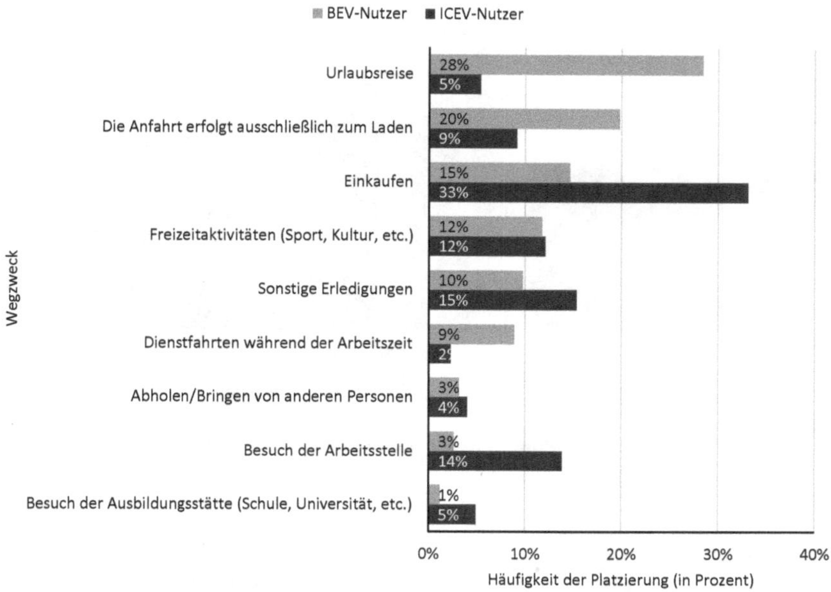

Abbildung 9.7.: Angegebene Wegzwecke zur jeweiligen Ladeinfrastrukturposition (prozentuale Häufigkeiten) unterschieden nach BEV- und ICEV-Nutzern

3.17 Standorte zur Deckung ihres persönlichen Bedarfs auswählten. Bei Betrachtung der Ladepunkte, die pro Standort gesetzt wurden, drehte sich dieses Bild um. ICEV-Nutzer wünschten signifikant mehr Ladepunkte an ihren Standorten, was sich sowohl für die minimale ($t(144.8) = -4.57$, $p < .001$, Cohen's $d = 0. - 37$) und maximale ($t(103.5) = -3.24$, $p = .002$, Cohen's $d = 0.33$) als auch für die durchschnittliche Anzahl ($t(128.2) = -4.47$, $p < .001$, Cohen's $d = 0.39$) pro gewähltem Standort feststellen lässt (siehe Abbildung 9.8).

Wie in Abbildung 9.9 ersichtlich, unterschieden sich BEV- und ICEV-Nutzer auch signifikant hinsichtlich der räumlichen Positionierung ihrer Ladestandorte. Die kürzeste Autoentfernung zwischen BEV-Nutzer-Standorten war mit $41.51km$ fast fünfmal so groß, wie die zwischen ICEV-Nutzer-Standorten ($t(55.6) = 4.22$, $p < .001$, Cohen's $d = 0.72$). Dieser Unterschied war etwas geringer bei den längsten berechneten Entfernungen, dennoch übertrafen die längsten Entfernungen zwischen BEV-Nutzer-Standorten die zwischen ICEV-Nutzer-Standorten im Durchschnitt um mehr als das Dreifache ($t(56.3) = 4.22$, $p < .001$, Cohen's $d = 0.73$). Beide Nutzergruppen blieben bei ihren Entfernungen unter dem gege-

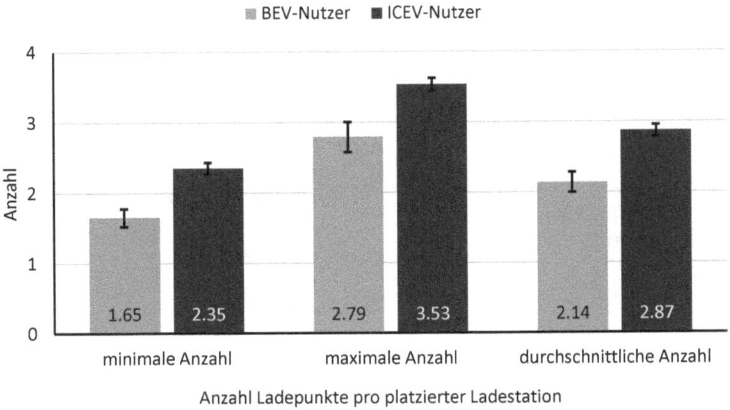

Abbildung 9.8.: Gesetzte Ladepunkte pro platzierter Ladestation (Mittelwerte und Standardfehler) unterschieden nach BEV- und ICEV-Nutzern

benen Reichweitengewinn im Szenario (ca. $150km$), so dass auch die BEV-Nutzer mit einer längsten Entfernung von $100km$ noch jeweils die nächsten Ladestation mit einer Ladung erreichen könnten. Neben den Unterschieden bei den kürzesten und längsten Entfernungen ergibt sich auch ein signifikanter Unterschied bei den durchschnittlichen Entfernungen zwischen Ladestationen ($t(56.4) = 5.24$, $p < .001$, Cohen's $d = 0.89$). Während BEV-Nutzer diese so platzierten, dass sie im Durchschnitt 64.01 Straßenkilometer auseinanderlagen, betrug die durchschnittliche Entfernung zwischen den Ladestationen der ICEV-Nutzern nur $16.70km$, also in etwa ein Viertel der Entfernung der anderen Gruppe. Auffällig ist auch die größere Streuung (Standardfehler) bei der BEV-Gruppe, was jedoch auch aus der im Vergleich geringeren Gruppengröße resultieren kann.

Über die Frage, ob jemand BEV- oder ICEV-Nutzer ist, hinaus, konnten weder für die berechneten Entfernungen, noch für die gesetzten Ladepunkte pro Standort weitere Nutzerfaktoren als signifikante Prädiktoren identifiziert werden. Weder sozio-demographische Merkmale oder mobilitätsverhaltenbezogene Faktoren noch Persönlichkeitsmerkmale konnten prädizieren, wie viele und in welchem Abstand Ladepunkte gesetzt werden. Auf eine Beschreibung der Ein-Prädiktor-Regressionsmodelle wird daher verzichtet.

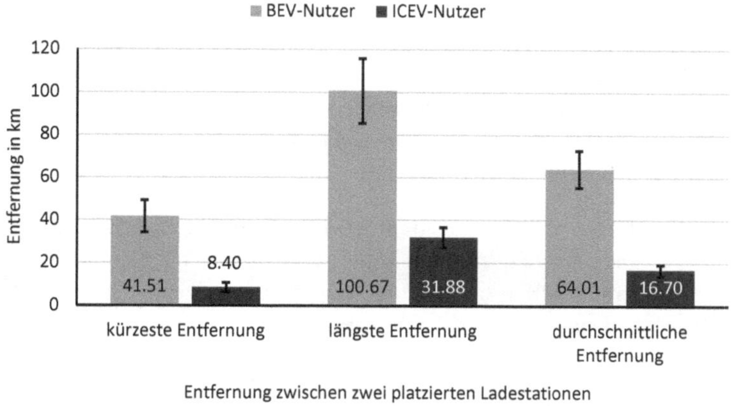

Abbildung 9.9.: Berechnete kürzeste, längste und durchschnittliche Entfernung zwischen den platzierten Ladestationen (Mittelwerte und Standardfehler, Berechnung per Dijkstra-Algorithmus ohne Standorte für Urlaubsfahrten) unterschieden nach BEV- und ICEV-Nutzern

9.5. Zusammenfassung der zentralen Erkenntnisse

Zusammenfassend lassen sich folgende Erkenntnisse der ersten Studie festhalten:

- ➡ Verlässlichkeit und Erreichbarkeit waren die wichtigsten Kriterien für die Standortbewertung sowohl im Fragebogen als (letzteres) auch im Kartentool. Doppelnutzung der Ladezeit und Passung der Ladeinfrastruktur zu aktuellen Gewohnheiten wurden hingegen als weniger wichtig eingestuft. Die Sicherheit des Fahrzeugs ist wichtiger als die Sicherheit für die Passagiere. Eine Anbindung an den ÖPNV wurde als am wenigsten wichtig angesehen.
- ➡ BEV-Nutzer fokussierten bei der LIS-Planung Achsen und positionierten entsprechend an Autobahnen, während ICEV-Nutzer Siedlungen fokussierten und den Schwerpunkt auf Parkplätze und den Straßenrand legten.
- ➡ Analog platzieren BEV-Nutzer die Wunschladeinfrastruktur mehrheitlich an Raststätten/Autohöfen, während ICEV-Nutzer Einkaufsmöglichkeiten bevorzugen. Beide Gruppen betrachten auch konventionelle Tankstellen als Option für Ladeinfrastruktur.

- ➡ Die Foki der Nutzergruppen spiegeln sich auch in den Wegzwecken, für die LIS benötigt wird. Während die BEV-Nutzer öffentliches Laden auch verstärkt bei Urlaubsfahrten sehen, priorisieren die ICEV-Nutzer Einkaufsfahrten und sonstige Freizeitaktivitäten. Beide Gruppen sehen auch Fahrten zum reinen Zweck des Aufladens als Option.
- ➡ BEV-Nutzer planen im Kartentool mehr Standorte mit jeweils weniger Ladepunkten, während ICEV-Nutzer aus Ihrer Sicht weniger Standorte benötigen, aber diese im Sinne der Verlässlichkeit mit mehr Ladepunkten ausgestattet haben.
- ➡ Die durchschnittlichen Entfernungen zwischen den platzierten Ladestationen der BEV-Nutzer waren signifikant höher als die der ICEV-Nutzer (3-8x höher), das Ladenetz also in der Fläche weniger dicht.
- ➡ Über die genutzte Antriebstechnik hinaus waren keine weiteren Nutzerfaktoren Prädiktoren für die Dichte des Ladenetzes.

10. Wahrnehmung von Laden und Tanken

10.1. Fokus und Ziel der Studie

Anschließend an die vorherige Ermittlung der Ladestandortpräferenzen (siehe Kapitel 9) soll der Fokus der weiteren Arbeit auf der Nutzung der Stationen liegen. Dazu soll zunächst der Ladevorgang in Abgrenzung zum Tankvorgang näher untersucht werden. Neben der tatsächlichen Handhabung im Sinne des individuellen Lade- bzw. Tankverhaltens soll dabei zunächst die Wahrnehmung der beiden Vorgänge thematisiert werden, weshalb sich die Fragestellungen und Ziele dieser Studie wie folgt definieren:

- *Wie wird der Ladevorgang in Abgrenzung zum Tankvorgang wahrgenommen? Welches Bild besteht beim Nutzer von Tanken bzw. Laden?* Ziel dabei ist, die generelle Wahrnehmung der beiden Füllprozesse durch den Nutzer besser zu verstehen, da das Bild oder auch mentale Modell, dass ein Nutzer von einer Technologie und dem Umgang mit dieser hat, auch das Nutzungsverhalten selbst beeinflussen kann (Norman, 2014; Staggers & Norcio, 1993), da der Nutzer jeweils auf Basis seiner eigenen Wahrnehmung seine Handlungsentscheidungen trifft (Craik, 1943).

- *Wie unterscheiden sich BEV- und ICEV-Nutzer hinsichtlich ihrer Wahrnehmung des eigenen Nachfüllprozesses und hinsichtlich des jeweils anderen?* Ziel dabei ist, zum einen zu prüfen, inwiefern sich die Wahrnehmung erst durch die Anwendung ergibt, oder ob z.B. auch ICEV-Nutzer schon ein vergleichbares Bild vom Ladevorgang haben wie BEV-Nutzer oder ob ICEV-Nutzer ggf. ein stereotypisches, nicht zwingend der technischen Realität entsprechendes Bild haben (Hofstätter, 1960). Zum anderen stellt sich die Frage, ob sich die Wahrnehmung von Tanken retrospektiv durch die Nutzung von BEV ändert, oder ob diese unabhängig der BEV-Nutzung stabil - im Sinne identisch mit der von ICEV-Nutzern - bleibt.

- *Existieren unabhängig von der genutzten Antriebsart unterscheidbare Wahrnehmungsprofile und lassen sich diese prädizieren?* Ziel dabei ist, Wahrnehmungsprofile ggf. auf Basis anderer Nutzerfaktoren vorherzusagen, um z.B. zu verstehen, wer die Bedenkenträger oder die Offenen sind. Neben der Berücksichtigung von Wahrnehmungsprofilen bei der Ausgestaltung von Technologie, könnten diese auch genutzt werden, um z.B. bestehende Vorurteile oder negative Wahrnehmung des Nutzers, durch geeignete, nutzerspezifisch zugeschnittene Kommunikationsmaßnahmen zu adressieren. Nicht im Sinne eines Überredens, sondern durch transparente Kommunikation und Einbeziehung des Nutzers in (öffentliche) Planungsprozesse.

10.2. Methodische Besonderheiten

Für die Vermessung der Wahrnehmung von Menschen eignet sich das sogenannte semantische Differential oder auch Polaritätsprofil (Bradley & Lang, 1994; Osgood, 1952). Ursprünglich zur Untersuchung von Wortbedeutungen entwickelt, bietet dieses Verfahren die Möglichkeit, auch komplexere Szenarien, Produkte oder Prozesse durch den Befragten bewerten zu lassen, dadurch, dass dieser dem Untersuchungsgegenstand indirekt Attribute zuschreibt, indem er den Gegenstand zwischen gegensätzlichen Begriffsparen verortet. Durch Abfrage aller relevanten Eigenschaften entsteht so ein Profil dessen, was der Befragte mit dem Untersuchungsgegenstand verbindet und wie er diesen wahrnimmt.

Die für die Erstellung benötigten Begriffspaare wurden in einer qualitativen Vorerhebung identifiziert. Diese umfasste zwölf leitfadengestützte Interviews mit BEV- und ICEV-Nutzern. Neben der freien Assoziation zum Tanken und Laden bestand die Aufgabe u.a. auch darin, vordefinierte Begriffe dem Tanken und/oder Laden zuzuordnen. Aus beiden Aufgaben wurde eine Liste mit Eigenschaften abgeleitet, die Nutzer mit mindestens einem der beiden Vorgänge assoziierten. Um ein vollständiges Polaritätsprofil erfassen zu können, wurde zu Adjektiven ggf. noch das jeweilige Antonym[16] ergänzt, um Begriffspaare zu bilden. Diese umfassten u.a. Eigenschaften mit Neuheits-, Komfort-, Zeit-, Kosten- und Sicherheitsbezug.

Tabelle 10.1.: Übersicht über die im semantischen Differential genutzten Begriffspaare (in alphabetischer Reihenfolge)

fern|nah	schmutzig|sauber
fremd|vertraut	teuer|günstig
gefährlich|ungefährlich	traditionell|innovativ
geplant|spontan	umweltschädigend|umweltfreundlich
kompliziert|einfach	unangenehm|angenehm
langsam|schnell	unbequem|bequem
langweilig|kurzweilig	unsicher|sicher
laut|leise	zeitverschwendend|zeitersparend

10.3. Stichprobe

Insgesamt flossen $N = 333$ Beantwortungen in die Analyse ein. 44% ($n = 147$) der Teilnehmer waren weiblich, 56% ($n = 186$) männlich. Das Alter der Teilnehmer schwankte zwischen 20 und 88 Jahren mit einem Durchschnittsalter von $M = 43.6$ Jahren ($SD = 13.1$). Die Stichprobe setzte sich annähernd zu gleichen Teilen aus BEV- (48%, $n = 160$) und ICEV-Nutzern (52%, $n = 173$) zusammen.

[16] *Antonym*, aus dem Altgriechischen: „Wort mit gegensätzlicher Bedeutung"

Der Vergleich der beiden Nutzergruppen ergab, dass die Gruppe der Elektroautonutzer in der Stichprobe einen höheren Männeranteil aufwies ($\chi^2(1, N = 333) = 58.51$, $p < .001$, $\phi = 0.42$), signifikant älter war ($t(325.09)$, $p < .001$, $d = -0.84$), sowie einen höheren Bildungsgrad ($U = 11069.50$, $p < .001$, $d = -0.35$) und ein höheres verfügbares Nettoeinkommen ($U = 7696.50$, $p < .001$, $d = -0.85$) besaßen. BEV-Nutzer wohnten tendenziell häufiger ländlich (47, $n = 75$) als innerstädtisch (23%, $n = 36$), während sich die ICEV-Nutzer annähernd gleichmäßig auf Innenstädte, Vororte und ländliche Gebiete verteilten. Dieser Unterschied war signifikant $U = 11291.00$, $p = .002$, $d = -0.34$. Auch hinsichtlich der Technik- und Risikobereitschaft unterschieden sich beide Gruppen signifikant. So waren BEV-

Tabelle 10.2.: Nutzercharakteristik der BEV- und ICEV-Nutzer (Mittelwerte, Standardabweichungen, Medianlevel und prozentuale Anteile)

	 **BEV-Nutzer**	 **ICEV-Nutzer**
n	160	173
Geschlecht		
männlich	78%	36%
weiblich	23%	64%
Alter in Jahren	$M = 48.95$ ($SD = 10.71$)	$M = 38.74$ ($SD = 13.28$)
Bildungsabschluss		
(Fach-)Hochschule	45%	29%
(Fach-)Hochschulreife	33%	33%
Mittlere Reife	16%	30%
Haushaltsnetto-einkommen (Medianlevel)	4000 – 5000 €	2000 – 3000 €
Jährliche Fahrleistung (Medianlevel)	15000 – 20000 km	15000 – 20000 km
Siedlungsdichte		
innerstädtisch	23%	32%
vorstädtisch	31%	39%
ländlich	47%	29%
Persönlichkeitsmerkmale		
Technikbereitschaft	$M = 3.61$ ($SD = 0.84$)	$M = 3.33$ ($SD = 0.76$)
Risikobereitschaft	$M = 3.52$ ($SD = 1.47$)	$M = 3.10$ ($SD = 1.37$)

Nutzer offener gegenüber Technik ($t(331) = -3.22$, $p = .001$, $d = -0.35$) und auch eher bereit, Risiken einzugehen ($t(331) = -2.71$, $p = .007$, $d = -0.30$). Bezüglich der jährlichen Fahrleistung unterschieden sich beide Gruppen nicht. Ein umfassender deskriptiver Gruppenvergleich kann Tabelle 10.2 entnommen werden.

Wie bereits in Studie 1 (vgl. Kapitel 9) entsprechen die BEV-Nutzer erneut in vielen Nutzercharakteristiken der Early Adopter-Gruppe in Deutschland: BEV-Nutzer haben einen höheren Bildungsgrad, ein höheres Einkommen, einen höheren Männeranteil und leben eher in ländlichen Regionen als ICEV-Nutzer (Frenzel et al., 2015; Trommer et al., 2015). 90% ($n = 144$) der BEV-Nutzer in der Stichprobe hatten außerdem die Möglichkeit, ihr Fahrzeug zuhause zu laden, was sich ebenfalls mit früheren Erhebungen zur Charakterisierung der Elektrofahrzeugnutzer in Deutschland deckt (Frenzel et al., 2015).

10.4. Ergebnisse

Im folgenden werden zunächst für die Gesamtstichprobe die Konnotationen, also die Eigenschaften, welche die Teilnehmer dem Lade- und dem Tankvorgang zugeschrieben haben, vorgestellt. Anschließend erfolgt eine Differenzierung nach BEV- und ICEV-Nutzern. Dabei wird zunächst die Wahrnehmung des Tankens und anschließend die des Ladens durch beide Nutzergruppen näher betrachtet. Zuletzt erfolgt eine Betrachtung weiterer Nutzercharakteristiken hinsichtlich ihres Einflusses auf die Wahrnehmung der beiden Vorgänge.

10.4.1. Konnotationsprofile für den Tank- und Ladevorgang

Hinsichtlich des Vergleichs der Wahrnehmung des Tankens und des Ladens wurde ersichtlich, dass sich die beiden Vorgänge aus Nutzersicht hinsichtlich fast aller Begriffspaare signifikant unterschieden (siehe Abbildung 10.1). Die Signifikanzwerte lagen dabei fast ausnahmslos bei $p < .001$, während die Effektstärken zwischen $d_min = 0.19$ (kleiner Effekt) und $d = 1.50$ (großer Effekt) schwankten. Lediglich für die Zuschreibung *zeitverschwendend* bzw. *zeitersparend* konnte kein signifikanter Unterschied festgestellt werden ($p > .05$). Eine vollständige Übersicht der Teststatistiken kann Tabelle B.1 im Anhang entnommen werden.

Es lassen sich anhand der Daten drei Gruppen von Begriffspaaren unterscheiden: Zunächst sind dabei diejenigen zu nennen, bei denen die Teilnehmer im Mittel sowohl dem Laden als auch dem Tanken die positive Eigenschaft zugeschrieben haben. So werden beide Vorgänge eher als *leise*, *ungefährlich*, *sicher*, *nah*, *einfach* und *vertraut* bewertet. Im Vergleich der Vorgänge wurde dabei das Laden als leiser, ungefährlicher und sicherer wahrgenommen, während das Tanken räumlich näher, einfacher und vertrauter gesehen wurde.

Die zweite Gruppe umfasst diejenigen Begriffspaare, bei denen die Teilnehmer beiden Vorgängen den negativen Begriff zugeordnet haben. Diese Gruppe enthält ausschließlich zeitrelevante Attribute. So werden Laden und Tanken jeweils als eher *langweilig* und *Zeitverschwendung* gesehen, wobei das Laden in Relation weniger negativ und absolut gesehen eher undifferenziert (Werte nahe Skalenmittelpunkt) wahrgenommen wurde.

Die letzte Gruppe umfasst alle Begriffspaare, bei denen eine gegensätzliche Konnotation vorlag, also dem Laden ein positiver und dem Tanken ein negativer Begriff zugeschrieben wurde oder umgekehrt. Die größten Unterschiede (hinsichtlich Mittelwertdifferenzen) zwischen den Vorgängen konnten für Attribute zur Neuheit, zur Sauberkeit und zu Kosten wahrgenommen werden. So war das Laden aus Sicht der Teilnehmer *innovativ*, *sauber*, *umweltfreundlich* und *günstig*, während das Tanken entsprechend als *traditionell*, *schmutzig*, *umweltschädigend* und *teuer* angesehen wurde. Weiterhin war der Ladevorgang aus Teilnehmersicht auch eher *angenehm*

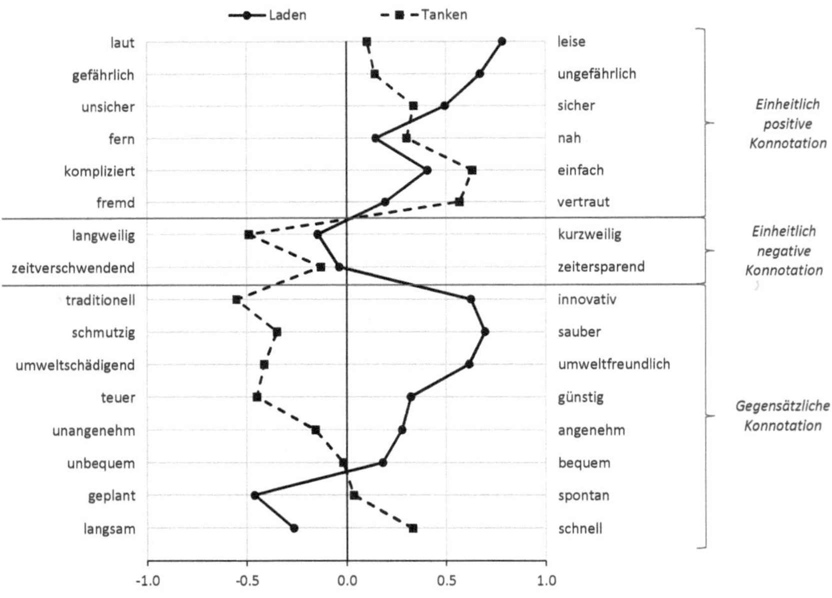

Abbildung 10.1.: Zugeschriebene Eigenschaften unterschieden nach Lade- und Tankvorgang (Gesamtstichprobe). Begriffspaare sortiert nach Konnotationsgruppen (einheitlich positiv | einheitlich negativ | gegensätzlich) und absteigend nach Mittelwertdifferenz zwischen beiden Vorgängen.

und *bequem*, wohingegen dem Tanken die gegenteiligen Eigenschaften zugeschrieben wurden. Jedoch können auch diese beiden Zuschreibungen als undifferenziert bewertet werden, da die Zuschreibung der Teilnehmer bei diesen sehr nahe dem Mittelpunkt zwischen den Begriffen lag. Bei den letzten beiden Begriffspaaren kehrte sich die Zuschreibung um, womit das Tanken positiver wahrgenommen wurde. Dieses wurde als *spontaner* und *schneller* empfunden, während das Laden mit Planung und Langsamkeit verbunden wurde.

10.4.2. Wahrnehmung der BEV- und ICEV-Nutzer

Bei der genaueren Betrachtung der beiden Vorgänge unterschieden nach Nutzergruppe scheinen auf den ersten Blick BEV- und ICE-Nutzer den Tankvorgang sehr ähnlich wahrzunehmen, was sich an parallelen, teilweise überlagernden Linien im Polaritätsprofil (siehe Abbildung 10.2a) verdeutlicht. Für nur die Hälfte der Begriffspaare liegen signifikante Unterschiede zwischen den Nutzergruppen hinsichtlich ihrer Konnotationen vor (jeweils $p < .001$, für eine Vollständige Übersicht siehe Tabelle B.2 im Anhang). So nahmen ICEV-Nutzer das Tanken *einfacher, vertrauter, sicherer, räumlich näher, bequemer, zeitersparender, angenehmer* und *traditioneller* wahr als BEV-Nutzer. Diese Effekte der Nutzergruppe wiesen jedoch nur kleine bis mittlere Effektstärken auf. So konnte der größte Unterschied zwischen den Nutzergruppen hinsichtlich Ihrer Zuschreibung beim Begriffspaar *unangenehm/angenehm* festgestellt werden. Während die Zuschreibung ICEV-Nutzer im Mittel nahe dem Achsenmittelpunkt lag und damit undifferenziert war, nahmen die BEV-Nutzer das Tanken eher als unangenehm war ($t(305) = 4.69$, $p < .001$, $d = 0.52$). Die einzige gegensätzliche Zuschreibung der Nutzergruppen zeigte sich hinsichtlich der wahrgenommenen Bequemlichkeit. BEV-Nutzer sahen das Tanken eher als *unbequem* an, während ICEV-Nutzer dieses eher als *bequem* ansahen ($t(308) = 3.39$, $p < .001$, $d = 0.38$). Dieser Unterschied wies jedoch nur eine geringe Effektstärke auf. Abgesehen von der Frage, ob das Tanken eher als *traditionell* oder als *innovativ* wahrgenommen wird, waren die Zuschreibungen der BEV-Nutzer, wenn signifikante Unterschiede vorlagen, immer leicht negativer als die der ICEV-Nutzer.

Dieses Bild kehrt sich um bei Betrachtung des Ladens. Wie Abbildung 10.2b entnommen werden kann, verläuft das Konnotationsprofil der BEV-Nutzer vollständig rechts des der ICEV-Nutzer, was einer grundsätzlich positiveren Wahrnehmung des Ladens durch die BEV-Nutzer entspricht. Dieser Unterschied war signifikant für alle Zuschreibungen ($p <= .009$ für alle Begriffspaare, vgl. Tabelle B.3 im Anhang) und erreichte kleine ($d_{min} = 0.29$) bis große ($d_{max} = 1.94$) Effektstärken. Für viele Begriffspaare erfolgten außerdem gegensätzliche Zuschreibungen durch die beiden Nutzergruppen. So nahmen BEV-Nutzer den Ladevorgang als *räum-*

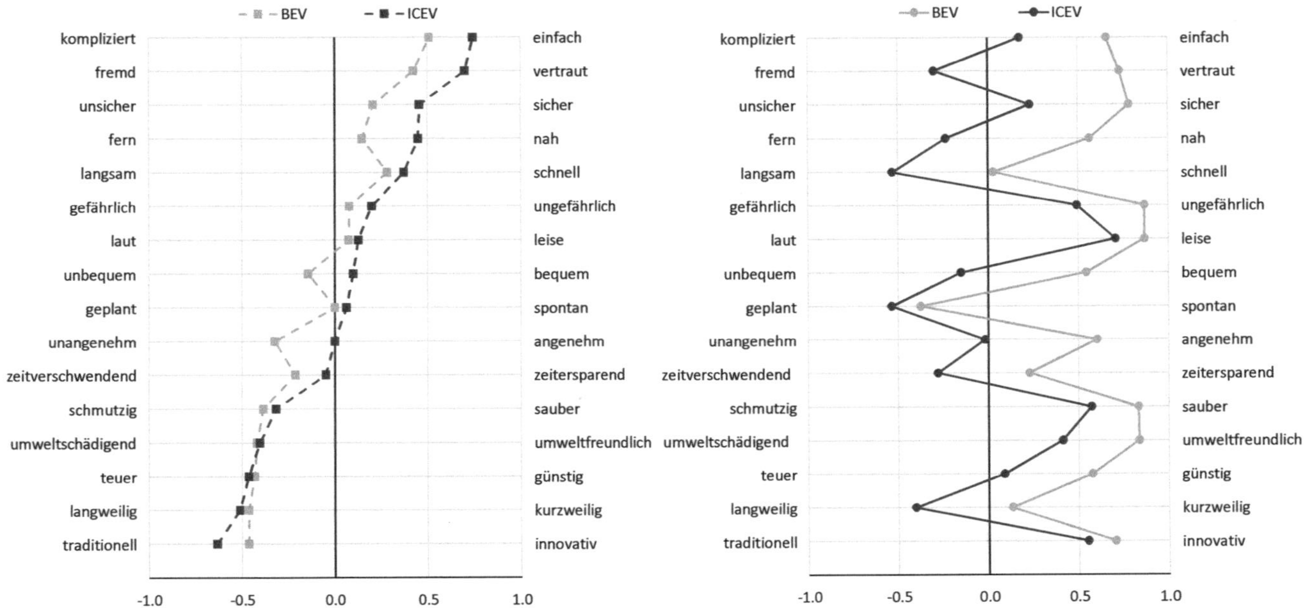

(a) Tanken

(b) Laden

Abbildung 10.2.: Zugeschriebene Eigenschaften unterschieden nach BEV- und ICEV-Nutzern für den Tank- (a) und den Ladevorgang (b). Die Reihenfolge der Begriffspaare ergibt sich hier aus der Konnotation des Tankens durch die ICEV-Nutzer (von oben nach unten absteigende positive Konnotation).

lich nah, *bequem*, *zeitsparend* und *kurzweilig* wahr, während ICEV-Nutzer diese Eigenschaften nicht mit Laden verbanden und zum gegenteiligen Begriff tendierten. Der absolut gesehen größte Unterschied in der Wahrnehmung der Gruppen lag erwartungsgemäß für die Vertrautheit vor: BEV-Nutzer assoziierten den Ladevorgang mit Vertrautheit, während die ICEV-Nutzer diesen als fremd ansahen ($t(296) = -17.69$, $p < .001$, $d = -1.94$).

10.4.3. Wahrnehmungsprofile

Neben dem Vergleich der Wahrnehmung des Lade- und Tankvorgangs in Abhängigkeit von der E-Fahrzeugnutzung, wurden mit einer k-Means-Clusteranalyse Wahrnehmungsprofile identifiziert. Dazu wurden sowohl die Konnotation des Tankens als auch des Ladens berücksichtigt, um übergreifende Profile gegenüber dem Auffüllen abzuleiten. Aus der Clusteranalyse ergaben sich drei unterscheidbare Profile, die sich signifikant hinsichtlich ihrer Wahrnehmung von Tanken bzw. Laden unterschieden ($R^2 = 0.30$).

Hinsichtlich der Wahrnehmung des Ladens zeigt sich, dass sich die drei Wahrnehmungsprofile kaum von der Wahrnehmung durch BEV- und ICEV-Nutzer unterscheiden. Die Profillinien von Wahrnehmungsprofil 1 und Wahrnehmungsprofil 3 haben dabei einen ähnlichen Verlauf, wie die der BEV-Nutzer (siehe Abbildung 10.3b), während die Konnotationen von in Profil 2 fast identisch mit denen der ICEV-Nutzer sind. Insofern bringt die Profilbildung für das Laden keinen Mehrwert gegenüber dem reinen BEV-/ICEV-Nutzervergleich. Bei Betrachtung der Konnotationen zum Tanken zeigt sich jedoch ein diverseres Bild, welches eine Art Extremisierung verdeutlicht (siehe Abbildung 10.3a). Während das Wahrnehmungsprofil 2 wiederum annähernd dem der ICEV-Nutzer entspricht, ist eine Polarisierung zwischen Profil 1 und Profil 3 festzustellen. Während die Konnotation der Nutzer in Profil 3 zum Laden nicht signifikant von der Konnotation des Tankens abweicht, beide Auffüllvorgänge von dieser Gruppe also ähnlich wahrgenommen werden, zeigt Profil 1 in Relation eine negativere Sicht auf Tanken. Nur hinsichtlich der Frage, inwiefern Tanken langsam oder schnell bzw. geplant oder spontan ist, unterscheiden sich beide Gruppen nicht. Zusammenfassend kann man daher die Wahrnehmungsprofile wie folgt charakterisieren: Profil 2 zeigt eine vergleichsweise moderate Sicht auf beide Auffüllvorgänge und entspricht der Wahrnehmung der ICEV-Nutzer. Profil 1 nimmt Tanken als etwas negatives wahr, insbesondere negativer als das Laden. Profil 3 macht keinen Unterschied zwischen den beiden Auffüllvorgängen und nimmt beides gleich und überwiegend positiv war.

Um zu prüfen, inwieweit sich das Wahrnehmungsprofil eines Teilnehmers über die Antriebsart hinaus durch andere Nutzerfaktoren vorhersagen lässt, wurde ein multinominales Regressionsmodell aufgestellt ($\chi^2(16) = 277$, $p < .001$, McFadden's

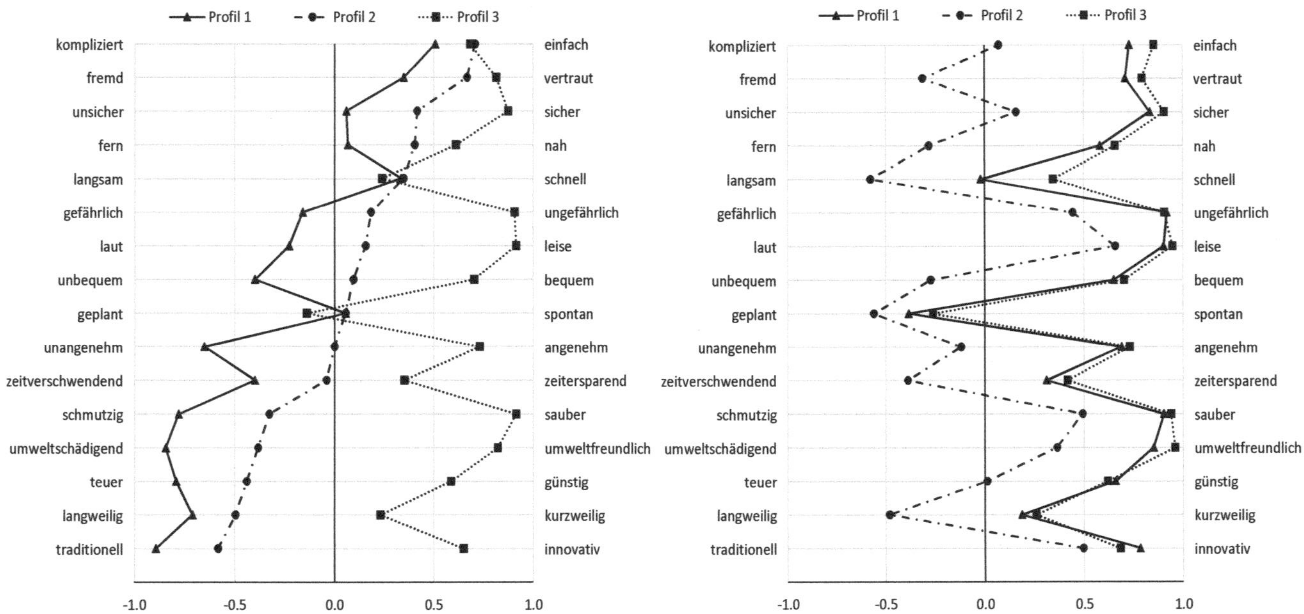

(a) Tanken

(b) Laden

Abbildung 10.3.: Zugeschriebene Eigenschaften unterschieden nach den drei identifizierten Wahrnehmungsprofilen für den Tank- (a) und den Ladevorgang (b). Die Reihenfolge der Begriffspaare ergibt sich hier aus der Konnotation des Tankens durch Profil 2 (von oben nach unten absteigende positive Konnotation).

$R^2 = 0.43$). Wie erwartet konnte die genutzte Antriebsart als stärkster Prädiktor identifiziert werden. Weitere Prädiktoren waren die Frage, inwiefern zuhause eine Lademöglichkeit besteht und in welchem Haustyp der Teilnehmer wohnte (siehe Tabelle 10.3).

Tabelle 10.3.: Prädiktoren im multinomial logistischen Regressionsmodell für die Wahrnehmungsprofilzugehörigkeit

Prädiktor	χ^2	*df*	*p*
Antriebsart (BEV/ICEV)	90.61	2	$< .001$
Haustyp	30.35	10	$< .001$
Lademöglichkeit zuhause	30.29	4	$< .001$

Bei Betrachtung der Verteilung der zugehörigen Nutzercharakteristiken auf die drei Profile zeigt sich, wie durch den Konnotationsverlauf erwartbar, dass die ICEV-Nutzer mehrheitlich im Wahrnehmungsprofil 2 zu finden sind, während Profil 1 und 3 mehrheitlich aus BEV-Nutzern besteht (siehe Tabelle 10.4).

Tabelle 10.4.: Nutzercharakteristik der identifizierten Wahrnehmungsprofile hinsichtlich der signifikanten Prädiktoren (prozentuale Anteile)

	Profil 1	Profil 2	Profil 3
n	123	171	39
Antriebsart			
BEV	87%	11%	87%
ICEV	13%	89%	13%
Haustyp			
1-2 Familienhaus	72%	43%	60%
3-5 Familienhaus	11%	27%	23%
6-9 Familienhaus	11%	20%	3%
Wohnblock mit 10-19 Haushalten	7%	4%	0%
Hochhaus mit 20 und mehr Haushalten	1%	5%	0%
überwiegend gewerblich genutztes Haus	0%	1%	5%
Lademöglichkeit zuhause			
ja	86%	27%	87%
nein	4%	64%	13%
nein, aber eine Nachrüstung ist leicht möglich	10%	8%	0%

Paarweise Vergleiche zeigen, dass sich die Nutzer in Profil 1 und Profil 3 weder signifikant bei der der E-Fahrzeugnutzung, noch hinsichtlich bewohntem Haustyp oder Verfügbarkeit einer privaten Lademöglichkeit unterscheiden ($p > .05$ für alle paarweisen Vergleiche), während sich die Nutzer in Profil 2 bzgl. aller Faktoren von den anderen Profilen abhebt ($p < .001$ für alle Vergleiche). Eine Prädiktion des Wahrnehmungsprofils ist also auf Basis der untersuchten Faktoren nur hinsichtlich Profil 2, aber nicht in Unterscheidung von Profil 1 und 3 möglich.

10.5. Zusammenfassung der zentralen Erkenntnisse

Zusammenfassend lassen sich folgende Erkenntnisse der zweiten Studie festhalten:

- ➡ Die Wahrnehmung von Tanken bzw. Laden wird überwiegend, aber nicht ausschließlich durch die genutzte Antriebstechnologie bestimmt.
- ➡ Laden wird insbesondere hinsichtlich Attributen wie *sauber*, *umweltfreundlich*, *innovativ* positiver als Tanken wahrgenommen, während Tanken in der Wahrnehmung u.a. *einfacher*, *vertrauter*, *spontaner* und *schneller* ist.
- ➡ BEV- und ICEV-Nutzer unterscheiden sich bei Betrachtung der gesamten Stichprobe nicht grundsätzlich in der Wahrnehmung der beiden Auffüllprozesse. BEV-Nutzer nehmen jedoch Laden etwas positiver wahr, als ICEV-Nutzer, während dies für die Wahrnehmung von Tanken umgekehrt ist.
- ➡ Es konnten drei Wahrnehmungsprofile abgeleitet werden, die sich nur gering hinsichtlich der Wahrnehmung von Laden, aber signifikant hinsichtlich der Wahrnehmung von Tanken unterscheiden, wobei eines der Wahrnehmungsprofile keinen Unterschied zwischen Tanken und Laden macht.
- ➡ Neben der genutzten Antriebsart sind der bewohnte Haustyp und die Verfügbarkeit einer privaten Lademöglichkeit Prädiktoren des Wahrnehmungsprofils.

11. Umgang mit Reichweite[17]

[17] Teile dieses Kapitels wurden veröffentlicht in „Philipsen, R., Brell, T., Biermann, H., & Ziefle, M. (2019). Under Pressure - Users' Perception of Range Stress in the Context of Charging and Traditional Refueling. *World Electric Vehicle Journal, 10*(3), 50."

11.1. Fokus und Ziel der Studie

Ziel der dritten Studie war ein besseres Verständnis der potentiellen Unterschiede zwischen BEV- und ICEV-Nutzern hinsichtlich der sogenannten Reichweitenangst, also der Wahrnehmung von und dem Umgang mit (Rest-)Reichweite, und der beeinflussenden Faktoren. Folgende Fragestellungen sollten dafür adressiert werden:

- *Wie unterscheiden sich BEV- und ICEV-Nutzer hinsichtlich des Reichweitenstresses und welchen Einfluss hat unterschiedliche Vorerfahrung mit dem jeweiligen Fahrzeugantrieb?* - Während Reichweitenstress bei BEV-Nutzern, insbesondere für die Early Adopter, und die zugrundeliegenden Persönlichkeitsmerkmale bereits tiefergehend erforscht sind (Franke & Krems, 2013c; Franke, Rauh, Günther et al., 2016; Rauh et al., 2015a), fehlt noch eine absolute Einordnung des Phänomens und eine Untersuchung der Übertragbarkeit durch Betrachtung der Kontrollgruppe der ICEV-Nutzer, was diese Studie adressiert.

- *Wie beeinflusst das Vertrauen in das Fahrzeug selbst und die vorhandenen Reichweiten- / Füllstands-Anzeigen die den Reichweitenstress?* - Der Umgang mit Technologie und konkret mit Fahrzeugen wird entscheidend vom Vertrauen in selbige beeinflusst (Walker et al., 2016). Ein besseres Verständnis der Zusammenhänge zwischen Reichweitenstress und dem Vertrauen in das Fahrzeug und die von diesem bereitgestellten Informationen in beiden Nutzergruppen ist daher essentiell.

- *Inwiefern kann Reichweitenstress auf Basis von Nutzer- oder Fahrzeugcharakteristiken vorhergesagt werden?* - Eine Vorhersage von Reichweitenstress und dem Umgang mit Reichweite auf Basis von unterscheidbaren, idealerweise räumlich verortbaren, Nutzerprofilen böte einen Mehrwert für die räumliche Planung von Ladeinfrastruktur, insbesondere hinsichtlich der Modellierung von Wegstrecken (Brost, Funke & Lembach, 2018; Brost, Funke, Philipsen et al., 2018). Inwiefern eine solche Nutzerprofilierung hinsichtlich des Reichweitenstresses möglich ist, sollte in dieser Studie betrachtet werden.

11.2. Methodische Besonderheiten

Zur Beantwortung der zuvor genannten Fragen wurde erneut eine online-basierte Fragebogenstudie konzipiert und durchgeführt. Aufgrund des bereits existierenden Wissens, welches ein breites Identifizieren von möglichen relevanten Faktoren nicht notwendig machte, wurde auf eine qualitative Vorerhebung zu dieser Studie verzichtet und der Schwerpunkt direkt auf ein quantitatives, also vermessendes

Vorgehen gelegt. Neben den obligatorischen sozio-demographischen Informationen und Informationen zum Mobilitätsverhalten, insbesondere der Fahrzeugnutzung, fokussierte der dafür entwickelte Fragebogen drei Themen:

Reichweitenstress Für den von den Teilnehmern im Alltag empfundenen Reichweitenstress wurden verschiedenen Dimensionen unterschieden. Ergänzend zu den Frageitems von Rauh et al. (2015a), die den wahrgenommenen Reichweitenstress durch einen niedrigen Füllstand bzw. durch eine geringe Restweite erfassen, wurden zusätzliche selbstformulierte Frageitems genutzt, um die Furcht vor dem Liegenbleiben mit dem Fahrzeug und die Kontrollüberzeugung (Selbstwirksamkeit) des Nutzers im Umgang mit Reichweite zu erfassen. Eine Übersicht der Items kann Tabelle 11.1 entnommen werden. Die Zuordnung der Items zu den jeweiligen Merkmalsdimensionen konnte durch eine explorative Faktoranalyse und anschließender Reliabilitätsanalyse bestätigt werden, so dass sich folgende gemessene Dimensionen ergaben: Stress durch einen niedrigen Füllstand ($STR_{Füllstand}$, $\alpha = .838$), Stress durch eine unzureichende Reichweite ($STR_{Reichweite}$, $\alpha = .805$), Stress durch eine schlechte Kontrollüberzeugung ($STR_{Kontrolle}$, $\alpha = .772$) und Stress durch Furcht vor dem Liegenbleiben ($STR_{Liegenbleiben}$, $\alpha = .778$). Auch bei Zusammenfassung aller Items zu einem generischen Konstrukt *„Reichweitenstress"* war eine passable Reliabilität feststellbar (STR_{Gesamt}, $\alpha = .790$).

Vertrauen in Fahrzeug und Tank- bzw. Batteriestandsanzeigen Neben dem Reichweitenstress war der zweite große inhaltliche Fokus das Vertrauen des Teilnehmers in sein Fahrzeug und dessen Informationsbereitsstellung hinsichtlich der verfügbaren Reichweite. Zusätzlich wurde abgefragt, wie diese Informationen präsentiert werden, also z.B. als analoge Anzeige mit Nadel oder als konkreter Zahlenwert, ob als prozentualer Füllstand oder als konkrete Reichweitenangabe, um die Art der Darstellung in Beziehung zum Vertrauen in die Information zu setzen.

Kritisch empfundene Füllstände bei Tank und Batterie Zur Messung des kritischen Füllstandes, der potentiell verstärkt zu einer Nachfüllentscheidung führt, wurden die Teilnehmer gebeten, anzugeben, ab welchem Füllstand ihres Tanks bzw. ihrer Batterie sie beginnen, sich unwohl zu fühlen. Zur Auswahl standen dabei Füllstände in 25%-Schritten und zusätzlich noch der Zustand der aktiven Warnmeldung/Warnlampe und ein Ruhigbleiben trotz aktiver Warnung.

Resultierend aus der inhaltlichen Fragestellung und aus dem bestehenden Wissen, dass Vorerfahrung im Umgang mit der Technologie Reichweitenstress verringern kann (Franke, Rauh, Günther et al., 2016; Rauh et al., 2015a), ergab sich die

Tabelle 11.1.: Genutzte Frageitems zur Erfassung des wahrgenommenen Reichweitenstresses

Formulierung	zu messende Dimension	Herkunft
„Wenn die Warnleuchte der Tank-/Batterieanzeige leuchtet, bleibe ich ruhig.“	Stress durch niedrigen Füllstand	adaptiert nach Rauh et al. (2015a)
„Ich fühle mich durch einen geringen Tank-/Batteriefüllstand gestresst.’	Stress durch niedrigen Füllstand	adaptiert nach Rauh et al. (2015a)
„Ein geringer Tank-/Batteriefüllstand bereitet mir Unwohlsein, deshalb versuche ich diese Situation zu vermeiden.“	Stress durch niedrigen Füllstand	adaptiert nach Rauh et al. (2015a)
„Während des Fahrens mache ich mir häufig Sorgen um den Tank-Batteriefüllstand und die daraus resultierende verbleibende Reichweite.“	Stress durch unzureichende Reichweite	adaptiert nach Rauh et al. (2015a)
„Ich fühle mich durch die verbleibende Reichweite gestresst.“	Stress durch unzureichende Reichweite	adaptiert nach Rauh et al. (2015a)
„Die Frage, ob ich mit meinem Tank-/Batteriefüllstand mein nächstes Ziel erreiche, bereitet mit Kummer.“	Stress durch unzureichende Reichweite	adaptiert nach Rauh et al. (2015a)
„Wenn es darum geht, wie weit ich mit meinem Tank-/Batteriefüllstand noch komme, kann ich mich auf mein Gefühl sicher verlassen.“	Kontrollüberzeugung im Umgang mit Reichweite	eigene Formulierung
„Wie weit ich mit meinem Tank-/Batteriefüllstand tatsächlich noch komme, erschließe ich mir aus Erfahrungswerten mit meiner Tank-/Ladeanzeige.“	Kontrollüberzeugung im Umgang mit Reichweite	eigene Formulierung
„Ich kann die durch meinen Tank-/Batteriefüllstand bedingte übrige Reichweite gut einschätzen.“	Kontrollüberzeugung im Umgang mit Reichweite	eigene Formulierung
„Ich habe Angst davor liegen zu bleiben, weil die Tank-/Batterieanzeige falsch berechnet hat, wie weit ich noch komme.“	Furcht vor dem Liegenbleiben	eigene Formulierung
„Ich habe Angst davor liegen zu bleiben, weil ich mich dabei verschätzt habe, wie weit ich noch komme.“	Furcht vor dem Liegenbleiben	eigene Formulierung
„Ich verlasse mich lieber nicht voll auf die Tank-/Batterieanzeige, sonst bleibe ich am Ende noch liegen.“	Furcht vor dem Liegenbleiben	eigene Formulierung

Notwendigkeit abweichend zu den anderen Studien dieser Arbeit die BEV- und ICEV-Nutzergruppen weiter zu differenzieren, um Vorerfahrung mit der jeweiligen Antriebstechnologie abzubilden. Da keine einheitliche wissenschaftliche Definition existiert, ab wann ein Autofahrer als erfahren anzusehen ist, wurde für diese Arbeit das Kriterium für das begleitete Fahren von Minderjährigen in Deutschland herangezogen. Die gesetzlichen Bestimmungen dazu sagen aus, dass eine Begleitperson für einen minderjährigen Fahranfänger mindestens seit fünf Jahren im Besitz einer Fahrerlaubnis sein muss (Bundesministerium für Justiz und für Verbraucherschutz, 2010). Diejenigen ICEV-Nutzer, die bereits mindestens fünf Jahre eine Fahrerlaubnis besitzen, werden daher im Kontrast zu ICEV-Neulingen ($ICEV_{Neulinge}$) als erfahrene ICEV-Nutzer ($ICEV_{Erfahrene}$) klassifiziert.

Hinsichtlich der BEV-Nutzer wurde ein anderes Kriterium angelegt, da aufgrund der Altersstruktur der BEV-Nutzer (Trommer et al., 2015) nicht davon ausgegangen werden kann, dass aktuelle BEV-Nutzer Ihre Fahrerlaubnis in einem BEV erworben haben und seitdem nur BEV gefahren sind und im Gegenteil davon ausgegangen werden muss, dass erfahrene BEV-Nutzer ($BEV_{Erfahrene}$)auch gleichzeitig erfahrene ICEV-Nutzer waren. Stattdessen wird eine BEV-Nutzungsdauer von mindestens zwei Jahren angesetzt, um Erfahrene von BEV-Neulingen ($BEV_{Neulinge}$) zu unterscheiden. Die Grenze von zwei Jahren resultiert dabei aus der Annahme, das somit jede Jahreszeit mindestens zweimal mit dem BEV erfahren wurde, und somit Erfahrungen bei den Teilnehmern zum vorhandenen Einfluss von Witterungsbedingungen und Temperaturen auf die nutzbaren Reichweiten des BEV (Han et al., 2014) vorliegen.

11.3. Stichprobe

Die analysierte Stichprobe umfasste $N = 204$ Teilnehmer. Eine Übersicht über die wesentlichen sozio-demographischen Merkmale unterschieden nach BEV- und ICEV-Nutzern sowie den beschriebenen Erfahrungsgruppen kann Tabelle 11.2 entnommen werden. Die vier sich ergebenden Gruppen waren nicht gleich verteilt. Während die beiden BEV-Gruppen und die ICEV-Neulinge aus etwa 30 Personen bestanden, waren die erfahrenen ICEV-Nutzer mit etwa 100 Personen zahlreicher in der Stichprobe vertreten.

Wie aufgrund von Erkenntnissen über die Early Adopter-Gruppe in Deutschland (Frenzel et al., 2015; Trommer et al., 2015) zu erwarten war, waren die BEV-Nutzer in beiden Erfahrungsgruppen fast ausschließlich männlich, während die Geschlechter bei den ICEV-Nutzern gleichmäßiger verteilt waren. Das Durchschnittsalter der Stichprobe entsprach für drei der vier Gruppen in etwa dem Durchschnittsalter der deutschen Bevölkerung von 44.5 Jahren (Statistisches Bundesamt, 2021).

Tabelle 11.2.: Nutzercharakteristik der BEV- und ICEV-Nutzer (Mittelwerte, Standardabweichungen, Medianlevel und prozentuale Anteile) unterschieden nach Neulingen und Erfahrenen

	BEV-Neulinge	**BEV-Erfahrene**	**ICEV-Neulinge**	**ICEV-Erfahrene**
n	32	38	32	102
Geschlecht				
männlich	97%	97%	63%	40%
weiblich	3%	3%	37%	60%
Alter in Jahren	$M = 45.21$ $(SD = 9.80)$	$M = 49.03$ $(SD = 10.67)$	$M = 21.34$ $(SD = 1.12)$	$M = 45.22$ $(SD = 13.51)$
Bildungsabschluss				
(Fach-)Hochschule	58%	52%	25%	77%
(Fach-)Hochschulreife	21%	39%	75%	16%
Mittlere Reife	16%	6%	0%	6%
Haushaltsnettoeinkommen (Medianlevel)	> 5000 €	$4000 - 5000$ €	$1000 - 2000$ €	$4000 - 5000$ €
Jährliche Fahrleistung (Medianlevel)	$20000 - 25000$ km	$20000 - 25000$ km	< 5000 km	$10000 - 15000$ km
Siedlungsdichte				
innerstädtisch	13%	16%	56%	40%
vorstädtisch	34%	35%	38%	42%
ländlich	53%	48%	6%	19%
Persönlichkeitsmerkmale				
Technikbereitschaft	$M = 4.02$ $(SD = 0.51)$	$M = 3.76$ $(SD = 0.77)$	$M = 3.34$ $(SD = 0.84)$	$M = 3.47$ $(SD = 0.84)$
Risikobereitschaft	$M = 3.52$ $(SD = 1.47)$	$M = 3.10$ $(SD = 1.37)$	$M = 3.61$ $(SD = 0.84)$	$M = 3.33$ $(SD = 0.76)$

Wenig überraschend war nur die Gruppe der ICEV-Neulinge, die auch denjenigen entspricht, die erst seit kurzem eine Fahrerlaubnis besitzen, im Mittel signifikant jünger ($F(3,200) = 43.51$, $p < .001$, $\eta_p^2 = 0.39$) mit einem Durchschnittsalter von 21.34 Jahren ($SD = 1.12$). Auch hinsichtlich des Haushaltnettoeinkommens lagen die ICEV-Neulinge mit 1000 bis 2000€ auf signifikant geringerem Niveau ($\chi^2(3) = 51.63$, $p < .001$, $\epsilon^2 = 0.27$), während alle anderen Gruppen ein Einkommen von mindestens 4000€ angaben und sich im paarweisen Vergleich untereinander nicht signifikant unterschieden. Ein ähnliches Bild ergab sich für die jährliche Fahrleistung, die sich signifikant zwischen den Gruppen unterschied ($\chi^2(3) = 83.27$, $p < .001$, $\epsilon^2 = 0.41$). Während die ICEV-Neulinge mit weniger als 5000 km die geringste Fahrleistung angaben, waren die höchsten Fahrleistungen bei den BEV-Gruppen zu finden, die jeweils zwischen 20000 und 25000 km pro Jahr mit dem Auto zurücklegten. Auch hinsichtlich der maximalen Reichweiten, die die Teilnehmer mit ihren Fahrzeugen zurücklegen konnten gab es signifikante Unterschiede zwischen den Gruppen ($F(3,191) = 96.63$, $p < .001$, $\eta_p^2 = 0.60$), allerdings nur zwischen BEV- und ICEV-Nutzern und unabhängig von der Erfahrung. Während die ICEV-Nutzer im Durchschnitt 695 km ($SD = 199$) mit ihren Fahrzeugen zurücklegen konnten, lag die mittlere Reichweite der BEV-Nutzer bei 261 km ($SD = 111$). 74.2% der Elektrofahrzeuge der Stichprobe waren außerdem schnellladefähig. In Bezug auf den Wohnort, waren die BEV-Nutzer bevorzugt in vorstädtischen und ländlichen Regionen verortet, während der Wohnortschwerpunkt der ICEV-Nutzer im innerstädtischen und vorstädtischen lag.

Hinsicht der Persönlichkeitsmerkmale lagen sowohl die durchschnittliche Risiko- als auch Technikbereitschaft für alle Gruppen im mittleren bis hohen Bereich bei Werten von etwa 3.50 auf einer Skala mit min=0 und max=5. Während sich die Gruppen hinsichtlich Ihrer Risikobereitschaft nicht signifikant unterschieden ($p < .05$), lag für die Technikbereitschaft ein signifikanter Unterschied vor ($F(3,200) = 6.37$, $p < .001$, $\eta_p^2 = 0.09$). Paarweise Vergleiche der Gruppen zeigten jedoch, dass es sich nur um einen schwachen Haupteffekt handelt und keiner der paarweisen Vergleiche das Signifikanzlevel erreichte ($p > .05$), weswegen davon ausgegangen werden kann, das sich die Gruppen hinsichtlich der untersuchten Persönlichkeitsmerkmale in der praktischen Relevanz nicht unterschieden.

11.4. Ergebnisse

Im Folgenden werden die Ergebnisse vorgestellt. Zunächst werden die unterschiedlichen Ursachen für Reichweitenstress genauer betrachtet, bevor das Vertrauen in Fahrzeug und Reichweitenanzeigen im Fokus steht. Anschließend erfolgt die Vorstellung der als kritisch empfundenen Füllstände und der Zusammenhänge der zuvor genannten Faktoren. Zuletzt erfolgt die Prädiktion des Reichweitenstresses und der kritischen Füllstände aus Basis der untersuchten Nutzerfaktoren.

11.4.1. Wahrgenommener Reichweitenstress

Wie in Abbildung 11.1 dargestellt, lag für alle Dimensionen des Reichweitenstresses ein signifikanter Haupteffekt der Nutzergruppe vor ($p < .001$ für alle Dimensionen des Reichweitenstresses[18]), der sowohl die Antriebsart, als auch die Erfahrungsstufe betrifft. So ist die Wahrnehmung von Reichweitenstress bei erfahrenen Nutzern weniger ausgeprägt als bei Neulingen und gleichzeitig bei BEV-Nutzern weniger ausgeprägt als bei ICEV-Nutzern, was insgesamt für alle untersuchten Dimensionen zu einer klaren Rangfolge von ICEV-Neulingen mit der höchsten Ausprägung von Reichweitenstress über ICEV-Erfahrene und BEV-Neulinge bis hin zu BEV-Erfahrenen mit der geringsten Ausprägung von Reichweitenstress führt. Unabhängig von dieser Rangfolge konnte jedoch festgestellt werden, dass die Wahrnehmung von Reichweitenstress für alle Gruppen als niedrig angesehen werden muss, da für alle Dimensionen in allen Gruppen eher eine ablehnende Haltung vorlag. Am geringsten ausgeprägt war die Wahrnehmung des Vorhandenseins von Reichweitenstress in der Gruppe der BEV-Erfahrenen, die mit Werten von -0.85 für Sorgen, dass die Reichweite nicht zum Erreichen des Ziels genügt oder -0.79 für die Furcht vor dem Liegenbleiben mit dem Fahrzeug fast das Skalenminimum von -1 erreichten. Zusammenfassend konnte daher keine Zustimmung zum Vorhandensein von Reichweitenstress im Alltag festgestellt werden. Am wenigsten ausgeprägt war dabei die Sorge, dass die Reichweite unzureichend für das Erreichen des Ziels sei und die Furcht, mit dem Fahrzeug aufgrund eines leeren Tanks/einer leeren Batterie liegenzubleiben.

11.4.2. Vertrauen in das Fahrzeug und die Anzeige des Tank- bzw. Batteriefüllstands

Auch hinsichtlich des Vertrauens in das Fahrzeug ($F(3, 193) = 6.39$, $p < .001$, $\eta_p^2 = 0.090$) und in die Anzeigen des Tank- bzw. Batteriefüllstands ($F(3, 198) = 3.75$, $p < .001$, $\eta_p^2 = 0.054$) zeigt sich der signifikante Unterschied zwischen den Nutzer- und Erfahrungsgruppen. Sowohl für das Vertrauen in das Fahrzeug als auch für das Vertrauen in dessen Anzeigen zeigt sich, dass ICEV-Neulinge das geringste Vertrauen geäußert haben, gefolgt von ICEV-Erfahrenen und BEV-Neulingen.

[18] $STR_{Füllstand}: F(3, 197) = 7.46$, $p < .001$, $\eta_p^2 = 0.102$
$STR_{Reichweite}: F(3, 196) = 6.22$, $p < .001$, $\eta_p^2 = 0.087$
$STR_{Kontrolle}: F(3, 193) = 15.70$, $p < .001$, $\eta_p^2 = 0.197$
$STR_{Liegenbleiben}: F(3, 194) = 9.35$, $p < .001$, $\eta_p^2 = 0.126$

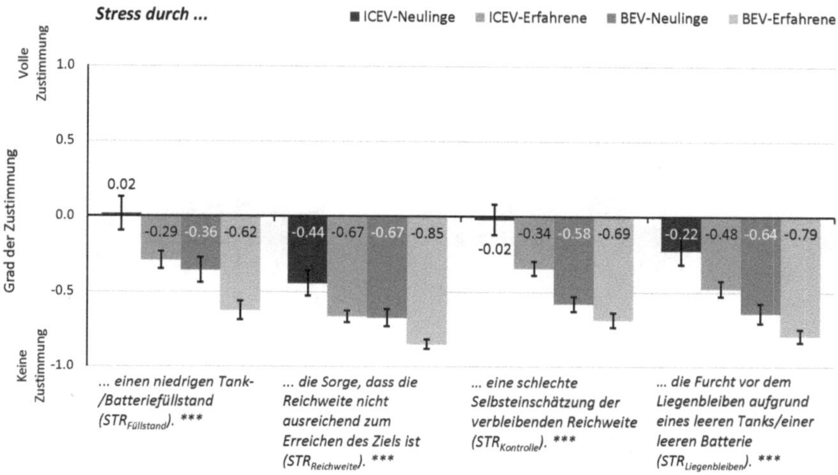

Abbildung 11.1.: Zustimmung zu den verschiedenen Reichweitenstressdimensionen (Mittelwerte und Standardfehler) unterschieden nach BEV- und ICEV-Nutzern und zugehörigen Erfahrungsgruppen (***: $p < .001$ für signifikanten Haupteffekt der Gruppe)

Die Gruppe der BEV-Erfahrenen äußerte hingegen im Durchschnitt das höchste Vertrauen. Paarweise Vergleiche der Gruppen zeigten, dass der Haupteffekt der Gruppe auf das Vertrauen in das Fahrzeug sich nur durch das signifikant niedrigere Vertrauen der ICEV-Neulinge ergibt, während die anderen drei Gruppen sich nicht signifikant unterscheiden. Ein ähnliches Bild ergibt sich für das Vertrauen in die Anzeigen des Fahrzeugs, wo die Gruppe der ICEV-Neulinge sich signifikant von den BEV-Nutzern unterschied - im Sinne eines niedrigeren Vertrauens -, aber der Unterschied zwischen ihnen und den ICEV-Erfahrenen nicht signifikant war. Absolut betrachtet konnte festgestellt werden, dass bei den Befragten sowohl Vertrauen in ihre Fahrzeuge bestand, als auch, wenn auch in geringerem Maße, in die Anzeigen der Restreichweite bzw. des Füllstands, wie Abbildung Abbildung 11.2 entnommen werden kann.

Bei Betrachtung des Vertrauens in das Fahrzeug und die Anzeige in Abhängigkeit von der Art der Informationsdarstellung zeigt sich (siehe Abbildung 11.3), dass die Teilnehmer im Durchschnitt und unabhängig von der Art der Informationsdarstellung sowohl ihren Fahrzeugen als Ganzes, als auch den Anzeigen hinsichtlich der Reichweite vertrauen. Während das Vertrauen in das Fahrzeug hoch ausgeprägt ist, mit Werten von bis zu 0.81 (Skalenmaximum $= 1$), befinden sich die Vertrauenswerte für die Reichweiten bzw. Füllstandsanzeigen näher am indifferenten

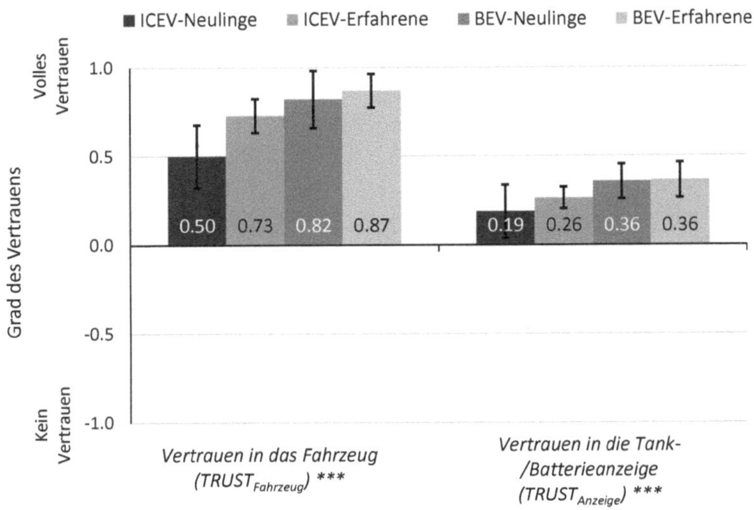

Abbildung 11.2.: Durchschnittliches Vertrauen in das Fahrzeug und die Anzeige des Tank-/Batteriefüllstands (Mittelwerte und Standardfehler) unterschieden nach BEV- und ICEV-Nutzern und zugehörigen Erfahrungsgruppen (***: $p < .001$ für signifikanten Haupteffekt der Gruppe)

Mittelpunkt der Skala, auch wenn sie sich noch im Vertrauensbereich befinden. Die höchsten Werte hinsichtlich des Vertrauens sowohl in das Fahrzeug als auch in die Anzeigen finden sich für Teilnehmer, deren Fahrzeuge sowohl die Restreichweite als auch den Füllstand des Tanks- bzw. der Batterie numerisch anzeigen. Die niedrigsten Vertrauenswerte finden sich für Fahrzeuge mit nicht-numerischen Darstellungsformen, wie z.B. analogen Nadeln. Der Unterschied zwischen den Anzeigearten war dabei signifikant hinsichtlich des Vertrauens in die Anzeige ($F(3,198) = 5.00$, $p = .002$, $\eta_p^2 = 0.070$), aber nicht hinsichtlich des generellen Vertrauens in das Fahrzeug. Paarweise Vergleiche zeigten dabei, dass es hinsichtlich Vertrauen unerheblich ist, ob der Füllstand oder die Restreichweite numerisch angezeigt werden, aber das Vertrauen bei anderen Darstellungsformen signifikant geringer ist.

11.4.3. Als kritisch empfundene Füllstände

Hinsichtlich der als kritisch wahrgenommenen Füllstände des Tanks bzw. der Batterie konnte festgestellt werden, dass oberhalb eines Füllstands von 50% unabhängig von der Nutzer- oder Erfahrungsgruppe kaum jemand beginnt, sich unwohl

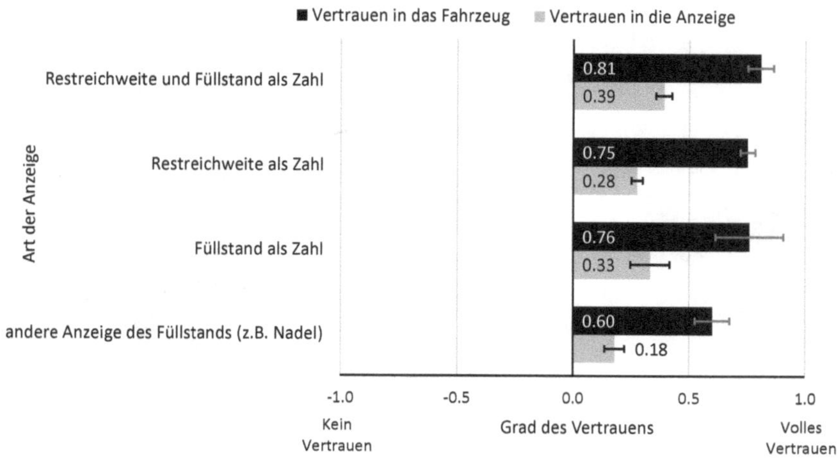

Abbildung 11.3.: Durchschnittliches Vertrauen in das Fahrzeug und die Anzeige des Tank-/Batteriefüllstands (Mittelwerte und Standardfehler) unterschieden nach Arten der Informationsdarstellung

zu fühlen. Wie aus Abbildung 11.4 ersichtlich wird, finden sich die Unterschiede zwischen den Gruppen erst für niedrigere Füllstände. Während ICEV-Nutzer und BEV-Neulinge zu annähernd gleichen Anteilen (ca. 40-50%) ein Unterschreiten eines Füllstands von 25% und die Warnung des Fahrzeuges vor einem fast leeren Tank bzw. einer fast leeren Batterie als kritisch angaben, gaben nur wenige aus diesen Gruppen an, auch bei der aktiven Warnung des Fahrzeugs noch ruhig zu bleiben. Bei Betrachtung der erfahrenen BEV-Nutzer invertiert sich dieses Bild annähernd. Die absolute Mehrheit der Teilnehmer dieser Gruppe gibt an, auch bei aktiver Warnung noch ruhig zu bleiben, während jeweils zwischen 20 und 30% bei der aktiven Füllstandswarnung bzw. bei Füllständen unter 25% beginnen, sich unwohl zu fühlen. Der Unterschied zwischen den Gruppen ist dabei signifikant, wenn auch mit geringer Effektstärke ($\chi^2(3) = 18.29$, $p < .001$, $\epsilon^2 = 0.090$). Paarweise Vergleiche der Gruppe zeigen, dass nur die Gruppe der erfahrenen BEV-Nutzer sich hinsichtlich der als kritisch erachteten Füllstände signifikant von allen anderen Gruppen unterscheidet ($p < .004$).

11.4.4. Zusammenhänge zwischen Reichweitenstress, Vertrauen und Füllständen

Wie Tabelle 11.3 entnommen werden kann, lagen schwache bis mittlere signifikante Zusammenhänge zwischen allen bisher vorgestellten Faktoren vor. Erwar-

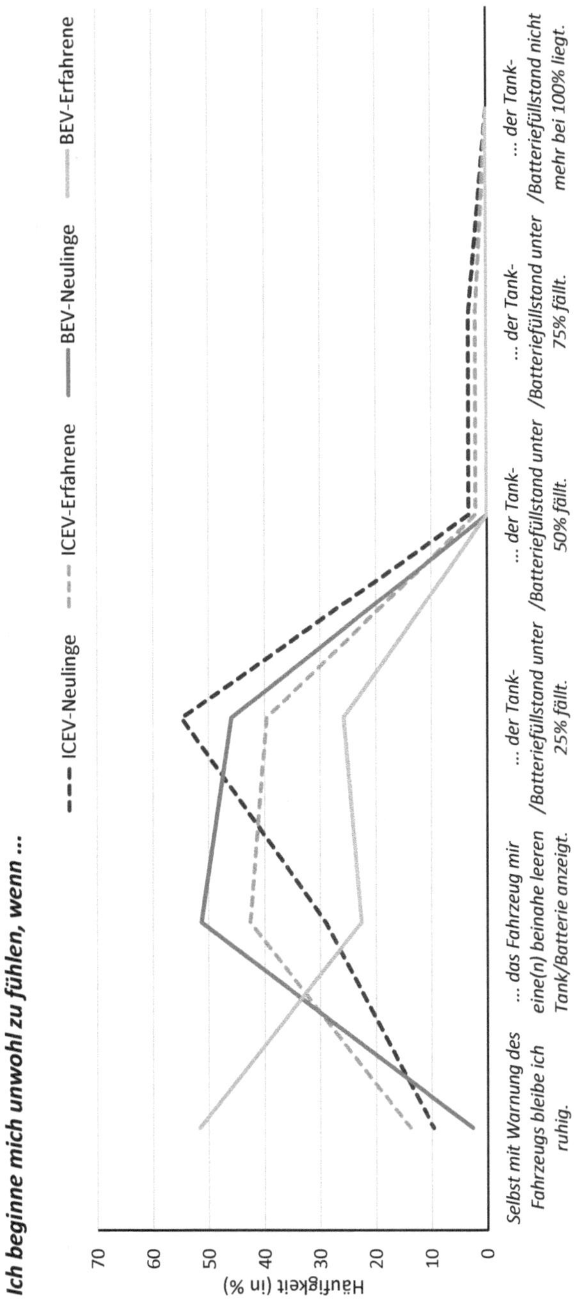

Abbildung 11.4.: Relative Häufigkeiten der als kritisch wahrgenommenen Tank- bzw. Batteriefüllstände unterschieden nach BEV- und ICEV-Nutzern und zugehörigen Erfahrungsgruppen

tungsgemäß korrelierten alle Dimensionen des Reichweitenstresses positiv miteinander. Auch das der kritisch empfundene Füllstand des Tanks oder der Batterie korrelierte positiv mit dem Reichweitenstress in allen Dimensionen. Je größer der empfundene Reichweitenstress, desto höher der Füllstand, bei dem die Teilnehmer beginnen, sich unwohl zu fühlen, wenn dieser unterschritten wird. Das Vertrauen in das Fahrzeug und in dessen Anzeigen korrelierte hingegen negativ mit dem Reichweitenstress. Je größer das Vertrauen war, desto geringer der empfundene Reichweitenstress und desto geringer der als kritisch empfundene Füllstand, auch wenn für letzteres zwar signifikante, aber nur schwache Zusammenhänge gefunden werden konnten.

11.4.5. Prädiktion des Reichweitenstresses und des kritischen Füllstands

Zur Prädiktion des Reichweitenstresses und des kritischen Füllstands wurden lineare bzw. ordinal logistische Regressionsmodelle aufgestellt. Als potentielle Prädiktoren wurden dabei alle erhobenen sozio-demographischen oder mobilitäts- bzw. persönlichkeitsbezogenen Faktoren betrachtet, um mögliche Strukturen im Datenmaterial zu entdecken. Es konnten so für beide zu erklärenden Faktoren Modelle gefunden werden, die jeweils einen signifikanten Anteil der Varianz erklären. Insgesamt war die Varianzaufklärung jedoch niedrig.

Für die Prädiktion des Reichweitenstresses wurde auf eine isolierte Betrachtung der vier Dimensionen verzichtet, sondern das Gesamtkonstrukt STR_{Gesamt} als zu erklärende Variable definiert. Es konnten das Geschlecht der Person ($p < .001$), der private Fahrzeugbesitz der Person ($p = .003$) und die Erfahrung mit BEV ($p = .010$) als signifikante Prädiktoren identifiziert werden. Der vorhergesagte Reichweitenstress des Teilnehmers (Skala -1 ... +1) ergibt sich damit aus

$$-0.57+0.28\cdot Geschlecht+0.24\cdot privater\ Pkw\text{-}Besitz-0.20\cdot BEV\text{-}Erfahrung$$

mit der Kodierung des Geschlechts mit $0 = männlich$ und $1 = weiblich$, von Pkw-Besitz mit $0 = ja$ und $1 = nein$ und von BEV-Erfahrung mit $0 = BEV_{Neulinge}$ und $1 = BEV_{Erfahrene}$. Der Reichweitenstress wäre also dann am niedrigsten, wenn die Person männlich ist, einen E-Pkw im Privatbesitz nutzt und BEV-erfahren ist, also nach der genutzten Definition mindestens 2 Jahre BEV-Erfahrung hat. Dieses Modell ist signifikant mit $F(5, 196) = 19.09$, $p < .001$ und einem korrigierten R^2 von 0.31. Alle anderen untersuchten Faktoren wurden als Prädiktor nicht signifikant, so dass die Varianzaufklärung nicht weiter gesteigert werden konnte. Auch für die Persönlichkeitsmerkmale Technik- und Risikobereitschaft trifft dies zu, auch wenn für beide Merkmale signifikante schwache (negative) Korrelationen mit dem

Tabelle 11.3.: Kendall's τ Korrelationskoeffizienten für die vier untersuchten Dimensionen des Reichweitenstresses, als kritisch empfundene Füllstände von Tank-/Batterie sowie für das Vertrauen in das Fahrzeug und die Anzeige des Tank- bzw. Batteriefüllstands (* entspricht $p < .05$, ** entspricht $p < .01$, *** entspricht $p < .001$).

	$STR_{Füllstand}$	**$STR_{Reichweite}$**	**$STR_{Kontrolle}$**	**$CRI_{Füllstand}$**	**$TRUST_{Fahrzeug}$**	**$TRUST_{Anzeige}$**
Stress: Füllstand ($STR_{Füllstand}$)	.463 ***	.373 ***	.419 ***	.442 ***	−.218 ***	−.158 **
Stress: unzureichende Reichweite ($STR_{Reichweite}$)	–	.275 ***	.444 ***	.269 ***	−.197 ***	−.217 ***
Stress: schlechte eigene Reichweiteneinschätzung ($STR_{Kontrolle}$)		–	.388 ***	.237 ***	−.375 ***	−.242 ***
Stress: Furcht vor dem Liegenbleiben ($STR_{Liegenbleiben}$)			–	.293 ***	−.272 ***	−.394 ***
Kritischer Füllstand ($CRI_{Füllstand}$)				–	.147 *	.168 **
Vertrauen in das Fahrzeug ($TRUST_{Fahrzeug}$)					–	.144 *
Vertrauen in die Anzeige ($TRUST_{Anzeige}$)						–

Reichweitenstress gefunden wurden. Die Risikobereitschaft wird erst als Prädiktor signifikant, wenn der Faktor Geschlecht nicht mit ins Modell aufgenommen wird, so dass gilt: Je höher die Risikobereitschaft, desto geringer der empfundene Reichweitenstress, jedoch sinkt dadurch das korrigierte Bestimmtheitsmaß des Modells auf $R^2 = 0.24$, weswegen dieses Modell nicht zu bevorzugen ist.

Hinsichtlich der Prädiktion des als kritisch empfundenen Füllstands ergab sich ein ähnliches signifikantes Modell ($\chi^2(4) = 27.84$, $p < .001$), in dem allerdings nur das Geschlecht der Person ($p < .013$) und die Erfahrung mit BEV ($p < .001$) signifikante Prädiktoren sind. Der geringste als kritisch empfundene Füllstand ist demnach bei männlichen Personen mit BEV-Erfahrung festzustellen. Aufgrund der sehr niedrigen Varianzaufklärung (McFadden's $R^2 = 0.06$) wird auf eine detailliertere Beschreibung verzichtet. Auch bei der Prädiktion des kritischen Füllstands konnte kein weiterer der erhobenen Nutzerfaktoren als signifikanter Prädiktor identifiziert werden.

11.5. Zusammenfassung der zentralen Erkenntnisse

Zusammenfassend lassen sich folgende Erkenntnisse der dritten Studie festhalten:

- ➡ Absolut betrachtet, vertrauten die Teilnehmer ihren Fahrzeugen hinsichtlich der Reichweite und äußerten nur in geringem Umfang wahrgenommenen Reichweitenstress.
- ➡ Die Mehrheit der Teilnehmer beginnt sich erst bei Füllständen des Tanks oder der Batterie von unter 50% unwohl zu fühlen. Die Mehrheit der Stichprobe gab erst die aktive Warnung des Fahrzeugs vor einem fast leeren Tank bzw. einer fast leeren Batterie als kritische Grenze an.
- ➡ Es gibt signifikante Zusammenhänge zwischen dem empfundenem Reichweitenstress, dem Vertrauen in das Fahrzeug, die Art der Füllstandsanzeige und dem als kritisch empfundenen Füllstand.
- ➡ Erfahrung in der Fahrzeugnutzung hat sowohl im Umgang mit BEV, also auch mit ICEV einen positiven Effekt auf den wahrgenommenen Reichweitenstress, auf die als kritisch empfundenen Füllstände des Tanks bzw. der Batterie, und auf das Vertrauen in das Fahrzeug als Ganzes sowie in seine reichweitenbezogenen Anzeigen.

- ➡ Erfahrene BEV-Nutzer geben - auch im Vergleich zu ICEV-Nutzern - den geringsten Reichweitenstress und das höchste Vertrauen an und bleiben mehrheitlich auch bei aktiver Warnmeldung zum Füllstand ruhig.
- ➡ Eine Vorhersage des Reichweitenstresses bzw. der als kritisch empfundenen Füllstände ist auf Basis der erhobenen Nutzerfaktoren nur begrenzt möglich. Zwar wurden signifikante lineare bzw. ordinal logistische Erklärungsmodelle mit den Prädiktoren Geschlecht, Fahrzeugbesitz und BEV-Erfahrung gefunden, jedoch war die Varianzaufklärung gering. Insbesondere weitere sozio-demographische Merkmale, wie Alter, Bildung, Einkommen, Wohnort, weitere mobilitätsbezogene Faktoren sowie die individuelle Technik- und Risikobereitschaft sind keine signifikanten Prädiktoren.

12. Verhaltensmuster beim Laden und Tanken[19]

[19]Teile dieses Kapitels wurden veröffentlicht in „Philipsen, R., Brell, T., Brost, W., Eickels, T., & Ziefle, M. (2018). Running on empty – Users' charging behavior of electric vehicles versus traditional refueling. *Transportation Research Part F: Traffic Psychology and Behaviour, 59*, 475-492."

12.1. Fokus und Ziel der Studie

Nachdem in Studie 3 die Wahrnehmung des Reichweitenstresses und als kritisch empfundene Füllstände des Tanks bzw. der Batterie im Fokus standen, soll Studie 4 durch den Fokus auf die Verhaltensmuster der Nutzer ein weiterer Schritt hin zur Betrachtung konkreter Tank- und Ladeentscheidungen sein. Dazu sollen folgende Fragen adressiert werden:

- *Wie häufig tanken bzw. laden die Nutzer Ihre Fahrzeuge und welche unterscheidbaren Muster gibt es?* Während das Tankverhalten und zugehörige Muster bereits länger erforscht werden, sind die Erkenntnisse über BEV-Nutzer in diesem Kontext - insbesondere im Vergleich zu ICEV-Nutzern - noch lückenhaft und mit der fortschreitenden Marktdurchdringung im Wandel. So war z.B. die Quote, wie viele der Ladevorgänge nicht öffentlich, sondern zuhause getätigt werden, seit den Early-Adopter-Anfängen (vgl. Krause et al., 2017, 2018; Smart & Schey, 2012) rückläufig. Ziel ist daher, abzuleiten inwieweit sich beide Nutzergruppen hinsichtlich Frequenz, Mustern und Ort beim Nachfüllen des Fahrzeugs unterscheiden.

- *Was sind Anlässe oder Auslöser für ein Tanken oder Laden des Fahrzeugs?* Um in Entscheidungsmodellen abbilden zu können, wann sich Nutzer für oder gegen einen Tank- bzw. Ladevorgang entscheiden, muss zunächst bekannt sein, welche Gründe, Motive, Anlässe zu einer Nachfüllentscheidung führen. Während erste Erkenntnisse zur grundsätzlichen Interaktion der Nutzer mit der Fahrzeugbatterie existieren (Franke & Krems, 2013b), war unklar, wie sich diese Interaktion auch in äußere Bedingungen integriert und wie sich BEV- und ICEV-Nutzer in dieser Hinsicht unterscheiden. Ziel der Studie ist daher auch, im Gruppenvergleich mögliche Anlässe für Nachfüllvorgänge zu identifizieren und zu vermessen.

- *Inwieweit lassen sich Nutzerfaktoren oder -profile bestimmen, um Tank-/Lademuster und Priorisierungen der Nachfüllanlässe zu prädizieren?* Unterscheidbare und idealerweise verortbare Nutzerprofile, die helfen würden, die Infrastrukturplanung spezifischer auf Nutzergruppen abzustimmen, sind bisher nur in Ansätzen und nur für Nutzer von Fahrzeugen mit Verbrennungsmotor verfügbar (vgl. ARAL, 2006). Ziel ist daher, wenn möglich, die Ableitung von Nutzerprofilen und die Identifizierung von relevanten Nutzerfaktoren für Tank- bzw. Lademuster und die individuellen Anlässe, die zu Nachfüllentscheidungen führen.

12.2. Methodische Besonderheiten

Aufgrund des lückenhaften Stands der Forschung wurde im Vorfeld der vierten Studie eine qualitative Vorerhebung durchgeführt. In $N = 24$ leitfadengestützten Interviews wurde erarbeitet, wie das Tanken bzw. Laden im Alltag der Teilnehmer integriert ist und was sie zu einer Nachfüllentscheidung motiviert. Die aus den Interviews gewonnen Transkripte wurden inhaltsanalytisch ausgewertet, indem eine Strukturierung und Kategorisierung von identifizierten Auslösern oder Anlässen für eine Nachfüllentscheidung durchgeführt wurde. Die genannten Anlässe waren dabei überwiegend reichweitenbezogen, begründet durch finanzielle Aspekte oder bildeten Facetten der Gewohnheit der Teilnehmer ab. Darüber hinaus konnten zwei wesentliche Muster identifiziert werden, die die Teilnehmer äußerten: Ein Teil der Befragten gab an, dass das Fahrzeug immer fast leergefahren und dann komplett aufgefüllt würde, während der andere Teil regelmäßig auch kleinere Mengen an Kraftstoff oder Strom nachfüllte, um möglichst immer einen hohen Füllstand zu haben.

Die so identifizierten Frequenzen, Muster und Nachfüllanlässe wurden anschließend in eine quantitative Studie überführt und bildeten somit die beiden Foki des Messinstruments:

Nachfüllmuster und -häufigkeiten Neben der Angabe, wie häufig die Teilnehmer Ihr Fahrzeug auftanken bzw. aufladen, mussten sich die Befragten auch selbst einem Tank-/Ladetyp zuordnen, indem sie angaben, ob sie eher dazu neigen, vollzutanken/-zuladen oder häufig immer kleine Mengen nachfüllen. E-Fahrzeugnutzer wurden zusätzlich gefragt, in welchem Häufigkeitsverhältnis ihre Ladevorgänge im privaten zuhause oder an öffentlicher Ladeinfrastruktur stattfinden.

Anlässe für das Nachfüllen Ergänzend zu den identifizierten Anlässen aus der qualitativen Vorerhebung wurden in der Befragung auch Items zum UBIS-8 (User-Battery Interaction Style) nach Franke und Krems (2013b) genutzt. Franke & Krems entwickelten dieses Messinstrument, um den Umgang der damaligen Early-Adopter-Gruppe mit frühen E-Fahrzeugen analog zum Umgang mit Smartphone-Batterien messbar und erklärbar zu machen. Der UBIS-8 umfasst daher insbesondere Aspekte, die den Füllstand und Lademöglichkeiten betreffen, umfasst aber durch die Fokussierung auf die Batterie keine finanziellen Aspekte. Um die drei zuvor identifizierten Kategorien von Anlässen (Reichweite, Gewohnheit, Finanzen) vollständig zu erfassen, wurde das UBIS-8-Inventar daher um weitere Items ergänzt. Eine Übersicht ergibt sich aus Abbildung 12.4.

Darüber hinaus erfolgte die Messung der gleichen sozio-demographie-, persönlichkeits- und mobilitätsbezogenen Merkmale wie in den vorherigen Studien.

12.3. Stichprobe

Insgesamt gingen die Beantwortungen von $N = 1021$ Teilnehmern in die Analyse ein. Von diesen waren 29% ($n = 297$) Teilnehmer BEV-Nutzer und 71% ($n = 724$) nutzten Fahrzeuge mit Verbrennungsmotoren. Die Altersspannweite der Stichprobe lag zwischen 17 und 88 Jahren. Eine Übersicht über die Nutzercharakteristiken kann Tabelle 12.1 entnommen werden.

Tabelle 12.1.: Nutzercharakteristik der BEV- und ICEV-Nutzer (Mittelwerte, Standardabweichungen, Medianlevel und prozentuale Anteile)

	 **BEV-Nutzer**	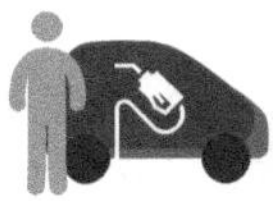 **ICEV-Nutzer**
n	297	724
Geschlecht		
männlich	86%	50%
weiblich	14%	50%
Alter in Jahren	$M = 47.96$ ($SD = 11.18$)	$M = 33.58$ ($SD = 14.00$)
Bildungsabschluss		
(Fach-)Hochschule	42%	31%
(Fach-)Hochschulreife	28%	39%
Mittlere Reife	13%	13%
Haushaltsnetto-einkommen (Medianlevel)	4000 – 5000 €	2000 – 3000 €
Jährliche Fahrleistung (Medianlevel)	15000 – 20000 km	10000 – 15000 km
Siedlungsdichte		
innerstädtisch	22%	41%
vorstädtisch	34%	34%
ländlich	44%	25%
Persönlichkeitsmerkmale		
Technikbereitschaft	$M = 3.73$ ($SD = 0.80$)	$M = 3.42$ ($SD = 0.81$)
Risikobereitschaft	$M = 3.47$ ($SD = 1.45$)	$M = 3.17$ ($SD = 1.43$)

In Einklang mit den vorherigen Studien hatten die BEV-Nutzer einen signifikant höheren Männeranteil als die ICEV-Nutzer ($\chi^2(1) = 112.08$, $p < .001$, $\phi = 0.33$), waren im Durchschnitt gebildeter ($U = 94399.50$, $p = .004$, $= r_{rb} = 0.11$) und hatten ein höheres Durchschnittseinkommen ($U = 52720.50$, $p < .001$, $= r_{rb} = 0.46$). Weiterhin gaben signifikant mehr BEV-Nutzer an, in ländlicheren Regionen zu wohnen, als dies ICEV-Nutzer taten ($U = 78221$, $p < .001$, $= r_{rb} = 0.26$). Der Median der jährlichen Fahrleistung war bei den BEV-Nutzern signifikant höher ($U = 77321.50$, $p < .001$, $= r_{rb} = 0.27$). Beide Gruppen unterschieden sich auch signifikant, wenn auch geringfügig, hinsichtlich ihrer Technik- ($t(1016) = -5.70$,$p < .001$, Cohen's -0.39) und Risikobereitschaft ($t(1014) = -2.99$,$p = .003$, Cohen's -0.21). BEV-Nutzer zeigten bei beiden Persönlichkeitsmerkmalen höhere Ausprägungen als ICEV-Nutzer.

12.4. Ergebnisse

Im Folgenden werden die Ergebnisse der Studie vorgestellt. Zunächst werden die Frequenzen und Muster, mit denen Nutzer Ihre Fahrzeuge wieder befüllen, vorgestellt, bevor anschließend Auslöser bzw. Anlässe für das Nachfüllen untersucht werden. Zuletzt erfolgt die Ableitung von Nutzerprofilen auf Basis der priorisierten Nachfüllanlässe und eine Modellerstellung zur Prädiktion der Profilzugehörigkeit auf Basis anderer Nutzerfaktoren.

12.4.1. Frequenzen und Muster des Tankens und Ladens

Wie in Abbildung 12.1 ersichtlich, unterscheiden sich BEV- und ICEV-Nutzer signifikant hinsichtlich ihrer Tank- bzw. Ladefrequenz ($U = 36032$, $p < .001$, $r_{rb} = 0.66$). Nutzer von Fahrzeugen mit Verbrennungsmotor füllen Ihre Fahrzeuge seltener wieder auf als E-Fahrzeugnutzer. So tanken 43% der ICEV-Nutzer weniger als einmal im Monat im Vergleich zu 7% der BEV-Nutzer, die seltener als monatlich laden. Am anderen Ende der Häufigkeitsskala invertiert sich dieses Bild. Während tägliche Tankvorgänge praktisch kaum vorkommen ($< 1\%$), laden 15% ihre E-Fahrzeuge täglich. Zusammenfassend kann man feststellen, dass sich Tanken eher auf einer monatlichen Ebene und Laden eher auf einer wöchentlichen bis täglichen Ebene ereignet.

Die unterschiedliche Häufigkeit der Nachfüllvorgänge findet sich auch in den nachgefüllten Mengen wieder. So gab mit 87% die Mehrheit der BEV-Nutzer an, „immer mal wieder“ zu laden und auch kleinere Mengen mit wenig Reichweitengewinn nachzuladen (siehe Abbildung 12.2), während dies nur 30% der ICEV-Nutzer angaben. Diese tendierten mehrheitlich eher dazu, den Tank vollständig

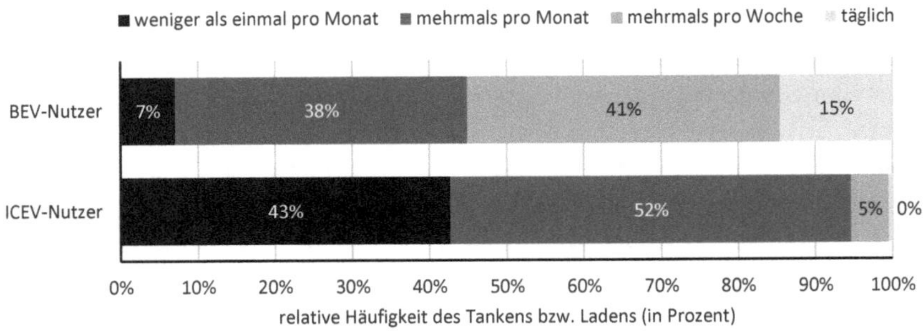

Abbildung 12.1.: Prozentuale Häufigkeiten des Tankens bzw. Ladens unterschieden nach Nutzergruppen

leer zufahren und dann wieder komplett aufzutanken, während sich diesem Füllmuster nur eine Minderheit der BEV-Nutzer zuordneten. Der Unterschied zwischen den Nutzergruppen hinsichtlich des bevorzugten Auffüllmusters war signifikant mit $\chi^2(1) = 273.39$, $p < .001$, $\phi = 0.52$.

Die Zuordnung eines Nutzers zu einem Tank- oder Lademuster ergibt sich neben der genutzten Antriebsart aus der jeweiligen Technikbereitschaft des Nutzers, sowie der Siedlungsstruktur des Wohnorts. Nutzer mit einer hohen Technikbereitschaft und einem Wohnort in einer ländlichen Region tendieren eher dazu, ihren Tank/ihre Batterie leer zu fahren und dann vollständig neu aufzufüllen (siehe Tabelle 12.2). Das sich ergebende Modell ist signifikant mit $\chi^2(4) = 313.93$, $p < .001$, McFad-

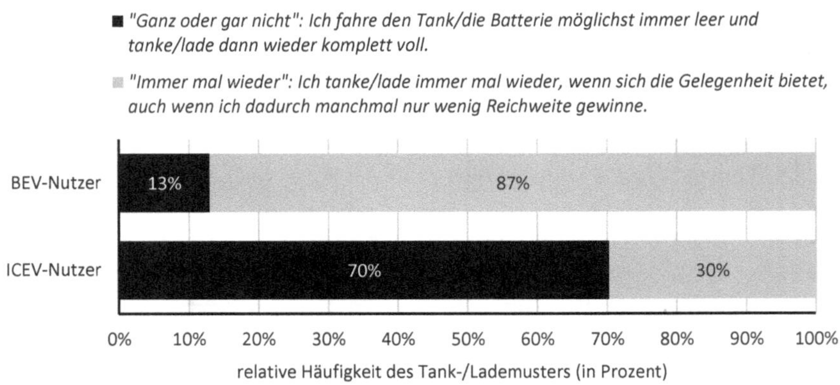

Abbildung 12.2.: Prozentuale Häufigkeit des Tank- bzw. Lademusters unterschieden nach Nutzergruppen

den's $R^2 = 0.23$, kann, wie in Tabelle 12.3 zu sehen, zu 93% korrekt vorhersagen, ob jemand sich eher dem *„Ganz oder gar nicht"*-Muster zuordnet, hat aber hinsichtlich der Vorhersage des *„Immer mal wieder"*-Tank-/Lademusters nur eine geringe Vorhersagekraft, was insgesamt zu einer Prädiktionsgenauigkeit von 75% führt ($Spezifität = 93\%$, $Sensitivität = 54\%$).

Tabelle 12.2.: Prädiktionsmodell (binomiale logistische Regression) zum Tank-/Lademuster (Interzept, Regressionskoeffizient, Standardfehler und Signifikanzwert)

Prädiktor	Estimate	SE	Z	p
Interzept	-0.01	0.23	-0.06	.955
Nutzergruppe:				
BEV-Nutzer - ICEV-Nutzer	3.04	0.21	14.42	$< .001$
Technikbereitschaft	-0.25	0.07	-3.73	$< .001$
Wohnort:				
... in einem Vorort. – ... in der Innenstadt.	-0.07	0.18	-0.41	.685
... auf dem Land. – ... in der Innenstadt.	-0.45	0.20	-2.30	.021

Tabelle 12.3.: Vorhersage des Tank-/Lademusters durch das binomiale logistische Regressionsmodell („Ganz oder gar nicht": Ich fahre den Tank/die Batterie möglichst immer leer und tanke/lade dann wieder komplett voll; „Immer mal wieder": Ich tanke/lade immer mal wieder, wenn sich die Gelegenheit bietet, auch wenn ich dadurch manchmal nur wenig Reichweite gewinne.)

	vorhergesagt		
beobachtet	„Ganz oder gar nicht"	„Immer mal wieder"	korrekt
„Ganz oder gar nicht"	498	37	93%
„Immer mal wieder"	211	252	54%

12.4.2. Privates vs. Öffentliches Laden

Die getätigten Ladevorgänge wurden im Durchschnitt zu 57% an öffentlichen Ladestationen und zu 43% an Lademöglichkeiten zuhause durchgeführt. Die Tankorte wurden nicht erhoben, jedoch kann aufgrund der fehlenden Möglichkeit des Tankens zuhause und der Abhängigkeit von Tankstellen von einer hundertprozentigen Quote an öffentlichen Tankvorgängen ausgegangen werden. Der Anteil der öffentlichen Ladevorgänge erklärt sich dabei - neben der Voraussetzung, ob zuhause überhaupt die Möglichkeit der Ladung besteht - aus

$$74.46 - 26.37 \cdot ländlicher\ Wohnort - 2.73 \cdot Pkw\text{-}Nutzungsdauer \\ + 51.45 \cdot Sharing\text{-}Fahrzeug$$

mit der Kodierung des „ländlichen Wohnorts" mit $0 = ja$ und $1 = nein$, des Nutzung eines Sharing-/Mietfahrzeugs mit $0 = nein$ und $1 = ja$, sowie der durchschnittlichen Pkw-Nutzungsdauer bis zur Neuanschaffung in Jahren. Nutzer, die ländlich wohnen, ihre Pkws bis zur Neuanschaffung lange nutzen und einen Pkw im Privatbesitz oder einen Dienstwagen zur privaten Verfügung anstelle eines Sharing-Angebots nutzen, haben tendenziell einen höheren Anteil an nichtöffentlichen Ladevorgängen. Dieses Modell ist signifikant mit $F(5.115) = 4,40$, $p < .001$, erklärt aber mit einem korrigierten Bestimmtheitsmaß $R^2 = 0.12$ nur einen geringen Teil der Varianz in der Verteilung der Ladevorgänge zwischen privat und öffentlich. Weitere Nutzerfaktoren konnten nicht als signifikante Prädiktoren identifiziert werden, auch eine mögliche Integration der Technik- und Risikobereitschaft in das Prädiktionsmodell ergibt keine weitere signifikante Verbesserung der Varianzaufklärung.

12.4.3. Anlässe zum Tanken-/Laden

Im Folgenden Abschnitt werden die Anlässe- bzw. Auslöser für ein Nachfüllen des Tanks bzw. der Batterie betrachtet. Die drei ermittelten Anlasskategorien unterschieden sich signifikant hinsichtlich der Zustimmung der Teilnehmer ($F(2, 998) = 546.12$, $p < .001$, $\eta_p^2 = 0.62$). Reichweitenbezogene Anlässe hatten im Durchschnitt die höchsten positiven Zustimmungswerte, während im Vergleich Anlässe, die sich durch Gewohnheit oder finanzielle Aspekte ergeben, tendenziell eher als wenig relevant für Nachfüllvorgänge gesehen wurden (Zustimmungwerte < 0), wie aus siehe Abbildung 12.3 ersichtlich ist. Die beiden Nutzergruppen unterschieden sich in Ihrer Zustimmung nur bezüglich gewohnheitsbezogener ($t(989) = -9.00$, $p < .001$, Cohen's $d = -0.63$) und finanzieller Anlässe $t(996) = 8.14$, $p < .001$, Cohen's $d = 0.89$). BEV-Nutzer stimmten im Vergleich zu ICEV-Nutzern eher der Gewohnheit als Anlass zum Nachfüllen zu, während für ICEV-Nutzer im Gruppenvergleich finanzielle Aspekte relevanter waren. Bezüglich der Reichweite als Anlass für einen Nachfüllvorgang unterschieden sich die Gruppen nicht signifikant ($p > .05$).

Bei Betrachtung der einzelnen konkreten Anlässe und Auslöser (siehe Abbildung 12.4) zeigte sich, dass BEV- und ICEV-Nutzer sich hinsichtlich fast aller Anlässe

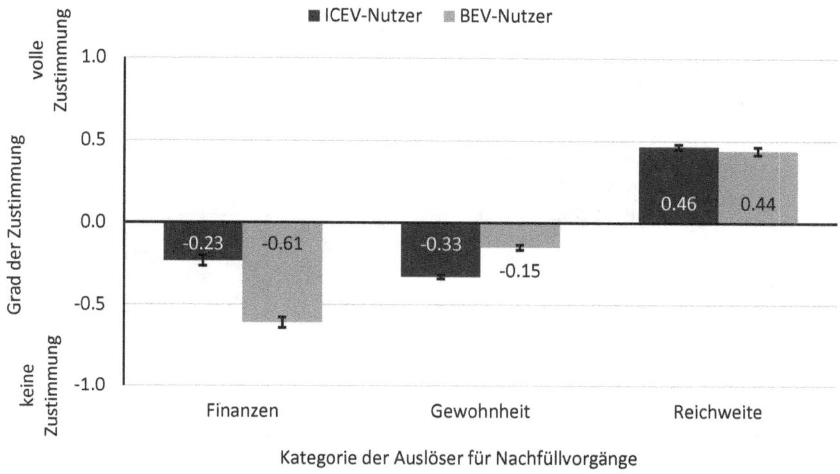

Abbildung 12.3.: Auslöser bzw. Anlässe (Kategorien) für einen Tank- oder Ladevorgang (Mittelwerte und Standardfehler) unterschieden nach BEV- und ICEV-Nutzern

signifikant unterschieden. Die Ausnahme bilden das Absinken des Tanks/der Batterie auf ein bestimmtes Niveau, das Unterschreiten einer Reservereichweite und eine unzureichende Reichweite für die nächste Fahrt (jeweils $p > .05$). Die vollständige Teststatistik aller Vergleiche kann Tabelle B.4 im Anhang entnommen werden. Wie durch den Vergleich der Anlasskategorien erwartbar, unterschieden sich die beiden Nutzergruppen insbesondere bei den reichweitenbezogenen Anlässen nicht signifikant. Beide stimmen dieser Gruppe der Auslöser in vergleichbarem Maße zu. Die höchste Zustimmung als Anlass zum Tanken bzw. Laden erhält dabei eine unzureichende Reichweite für die nächste Fahrt, die geringste positive Zustimmung das Unterschreiten einer immer erwünschten Reservereichweite.

Hinsichtlich der gewohnheits- und gelegenheitsbezogenen Auslöser eines Nachfüllvorgangs ergibt sich ein diverseres Bild. Während beide Nutzergruppen dem Erreichen einer gewissen Tageszeit oder dem Überschreiten einer Zeitspanne zwischen Nachfüllvorgängen als Auslöser nicht zustimmen, zeigt sich, dass die Auslöser, die eher mit Spontanität einhergehen relevanter für die ICEV-Nutzer sind, während für BEV-Nutzer Gewohnheit relevanter ist. So stimmen ICEV-Nutzer eher zu, dass sie irgendeine beliebige Gelegenheit nutzen, um aufzutanken, während BEV-Nutzer eher von gewohnten Lademöglichkeiten Gebrauch machen. BEV-Nutzer stimmen ebenfalls (leicht) zu, dass sie üblicherweise dann laden, wenn bestimmte Fahrten in ihrem Tagesablauf abgeschlossen sind, während ICEV dies mit Zustimmungswerten

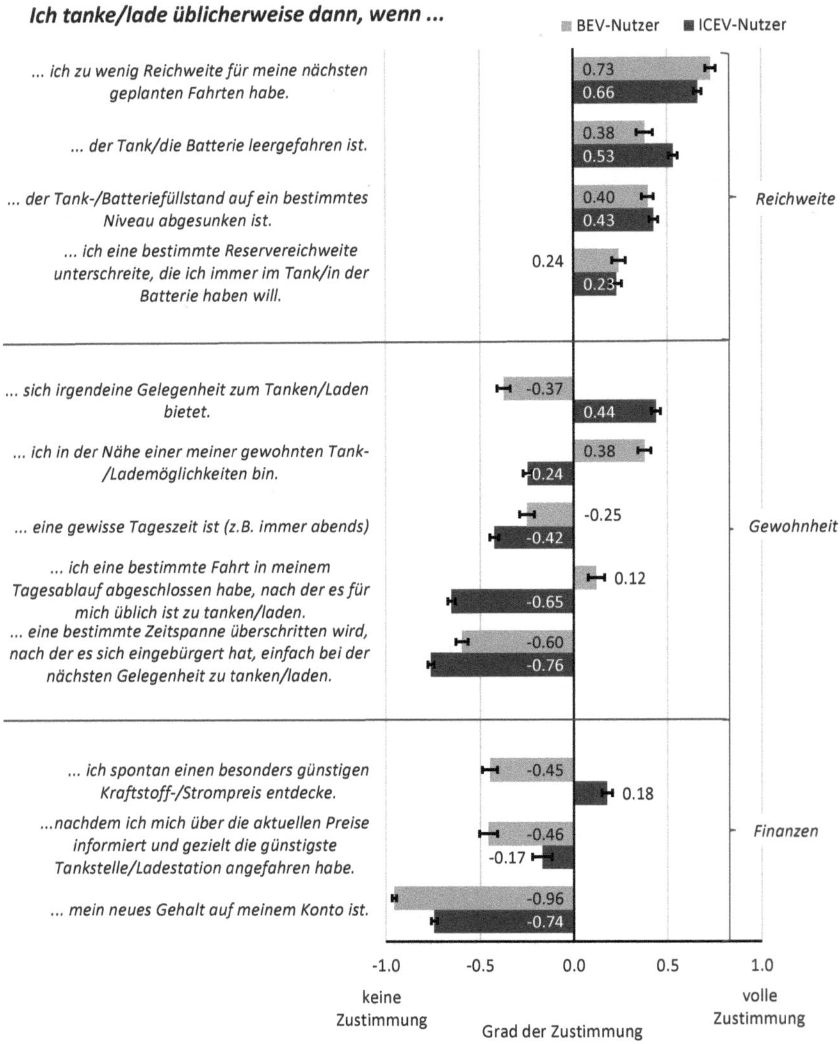

Abbildung 12.4.: Auslöser bzw. Anlässe für einen Tank- oder Ladevorgang (Mittelwerte und Standardfehler) unterschieden nach BEV- und ICEV-Nutzern

nahe am Skalenminimum als Anlass zum Tanken verneinen.

Auch im Hinblick auf finanzielle Anlässe unterscheiden sich die Nutzergruppen signifikant. Erneut tendieren ICEV-Nutzer eher zur Spontanität als BEV-Nutzer, indem sie im Vergleich eher zustimmen, nachzufüllen, wenn sie spontan Kraftstoff/Strom zu einem günstigen Preis entdecken. Weniger Zustimmung zeigen beide Gruppen zum gezielten Anfahren von Nachfüllmöglichkeiten nach gezielter Preisrecherche und insbesondere zum Nachfüllen nach dem Erhalt der Gehaltszahlung (Zustimmungswerte nahe Skalenminimum). Gleichwohl zeigen auch bei diesen beiden Anlässen BEV-Nutzer signifikant niedrigere Zustimmungswerte als ICEV-Nutzer, womit man zusammenfassend feststellen kann, dass finanzielle Anlässe für das Laden aktuell weniger relevant sind als für das Tanken.

12.4.4. Nutzerprofile im Kontext der Nachfüllanlässe

Mit einer k-Means-Clusteranalyse (Hartigan-Wong) konnten drei unterscheidbare Nutzerprofile auf Basis der Zustimmung der Teilnehmer zu den zwölf abgefragten Anlässen für Tank- oder Ladevorgänge ermittelt werden ($R^2 = 0.217$). Abbildung 12.5 kann das Zustimmungsprofil der Gruppen entnommen werden. Es ist ersichtlich, dass die Gruppen hinsichtlich der reichweitenbezogenen Anlässe die geringsten Unterschiede aufweisen. Die Unterschiede in dieser Kategorie sind zwar überwiegend signifikant, weisen aber Effektstärken gegen Null auf (siehe Tabelle B.5 im Anhang), was sich in den geringen Mittelwertunterschieden zwischen den Gruppen widerspiegelt. Bei Betrachtung der anderen beiden Anlasskategorien zeigen sich hingegen größere signifikante Unterschiede zwischen den Gruppen, was zu folgender Klassifizierung der Profile führt.

- **Profil 1: Schwerpunkt Gewohnheit** ($n = 360$, 37%) - Nutzer in diesem Profil zeigen hohe Zustimmungswerte zu gewohnheitsbezogenen Anlässen zum Auffüllen des Fahrzeugs
- **Profil 2: Schwerpunkt Reichweite** ($n = 494$, 51%) - Für die Nutzer in dieser Gruppe sind nur Reichweite und Füllstand relevant. Die Gruppe weist sehr niedrige Zustimmungswerte für finanzielle oder gewohnheitsbezogene Anlässe im Kontext ihres Tank- bzw. Ladeverhaltens auf.
- **Profil 3: Schwerpunkt Finanzen** ($n = 122$, 12%) - Die dritte und auch zahlenmäßig kleinste Nutzergruppe setzt einen klaren Schwerpunkt auf finanzielle Anlässe zum Tanken oder Laden. Neben hohen Zustimmungswerten zum Nachfüllen bei spontan entdeckten Angeboten ist auch das Vorhandensein des neuen Gehalts in dieser Gruppe als Anlass relevant, was für beide andere Gruppen nicht der Fall ist.

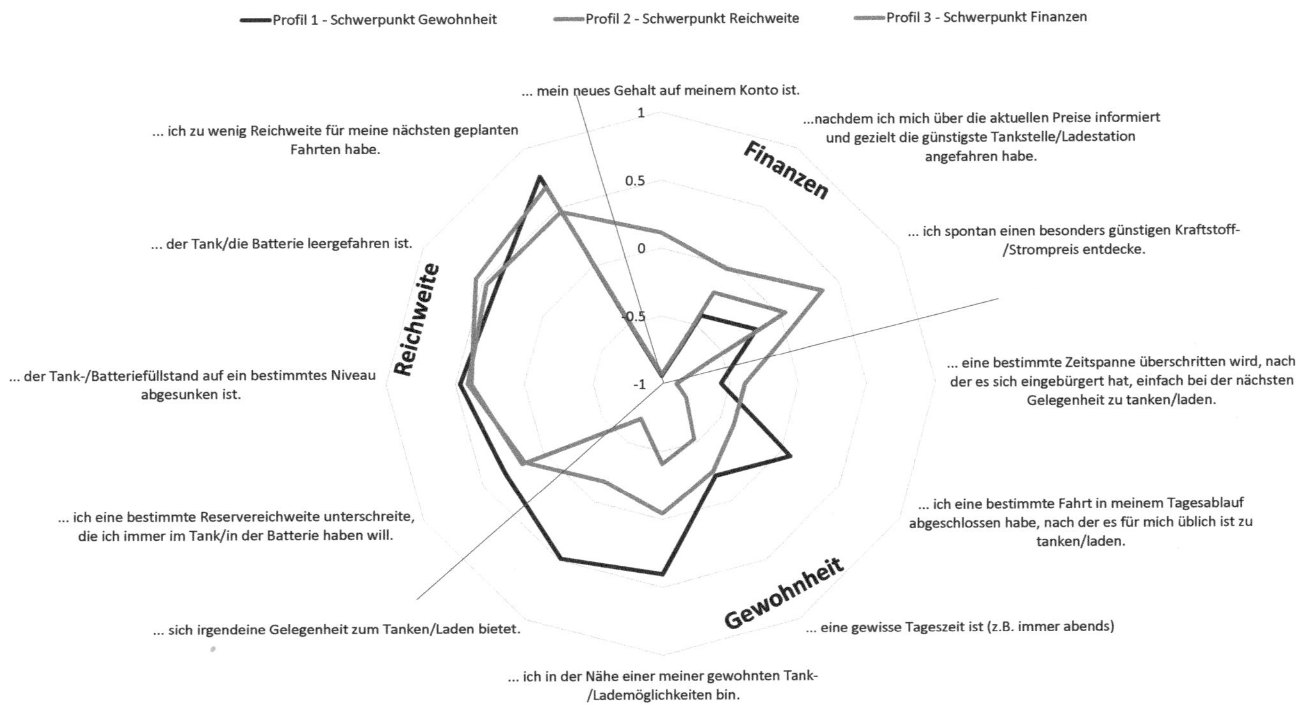

Abbildung 12.5.: Auslöser bzw. Anlässe für einen Tank- oder Ladevorgang (Mittelwerte) unterschieden nach den drei identifizierten Nutzerprofilen

Um zu prüfen, wie sich die drei ermittelten Profile hinsichtlich Ihrer sonstigen Nutzercharakteristik unterscheiden, wurde ein multinomiales logistisches Regressionsmodell unter Prüfung aller erhobenen Nutzerfaktoren erstellt ($\chi^2(32) = 519.48$, $p < .001$, McFadden's $R^2 = 0.28$). Es konnten das Geschlecht, die Art des genutzten Antriebs, das Haushaltseinkommen, die jährliche Fahrleistung, sowie zwei Dimensionen der Technikbereitschaft (Akzeptanz und Kompetenzüber-zeugung) als signifikante Prädiktoren identifiziert werden (siehe Tabelle 12.4). Aus der Teststatistik wird ersichtlich, dass die Art der Antriebsnutzung der bei weitem stärkste Prädiktor ist, während der Beitrag des Geschlechts des Nutzers zur Prädiktion der Profilzugehörigkeit am geringsten ist.

Bei Betrachtung der auf den signifikanten Prädiktoren basierenden Nutzercharakteristiken der drei Profile (siehe Tabelle 12.5) zeigt sich, das sich die Gruppen erwartungsgemäß hinsichtlich aller Faktoren signifikant unterscheiden. Die Nutzer, für die vor allem Gewohnheit relevant ist, sind signifikant männlicher, während die Nutzer, die Finanzen als Tank-/Ladeanlass hoch gewichten, mehrheitlich weiblich sind ($\chi^2(2) = 64.34$, $p < .001$, Cramer's $V = 0.26$). Hinsichtlich der Antriebsart zeigt sich die Wichtigkeit des Prädiktors, während die Gewohnheitsgruppe zu etwa zwei Dritteln aus BEV-Nutzern besteht, kommen diese in den anderen beiden Gruppen kaum vor (Anteil jeweils $< 10\%$) ($\chi^2(2) = 414.74$, $p < .001$, Cramer's $V = 0.65$). Weiterhin zeigt sich, dass die Gruppe, die finanzbezogene Anlässe für das Nachfüllen priorisiert, im Vergleich zu den anderen beiden Profilen ein signifikant niedrigeres Haushaltseinkommen aufweist ($\chi^2(2) = 82.67$,$p < .001$,$\epsilon^2 = 0.09$). Bei der jährlichen Fahrleistung hebt sich die Gewohnheits-Gruppe signifikant durch eine höhere Fahrleistung von den beiden anderen Gruppen ab ($\chi^2(2) = 32.10$,$p < .001$,$\epsilon^2 = 0.03$). Hinsichtlich der Dimension *Akzeptanz* der Technikbereitschaft, im Sinne einer Offenheit gegenüber neuen Technologien, zeigte die Gewohnheitsgruppe eine signifikant höhere Merkmalsausprägung als die anderen beiden Gruppen ($F(2, 972) = 13.58$, $p < .001$,

Tabelle 12.4.: Prädiktoren im multinomial logistischen Regressionsmodell für die Nutzerprofilzugehörigkeit

Prädiktor	χ^2	*df*	*p*
Antriebsart (BEV/ICEV)	332.42	2	$< .001$
Jährliche Fahrleistung	26.88	14	.020
Haushaltsnettoeinkommen	25.93	10	.004
Technikbereitschaft - Dimension Kompetenzüberzeugung	20.15	2	$< .001$
Technikbereitschaft - Dimension Akzeptanz	10.38	2	.006
Geschlecht	6.05	2	.049

Tabelle 12.5.: Nutzercharakteristik der identifizierten Nutzerprofile hinsichtlich der signifikanten Prädiktoren (Mittelwerte, Standardabweichungen, Medianlevel und prozentuale Anteile)

	Profil 1 *„Gewohnheit"*	Profil 2 *„Reichweite"*	Profil 3 *„Finanzen"*
n	360	494	122
Geschlecht			
männlich	74%	56%	35%
weiblich	26%	44%	65%
Antriebsart			
BEV	68%	8%	2%
ICEV	32%	92%	98%
Haushaltsnetto-einkommen (Medianlevel)	3000 – 4000 €	3000 – 4000 €	2000 – 3000 €
Jährliche Fahrleistung (Medianlevel)	15000 – 20000 km	10000 – 15000 km	10000 – 15000 km
Persönlichkeitsmerkmale			
Technikbereitschaft Dimension Akzeptanz	$M = 3.29$ $(SD = 1.08)$	$M = 2.99$ $(SD = 1.18)$	$M = 2.73$ $(SD = 1.20)$
Technikbereitschaft Dimension Kompetenzüberzeugung	$M = 4.20$ $(SD = 0.93)$	$M = 4.17$ $(SD = 0.98)$	$M = 3.70$ $(SD = 1.10)$

$\eta_p^2 = 0.03$, paarweise Vergleiche $p < .001$ für Vergleiche mit Profil 1), während sich bei der Kompetenzüberzeugung im Umgang mit Technik die Gruppe derer, die Finanzen priorisieren, mit einer niedrigeren Kompetenzüberzeugung signifikant unterschied ($F(2, 972) = 12.96$, $p < .001$, $\eta_p^2 = 0.03$, , paarweise Vergleiche $p < .001$ für Vergleiche mit Profil 3).

Darüber hinaus zeigt sich auch, dass der Anteil der privaten Ladungen in der Stichprobe von Profil 1 hin zu Profil 3 abnimmt. Während die Gewohnheitsgruppe noch angab, 46% ihrer Ladevorgänge zuhause zu tätigen, sank der Anteil auf 31% bei denjenigen, die reichweitenbezogene Anlässe zum Nachfüllen priorisierten und betrug in der Gruppe, für die finanzielle Anlässe am relevantesten sind, nur noch 24%. Dieser Unterschied war jedoch nicht signifikant ($p = .068$).

12.5. Zusammenfassung der zentralen Erkenntnisse

Zusammenfassend lassen sich folgende Erkenntnisse der vierten Studie festhalten:

- ➡ BEV-Nutzer füllen im Durchschnitt häufiger (tägliche/wöchentlich Ebene) ihre Fahrzeuge nach als ICEV-Nutzer (monatliche Ebene) und laden dabei auch geringere Anteile nach, während ICEV-Nutzer mehrheitlich zum Leerfahren und Volltanken tendieren.
- ➡ Reichweiten- bzw. füllstandbezogene Anlässe für das Auffüllen sind aus Gesamtnutzersicht relevanter als Gewohnheit oder finanzielle Aspekte.
- ➡ Reichweite und Füllstand sind für BEV- und ICEV vergleichbar relevant als Anlass, den Tank bzw. die Batterie wieder aufzufüllen. Hingegen ist Gewohnheit beim Laden für BEV-Nutzer relevanter als finanzielle Aspekte, während dies beim Tanken für ICEV-Nutzer umgekehrt ist.
- ➡ Wohnorte in ländlichen Regionen führen tendenziell zu seltenerem Nachfüllen von größeren Mengen und zu einem höheren Anteil von Ladevorgängen im privaten.
- ➡ Hinsichtlich der Anlässe für Nachfüllvorgänge lassen sich drei Nutzerprofile unterscheiden, die jeweils Reichweite, Gewohnheit oder Finanzen priorisieren. Prädiktoren für die Profilzugehörigkeit sind neben der genutzten Antriebsart in geringerem Maße auch das Geschlecht, das Einkommen, die jährliche Fahrleistung und die Technikbereitschaft

13. Situative Lade- und Tankentscheidung[20]

[20]Teile dieses Kapitels wurden veröffentlicht in „Philipsen, R., Brell, T., Biermann, H., Eickels, T., Brost, W., & Ziefle, M. (2019, July). Should I Stay or Should I Go? - Influencing Context Factors for Users' Decisions to Charge or Refuel Their Vehicles. In *International Conference on Applied Human Factors and Ergonomics* (pp. 573-584). Springer, Cham."

13.1. Fokus und Ziel der Studie

In der fünften und letzten Studie dieser Arbeit sollen nun die Erkenntnisse und identifizierten Faktoren der vorherigen Studien zusammengeführt werden, indem die Befragten in ein konkretes Fahrtszenario versetzt werden, um den Entscheidungsfindungsprozess, inwiefern ein Tank- bzw. Ladestopp durchgeführt wird oder nicht, zu untersuchen. Diesbezüglich ergeben sich folgende Teilfragen:

- *Wie beeinflussen situative, kontextspezifische Faktoren die Entscheidungsfindung des Nutzers für oder gegen einen Tank- bzw. Ladestopp* Ziel dabei ist es, herauszufinden, welchen Anteil konkrete Attribute der Fahrsituation, wie z.B. die Umgebung, der Zweck der Fahrt oder der vorhandene Füllstand des Fahrzeugs, an der Entscheidung des Nutzers haben, um nachvollziehbar zu machen, in welchen Situationen mit Tanken oder Laden zu rechnen ist.

- *Wie interagieren die situativen Attribute miteinander?* Es ist anzunehmen, dass bestimmte Attribute einer Fahrsituation in Abhängigkeit von anderen anders durch den Nutzer wahrgenommen werden. Zum Beispiel werden Umwege anders bewertet in Abhängigkeit der gesamt zurückzulegenden Strecke (Philipsen et al., 2017). Ziel der Studie ist daher auch, mögliche Interaktionen zwischen situativen Attributen herauszuarbeiten und potentielle Zielkonflikte der Nutzer bei der Abwägung der Attribute zu identifizieren.

- *Wie unterscheiden sich BEV- und ICEV-Nutzer hinsichtlich der Tank- bzw. Ladeentscheidung in konkreten Entscheidungssituationen?* Erneut liegt der Fokus auf dem Vergleich zwischen den BEV- und ICEV-Nutzern und nun konkret darauf, inwieweit die Attribute einer Fahrsituation unterschiedlich hinsichtlich der Tank- bzw. Ladeentscheidung gewichtet werden. Ziel ist, herauszufinden, inwiefern die Entscheidungskriterien technikspezifisch oder universell sind.

- *Welche weiteren Nutzerfaktoren beeinflussen die Entscheidungsfindung?* Ziel ist es, sofern möglich, Nutzerprofile abzuleiten, die ein unterscheidbares Entscheidungsverhalten aufweisen und zu betrachten, inwieweit diese Profile durch weitere Nutzerfaktoren über die genutzte Antriebsart hinaus prädizierbar sind.

- *Wie verteilen sich die Nutzerpräferenzen in Marktszenarien?* Unterschiedliche Fahrsituationen mit unterschiedlichen Ladeangeboten führen in unterschiedlicher Wahrscheinlichkeit zu Nachfüllvorgängen. Ziel ist es, durch exemplarische Betrachtungen abzuleiten, inwieweit sich als negativ wahrgenommene Attribute des Angebots durch positiv wahrgenommene kompensieren lassen und wie sich dies auf die Verteilung der Präferenzen der Nutzer in Marktsituationen auswirkt.

13.2. Methodische Besonderheiten

Um die zuvor genannten Fragen und Ziele zu adressieren, ist eine möglichst realistische Abbildung eines Entscheidungsprozesses notwendig. Zu Abbildung eines solchen in einer Befragung, reicht ein konventionelles Fragebogeninstrument, wie es in den vorherigen Studien genutzt wurde, nicht aus. Die Herausforderung ist, dass der Befragte bei einer realen Entscheidung nicht alle Kriterien isoliert betrachtet, sondern Abwägungen trifft, indem er z.B. bereit ist, Nachteile beim einen Kriterium zu akzeptieren, wenn dafür ein anderes Kriterium vorteilhaft ist. Bei einer konventionellen Messung, z.B. per Likert-Items, werden Zustimmung oder wahrgenommene Wichtigkeit jedoch isoliert für Merkmale gemessen, wodurch die Befragten immer die Möglichkeit haben, allem zuzustimmen oder alles abzulehnen, ohne dass evtl. Zielfkonflikte (Trade-offs) des Teilnehmers oder technisch bedingte Abhängigkeiten zwischen Merkmalen relevant werden.

Um dies zu vermeiden und ein realistischeres Bild einer Entscheidung für oder gegen einen Tank- bzw. Nachfüllvorgang zu ermitteln, wurde neben einem konventionellen Fragebogenteil, der die obligatorischen Nutzerfaktoren umfasste (siehe Tabelle A.1 im Anhang), eine sogenannte adaptive Conjointanalyse genutzt (Brand & Baier, 2021; Herrmann et al., 2003) (ACBC: Adaptive Choice-based Conjoint). In dieser speziellen Form der Verbundmessung werden Attribute eines Szenarios oder eines Produkts nicht isoliert vermessen, sondern in Gesamtheit, indem der Befragte sich für oder gegen gesamte Szenarien bzw. Produkte entscheiden muss. Im konkreten Fall dieser Studie bedeutet dies, dass die Befragten sich wiederholt zwischen verschiedenen Szenarien bestehend sowohl aus Merkmalen des Ladeangebotes als auch der Fahrsituation entscheiden mussten. Durch eine anschließende Hierarchical Bayes (HB) Schätzung (Otter, 2007) wurden auf Basis der Einzelentscheidungen relative Wichtigkeiten der einzelnen Attribute des Szenarios für die Entscheidungsfindung ermittelt.

13.2.1. Attribute und Level für die Szenarien

Basierend auf den vorherigen Studien und dem Stand der Forschung wurden folgende Attribute der Fahrsituation bzw. des Ladeangebotes und zugehörige Abstufungen definiert:

Aktueller Preis Aus Studie 4 (vgl. Kapitel 12) ergab sich, das finanzbezogene Anlässe für ein Nachtanken oder -laden des Fahrzeugs für bestimmte Nutzerprofile relevant sind. Insbesondere die Frage der Nutzung von spontan entdeckten Kraftstoff-/Strompreisen erhielt darin von BEV- und ICEV-Nutzern unterschiedliche Zustimmung. Auch in Studie 2 (vgl. Kapitel 10) zeigte sich, dass Tanken und Laden unterschiedlich wahrgenommen werden. Während Laden eher als günstig wahrgenommen wurde, war Tanken in der Nutzersicht eher teuer. Als situativer finanzieller Aspekt für die Szenarien wurde daher der aktuelle Kraftstoff-/Strompreis als Attribut festgelegt. Da Kraftstoff- und Strompreise für den Nutzer schwer zu vergleichen sind, insbesondere für ICEV-Nutzer ohne E-Erfahrung, aber zur Vergleichbarkeit die Szenarien für alle Teilnehmer gleich definiert sein müssen und somit nicht ICEV-Nutzern Kraftstoffpreise und BEV-Nutzern Strompreise präsentiert werden können, wurde eine generische Staffelung der Preise anstelle konkreter Zahlenwerte genutzt:

- kostenlos
- günstig
- durchschnittlich
- teuer

So wird gleichzeitig verhindert, dass konkrete Preise von den Befragten je nach Preisvorstellungen unterschiedlich interpretiert werden. Die Preisstufe kostenlos wurde daher mit aufgenommen, da gerade in der Anfangsphase der öffentlichen Ladeinfrastruktur durchaus kostenlose Angebote als Werbemaßnahme zu finden waren.

Restreichweite Aus den Studien 3 und 4 (vgl. Kapitel 11 und 12) wurde die Bedeutung des Füllstands und der Reichweite sowohl für den empfundenen Reichweitenstress als auch als Anlass für einen Tank- oder Ladevorgang deutlich. Für das Szenario wurde entsprechend die konkrete aktuell verfügbare Restreichweite in Kilometern anstelle des prozentualen Füllstands als Attribut definiert, weil diese unabhängig von der maximalen Batteriekapazität ist. Bei einer Nutzung des Füllstands als Attribut wäre diese ebenfalls relevant geworden und hätte mit in das Szenario einfließen müssen, was so entfallen konnte. Die Restreichweite wurde wie folgt gestaffelt:

- Reserve
- 50 km
- 150 km
- 300 km

Die Stufen *Reserve* und *50 km* wurden gewählt, da diese den Füllständen entsprechen, bei denen sich in Studie 3 die Mehrheit der Teilnehmer begann bzw. die ersten Teilnehmer begannen, sich unwohl zu fühlen und über einen Tank-/Ladestopp nachzudenken. Die Stufe *150 km* entsprecht dem Szenario in Studie

1, während sich die höchste Stufe *300 km* an den durchschnittlichen maximalen Reichweiten der Teilnehmer in Studie 3 orientiert (261 km).

Notwendiger Umweg Die existierende Forschung konnte bereits zeigen, dass die Bereitschaft, Umwege in Kauf zu nehmen, um z.B. eine Ladestation zu erreichen, gering ist und von der jeweiligen Länge abhängt (Philipsen et al., 2017). Da nicht für alle Fahrten, die Menschen tätigen, davon ausgegangen werden kann, dass Tankstellen oder Ladestationen unmittelbar an der Wegstrecke zu finden sind, wurde auch der notwendige Umweg in Kilometern als Attribut aufgenommen. Die Abstufungen wurden dabei von Philipsen et al. (2017) übernommen und dabei berücksichtigt, dass bereits feststeht, dass sehr geringe Umwege bis 700m gleich wahrgenommen werden (Wolbertus & van den Hoed, 2019):

- 2 km
- 5 km
- 10 km
- 15 km

Wegzweck Da auch der Zweck einer Fahrt durch unterschiedliche Verpflichtungsgrade, zum Beispiel Fahrten zum Aufsuchen der Arbeitsstelle im Kontrast zu reinen Freizeitfahrten, einen Einfluss auf Fahrtentscheidungen haben kann, wurde der sogenannte Wegzweck als Szenarienattribut aufgenommen. Die Ausprägungen des Wegzwecks orientieren sich dabei an den u.a. in der „Mobilität in Deutschland"-Studie (Nobis & Kuhnimhof, 2018) und den bei Kuby (2019) genutzten Wegzwecken, jedoch wurden diese aus Praktikabilitätsgründen auf vier Wegzwecke reduziert und somit z.B. nicht mehr zwischen Einkauf und Erledigungen oder zwischen Fahrten zur Arbeit oder zur Ausbildung unterschieden:

- Arbeit
- Bringen oder Holen von Personen (z.B. Kindern)
- Einkaufen
- Urlaub

Phase der Fahrt Dieses Attribut ergab sich aus den qualitativen Vorarbeiten zu Studie 4. In den Interviews äußerten Teilnehmer, dass Sie eine Tank- oder Ladeentscheidung davon abhängig machen, ob sie gerade erst losgefahren sind oder das Ziel schon fast erreicht haben. Einige Teilnehmer versuchten, Nachfüllen kurz vor dem Ziel zu vermeiden, andere steuerten bei längeren Strecken als erstes von zuhause aus eine Tankstelle an. Um diese unterschiedlichen Verhaltensweisen messbar zu machen, wurde die Phase der Fahrt als Attribut aufgenommen. Zur Definition der Abstufungen wurde die Fahrt geviertelt, wobei die erste Stufe die unmittelbare Abfahrtsphase symbolisiert und die letzte Stufe die Phase kurz vor erreichen des Ziels:

- Start (0%)
- kurz nach dem Start (25%)
- halbe Strecke (50%)
- kurz vor dem Ziel (75%)

Angebot vor Ort Aus Studie 1 wurde ersichtlich, dass parallele Tätigkeiten während des Ladevorgangs erwünscht sind und eine Ladesäulenpositionierung häufig dort erfolgte, wo bestimmte Angebote in der unmittelbaren Umgebung vorhanden sind. Um den Einfluss solcher Angebote auf den Entscheidungsprozess für oder gegen eine Ladestation zu untersuchen wurde das Angebot vor Ort als Attribut aufgenommen und die Ausprägungen an Studie 1 angelehnt:

- Sanitäranlagen
- Café
- Restaurant
- Supermarkt

Umgebung Die möglichen Reichweiten von Pkw hängen u.a. von der gefahrenen Geschwindigkeit ab. Gleichzeitig äußerten Teilnehmer in den qualitativen Vorarbeiten von Studie 3, dass Ihre Bereitschaft zu Umwegen von der Umgebung abhängt, z.B. tendierten einige Teilnehmer dazu ein Verlassen der Autobahn zu vermeiden. Die Frage, wo eine Fahrt stattfindet, ob z.B. im Stadtverkehr oder auf der Autobahn ist daher relevant für das untersuchte Szenario.

- Stadt
- Autobahn
- Bundesstraße
- Landstraße

Vertrautheit der Umgebung Das letzte Attribut für die Szenarien soll insbesondere den Faktor Gewohnheit (vgl. Studie 4) adressieren. Inbesondere für BEV-Nutzer konnte festgestellt werden, dass Gewohnheit im Sinne der Nutzung von bekannten/gewohnten Lademöglichkeiten ein relevanter Faktor ist. Gleichzeitig ist zu erwarten, dass es z.B. für die Umwegbereitschaft einen Unterschied macht, ob die Umgebung dem Teilnehmer bekannt ist oder die Fahrt in einer unbekannten Umgebung, in der der Teilnehmer noch nie war, stattfindet. Weiterhin ist bereits bekannt, dass das Fahren von vertrauten Routen einen positiven Einfluss auf Reichweitenstress haben kann (Franke, Rauh & Krems, 2016). Das Attribut wird daher wie folgt unterschieden:

- bekannte Umgebung
- unbekannte Umgebung

Eine Übersicht aller so für die ACBC definierten Attribute und zugehöriger Ausprägungen kann zusätzlich Tabelle 13.1 entnommen werden.

Tabelle 13.1.: Attribute und zugehörige Ausprägungen der ACBC

Attribut	Ausprägungen			
Aktueller Preis	kostenlos	günstig	durchschnittlich	teuer
Restreichweite	Reserve	50 km	150 km	300 km
Notwendiger Umweg	2 km	5 km	10 km	15 km
Wegzweck	Arbeit	Bringen/Holen von Personen	Einkaufen	Urlaub
Phase der Fahrt	Start (0%)	kurz nach dem Start (25%)	halbe Strecke (50%)	kurz vor dem Ziel (75%)
Angebot vor Ort	Sanitäranlagen	Café	Restaurant	Supermarkt
Umgebung	Stadt	Autobahn	Bundesstraße	Landstraße
Vertrautheit der Umgebung	bekannte Umgebung	unbekannte Umgebung		

13.2.2. Ablauf

Zunächst erfolgte die Beantwortung des konventionellen Fragebogenteils, anschließend die Durch-führung der ACBC. Diese startete nach der Instruktion mit einem sogenannten BYO („Build your own“). In diesem Befragungsteil sollen die Befragten im Sinne eines Wunschkonzerts ihre optimale Ladesituation auf Basis der vorgegebenen Attributsausprägungen definieren. In das BYO flossen nur die Attribute ein, die keine offensichtliche Hierarchie haben, wie z.B. der notwendige Umweg, und die nicht als Hintergrund für die Fahrt vorgegeben werden, also z.B. den Wegzweck. Nach dem BYO folgt die Identifizierung von Must-haves und No-Gos im sogenannten Screeningtask. Indem dem Teilnehmer Szenarien vorgeschlagen werden und dieser angibt, ob sie für ihn jeweils eine Option wären, werden potentielle Must-Have oder No-Go-Ausprägungen der Attribute identifiziert, die der Teilnehmer anschließend noch bestätigen kann. Alles, was so identifiziert wird, wird im anschließenden eigentlichen Choice-Task konstant gehalten, um die Variation zwischen den Szenarien zu verringern. In diesem Choice-Task werden dem Teilnehmer wiederholt drei Szenarien nebeneinander dargestellt (siehe Abbildung 13.1) und er wählt die jeweils für ihn optimalste Situation. Insgesamt wurden mit Hilfe von 32 Szenarienvorschlägen in den Screeningtasks je bis zu 5 Must-Haves und No-Gos identifiziert, bevor im Choice-Task 12 Entscheidungen zwischen je drei Szenarien getroffen werden mussten.

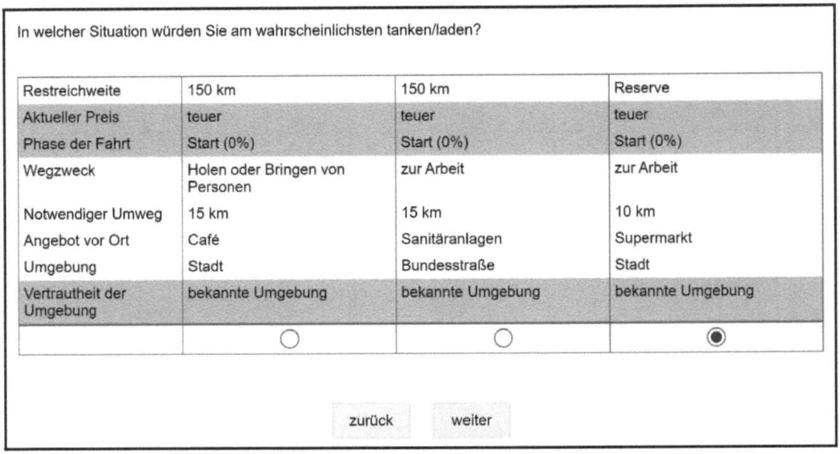

In welcher Situation würden Sie am wahrscheinlichsten tanken/laden?

Restreichweite	150 km	150 km	Reserve
Aktueller Preis	teuer	teuer	teuer
Phase der Fahrt	Start (0%)	Start (0%)	Start (0%)
Wegzweck	Holen oder Bringen von Personen	zur Arbeit	zur Arbeit
Notwendiger Umweg	15 km	15 km	10 km
Angebot vor Ort	Café	Sanitäranlagen	Supermarkt
Umgebung	Stadt	Bundesstraße	Stadt
Vertrautheit der Umgebung	bekannte Umgebung	bekannte Umgebung	bekannte Umgebung
	○	○	◉

zurück weiter

Abbildung 13.1.: Screenshot eines Choice-Tasks. Grau hinterlegt: Konstant gehaltene Attributausprägungen, die im Screeningtask als Must-have oder No-Go des Teilnehmers identifiziert wurden.

13.3. Stichprobe

Insgesamt gingen nach der Datenaufbereitung $N = 235$ Beantwortungen in die Analyse ein. 60% ($n = 140$) waren BEV-Nutzer, während die übrigen 40% ($n = 95$) ICEV-Nutzer waren. Wie in den vorherigen Studien unterschied sich die Gruppe der BEV-Nutzer signifikant hinsichtlich des Geschlechts ($\chi^2(1) = 38.61$, $p < .001$, $\phi = 0.41$). Während in der Gruppe der ICEV-Nutzer ein ausgeglichenes Geschlechterverhältnis vorlag, waren die BEV-Nutzer mehrheitlich männlich. Weiterhin und analog zu den früheren Studien waren die BEV-Nutzer signifikant älter ($t(192.13) = -4.32$, $p < .001$, Cohen's $d = -0.61$), hatten eine höhere jährliche Fahrleistung ($U = 4343.50$, $p < .001$, $r_{rb} = 0.35$) und wohnten zu einem größeren Anteil in ländlichen Regionen ($\chi^2(2) = 44.46$, $p < .001$, Cramer's $V = 0.44$) als ICEV-Nutzer. Anders als in den vorherigen Studien unterschieden sich BEV- und ICEV-Nutzer zwar auch signifikant hinsichtlich ihres Bildungsgrads ($U = 5365$, $p = .005$, $r_{rb} = 0.19$), jedoch hatten diesmal die ICEV-Nutzer im Mittel den höheren Bildungsabschluss mit einer hohen Hochschulabschlussquote. Während es bzgl. Risikobereitschaft keine Unterschiede zwischen den Gruppen gab, konnten für die BEV-Gruppe eine signifikant höhere Technikbereitschaft festgestellt werden ($t(233) = -4.73$, $p < .001$, Cohen's $d = -0.49$). Eine Übersicht über die Nutzercharakteristiken der beiden Gruppen ist in Abbildung 13.2 zu finden.

Tabelle 13.2.: Nutzercharakteristik der BEV- und ICEV-Nutzer (Mittelwerte, Standardabweichungen, Medianlevel und prozentuale Anteile)

	 **BEV-Nutzer**	 **ICEV-Nutzer**
n	140	95
Geschlecht		
männlich	89%	50%
weiblich	11%	50%
Alter in Jahren	$M = 46.64$ ($SD = 11.17$)	$M = 39.38$ ($SD = 12.73$)
Bildungsabschluss		
(Fach-)Hochschule	45%	62%
(Fach-)Hochschulreife	37%	30%
Mittlere Reife	18%	9%
Haushaltsnetto-einkommen (Medianlevel)	4000 – 5000 €	3000 – 4000 €
Jährliche Fahrleistung (Medianlevel)	15000 – 20000 km	10000 – 15000 km
Siedlungsdichte		
innerstädtisch	15%	58%
vorstädtisch	38%	23%
ländlich	47%	19%
Persönlichkeitsmerkmale		
Technikbereitschaft	$M = 3.64$ ($SD = 1.07$)	$M = 3.10$ ($SD = 1.07$)
Risikobereitschaft	$M = 3.89$ ($SD = 1.26$)	$M = 3.62$ ($SD = 1.27$)

13.4. Ergebnisse

Im Folgenden werden die Ergebnisse der Studie beginnend mit den Ergebnissen des BYO, sowie den Must-haves und No-Gos aus dem adaptiven der Conjointanalyse, vorgestellt. Anschließend liegt der Fokus auf den relativen Wichtigkeiten der

Szenarienattribute für die Entscheidung des Nutzers und auf Zusammenhängen zwischen den Wichtigkeiten der Attribute. Es folgt die Vorstellung der Teilnutzenwerte und die Betrachtung von Interaktionseffekten zwischen den Attributen. Bevor zuletzt exemplarische Marktsimulationen basierend auf den vermessenen Entscheidungskriterien durchgeführt werden, erfolgt die Ableitung und Prädiktion von Nutzerprofilen.

Zunächst kann jedoch festgestellt werden, dass das HB-basierte Schätzmodell eine ausreichende Güte aufwies, mit einer prozentualen Gewissheit (Pct. Cert.) von 79% und einer Modellpassung von $RLH = 0.84$ (Root Likelihood).

13.4.1. BYO, Must-haves und No-Gos

Bezüglich der optimalen Ladesituation (BYO) zeigt sich, dass die Hälfte und damit die Mehrheit der Teilnehmer bei einer Restreichweite von 50 km den optimalen Ladezeitpunkt sieht, während ca. ein Drittel der Teilnehmer ein Abfallen des Füllstands auf die Reserve bevorzugen würde (siehe Abbildung 13.2). Die restlichen Teilnehmer verteilen sich zu 14% auf 150km und zu 4% auf 300km Restreichweite als gewünschten Ladezeitpunkt. Hinsichtlich der Phase der Fahrt konnte festgestellt werden, dass mit 42% die Mehrheit der Teilnehmer gegen Ende der Fahrt bevorzugt nochmal Tanken/Laden würde, gefolgt von einem Nachfüllstopp zur Hälft der Fahrt. Nur eine Minderheit (5%) sieht zum ersten Viertel der Fahrt einen optimalen Zeitpunkt, während etwa ein Viertel der Teilnehmer Tanken/Laden idealerweise direkt zur Abfahrt bevorzugen würde. Beim Angebot vor Ort werden Sanitäranlagen bevorzugt, gefolgt von Supermärkten, Cafés und Restaurants.

Hinsichtlich der identifizierten Must-Haves fällt auf, dass keine der Attributausprägungen von mehr als 2% der Teilnehmer als absolute Notwendigkeit angeben wurde, während es einige No-Gos zu berichten gibt. Neben den erwartungsgemäßen, dass z.B. 39% der Teilnehmer einen teuren Preis als No-Go ablehnten oder 36% einen notwendigen Umweg von 15km verneinten, konnte auch festgestellt werden, dass 13% ein Nachfüllen zur Abfahrt und 10% ein Nachfüllen kurz nach dem Start der Fahrt als No-Go ablehnen. Weiterhin wollten 10% der Teilnehmer nicht auf dem Weg zur Arbeit und 8% der Teilnehmer nicht beim Bringen oder Holen von anderen Personen tanken oder laden, während dies für Einkaufsfahrten nur 4% und für Urlaubsfahrten nur 2% der Befragten angaben.

13.4.2. Relative Wichtigkeiten der Attribute für die Entscheidung

Beim Blick auf die relativen Wichtigkeiten der Szenarienattribute für die Entscheidungsfindung (siehe Abbildung 13.3) zeigt sich, das die Gewichtungen für BEV- und ICEV-Nutzer hinsichtlich der meisten Attribute vergleichbar war. Für beide

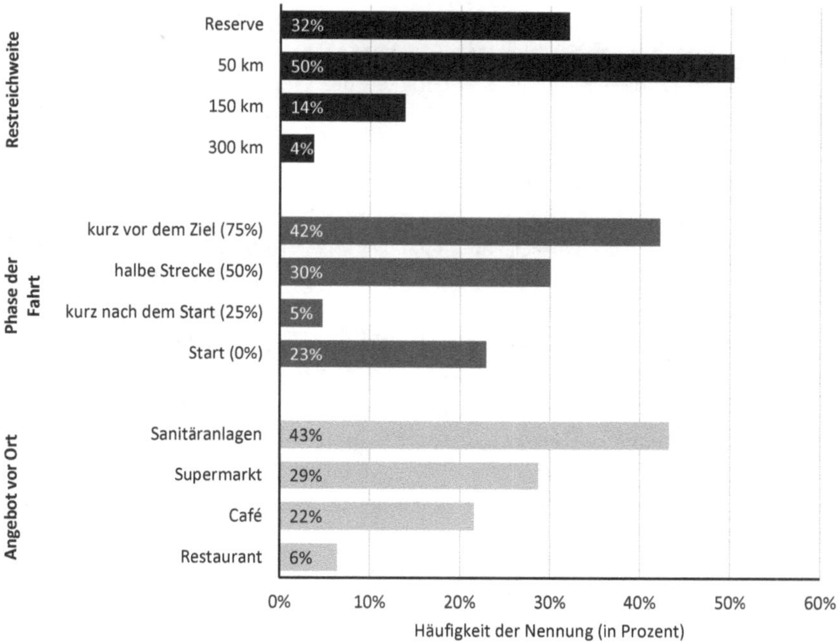

Abbildung 13.2.: Bevorzugte Attributausprägungen aus dem BYO (Prozentuale Häufigkeit der Nennung)

Gruppen war mit einem Anteil von 25% (BEV-Nutzer) bzw. 26% (ICEV-Nutzer) der aktuelle Preis des Kraftstoffs bzw. des Stroms das wichtigste Attribut. Entsprechend kann der Preis bei entsprechend als positiv wahrgenommener Gestaltung evtl. Nachteile bei allen anderen untersuchten Attributen kompensieren. Hinsichtlich des zweit- und drittwichtigsten Attributes folgten die ersten Unterschiede zwischen den Gruppen. Während für die BEV-Nutzer die Restreichweite wichtiger war als der notwendige Umweg, war dies für die ICEV-Nutzer umgekehrt, was dazu führte, dass die Restreichweite bei BEV-Nutzern einen signifikant höheren Anteil an der Entscheidungsfindung hatte, als bei ICEV-Nutzern ($t(233) = -4.81$, $p < .001$, Cohen's $d = -0.64$). Bei diesen hatte entsprechend der notwendige Umweg eine signifikant höhere Wichtigkeit als bei den BEV-Nutzern ($t(233) = 5.07$, $p < .001$, Cohen's $d = 0.67$). Diese nach absteigender Wichtigkeit ersten drei Attribute haben bei beiden Gruppen jeweils zusammen einen Anteil von ca. $\frac{2}{3}$ an der Entscheidungsfindung, was deutlich macht, dass positive oder negative Veränderungen an diesen drei Attributen sich zwar gegenseitig weitestgehend kompensieren können, aber wenn die konkrete Ausprägung dieser drei Attribute als schlecht oder unpassend durch den Nutzer empfunden wird, eine Kompensation durch die restlichen bisher noch nicht betrachteten Attribute nicht mehr möglich ist.

Im Hinblick auf die empfundene Wichtigkeit des Wegzwecks konnte kein signifikanter Unterschied festgestellt werden. Bei beiden Gruppen machte der Wegzweck 11% an der Entscheidungsfindung aus. Für die aktuelle Phase der Fahrt konnte hinsichtlich der Wichtigkeit mit 10% (BEV-Nutzer) bzw. 8% (ICEV-Nutzer) eine vergleichbare Größenordnung wie beim Wegzweck festgestellt werden, jedoch war dieses Attribut für BEV-Nutzer signifikant wichtiger ($t(233) = -4.68$, $p < .001$, Cohen's $d = 0.62$), auch wenn es dadurch nicht zu Reihenfolgenumkehrungen kam. Keine signifikanten Unterschiede konnten für die Art der Umgebung und das Angebot vor Ort festgestellt werden. In beiden Gruppen machten die beiden Attribute jeweils 5-6% an der Entscheidungsfindung aus. Für das am wenigsten wichtige Attribut des Szenarios, die Vertrautheit der Umgebung, konnte ein schwacher Effekt der Gruppenzugehörigkeit festgestellt werden ($t(233) = 2.17$, $p = .031$, Cohen's $d = 0.29$). Für ICEV-Nutzer hatte die Vertrautheit der Umgebung einen signifikant höheren Anteil an der Entscheidung, wenn der Mittelwertunterschied auch gering ($< 1\%$) war.

Neben den absoluten Wichtigkeiten der Attribute für die Entscheidung konnten unabhängig vom BEV-/ICEV-Vergleich auch signifikante Korrelationen zwischen den Wichtigkeiten der Attributen festgestellt werden (siehe Tabelle 13.3). Besonders ist dabei die Restreichweite zu nennen, die signifikant mit allen anderen Attributen zusammenhängt, mit Ausnahme der Umgebung, in der die Fahrt stattfindet. Je höher die Wichtigkeit der Restreichweite für den Nutzer ist, desto weniger wichtig werden der aktuelle Preis, notwendige Umweg, der Wegzweck, die Phase der Fahrt , das Angebot vor Ort und die Vertrautheit der Umgebung. Auch der aktuelle Preis weist hinsichtlich der Wichtigkeit für die Entscheidungsfindung einige signifikante Zusammenhänge mit anderen Attributen auf. Je wichtiger der Preis empfunden wird, desto weniger wichtig werden - wie bereits genannt - Restreichweite, notwendiger Umweg, Wegzweck und die Umgebung der Fahrt. Andere Attribute hingegen sind in Ihrer Wahrnehmung unabhängiger von den anderen. Zum Beispiel konnten bei der Art der Umgebung nur signifikante Zusammenhänge mit dem aktuellen Preis und dem Angebot vor Ort festgestellt werden. Je stärker die Art der Umgebung in die Entscheidung des Teilnehmers einfließt, desto stärker auch die Bedeutung des Angebots vor Ort, aber desto geringer die Wichtigkeit des aktuellen Preises.

13.4.3. Teilnutzenwerte der Attributausprägungen

Neben den relativen Wichtigkeiten der Attribute ergeben sich aus der Conjoint-Analyse auch sogenannte Teilnutzenwerte für die Merkmalsausprägungen (siehe

Tabelle 13.3.: Pearson's r Korrelationskoeffizienten für die relativen Wichtigkeiten der Szenarienattribute (* entspricht $p < .05$, ** entspricht $p < .01$, *** entspricht $p < .001$).

	Aktueller Preis	Restreichweite	Notwendiger Umweg	Wegzweck	Phase der Fahrt	Umgebung	Angebot vor Ort	Vertrautheit der Umgebung
Aktueller Preis	—							
Restreichweite	-.304 ***	—						
Notwendiger Umweg	-.330 ***	-.442 ***	—					
Wegzweck	-.202 **	-.217 ***	-.156 *	—				
Phase der Fahrt	-.088	.171 **	-.422 ***	-.041	—			
Umgebung	-.153 *	-.102	-.088	.005	-.102	—		
Angebot vor Ort	-.087	-.251 ***	-.101	.127	-.077	.129 *	—	
Vertrautheit der Umgebung	.087	-.322 ***	.148 *	-.062	-.361 ***	.003	-.020	—

Abbildung 13.4). Diese sind ein Maß dafür, inwieweit die einzelnen Ausprägungen zur Entscheidung für einen Tank- bzw. Ladestopp beitragen. Negative Werte entsprechen dabei keiner Ablehnung, sondern entstehen durch die Nullpunktzentrierung. Auf die Vorstellung der Teilnutzenwerte für Attribute mit natürlicher Hierarchie oder offensichtlichem Ergebnis (Preis, Umweg, Restreichweite, Vertrautheit der Umgebung) wird im Folgenden verzichtet. Es werden außerdem nur Teilnutzenwerte der Attributausprägungen vorgestellt und nicht die, die auf Interaktionseffekten beruhen. Letztere fließen allerdings in die spätere Marktsimulation mit ein.

Es fällt zunächst auf, dass Urlaubsfahrten als Wegzweck den höchsten Teilnutzenwert für Nachfüllentscheidung aller Wegzwecke hatten, was bedeutet, dass Tanken/Laden auf Urlaubsfahrten am ehesten akzeptiert werden. Es folgen Einkaufsfahrten und den Abschluss bilden Fahrten zur Arbeit und zum Bringen bzw. Holen von Personen. Zwischen BEV-Nutzern und ICEV-Nutzern lag nur hinsicht-

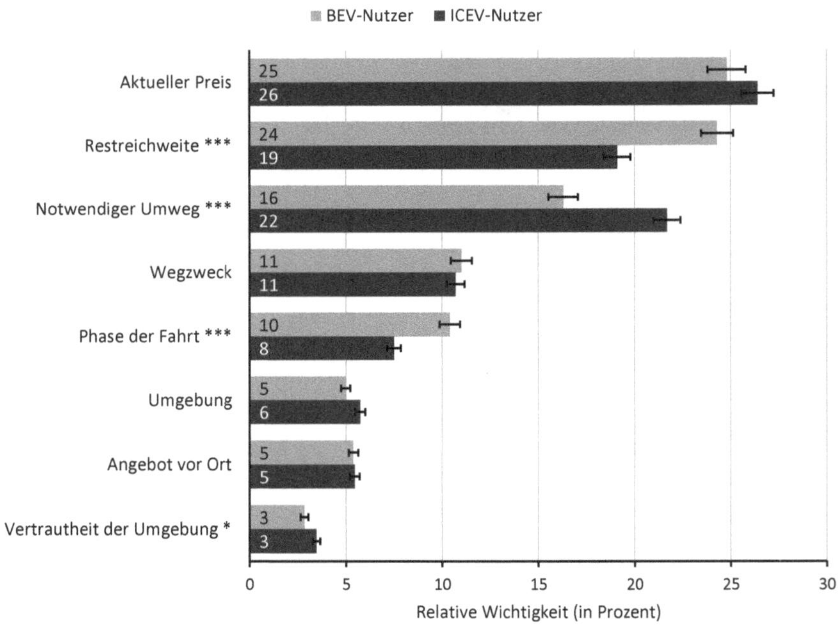

Abbildung 13.3.: Relative Wichtigkeiten der Attribute für die Entscheidungsfindung in Prozent (Mittelwerte und Standardfehler) unterschieden nach BEV- und ICEV-Nutzern (* entspricht $p < .05$, *** entspricht $p < .001$) bei signifikanten Unterschieden)

lich der Teilnutzenwerte der Ausprägung *Arbeit* ein signifikanter Unterschied vor ($t(233) = 2.50$, $p = .013$, Cohen's $d = 0.33$). ICEV-Nutzer würden eher auf dem Weg zur Arbeit tanken, als BEV-Nutzer laden.

Bezüglich der Phase der Fahrt ergibt eine individuelle Prüfung der Gruppenunterschiede der Teilnutzenwerte keinen Sinn, da bereits für die relative Wichtigkeit des Attributs ein signifikanter Unterschied vorlag und damit auch die Teilnutzenwerte unterschiedlich sein müssen. Es zeigt sich aber, dass sich die Reihenfolge der Attributausprägungen zwischen den Gruppen unterscheidet. Während BEV-Nutzer Laden auf *halber Strecke*, vor *kurz vor dem Ziel*, vor *zum Start*, vor *kurz nach dem Start bevorzugen würden*, kehren sich die Mittelpositionen bei ICEV-Nutzern um, heißt, dass diese eher *zum Start* als *kurz vor dem Ziel tanken würden*.

Signifikante Unterschiede zwischen den Gruppen lagen auch für die Teilnutzenwerte der Ausprägungen *Autobahn* ($t(233) = -4.16$, $p < .001$, Cohen's $d = -0.55$) und *Stadt* ($t(233) = 3.12$, $p = .002$, Cohen's $d = 0.41$) der Umgebung der Fahrt vor. Während sich das Nachfüllen an der Autobahn für BEV-Nutzer als zweitbeste Option ergibt, schließt diese Attributsausprägung für ICEV-Nutzer die Rangfolge ab und erhält die geringsten Teilnutzenwerte. Für beide Gruppen ist das Nachfüllen in der Stadt die beste Option, gleichwohl die Teilnutzenwerte im ICEV-Kontext signifikant höher sind.

Hinsichtlich der Angebote vor Ort zeigt sich, dass für ICEV-Nutzer Sanitäranlagen den höchsten Stellenwert für eine Tankentscheidung haben, während dies für BEV-Nutzer Supermärkte haben. Insbesondere die unterschiedliche Gewichtung von Sanitäranlagen zwischen den Gruppen ist dabei signifikant mit $t(233) = 4.48$, $p < .001$, Cohen's $d = 0.60$. Beide Gruppen unterscheiden sich nicht in der Hinsicht, dass Cafés und Restaurants, also Gastronomie, die geringsten Teilnutzenwerte der Angebote vor Ort aufweisen.

13.4.4. Interaktionen zwischen den Attributen

Zusätzlich zu den relativen Wichtigkeiten und Teilnutzenwerten auf Basis der Haupteffekt der Attribute konnten verschiedene signifikante Interaktionseffekte festgestellt werden (siehe Tabelle 13.4). Den größten Einfluss auf die Vorhersagegenauigkeit haben dabei Interaktionseffekte zwischen dem notwendigen Umweg und anderen Attributen. So sind die stärksten Effekte für die Interaktion zwischen dem aktuellen Preis und dem notwendigen Umweg (+43%), gefolgt von der Interaktion zwischen dem notwendigen Umweg und der Vertrautheit der Umgebung (+30%), sowie zwischen den Wegzweck und dem notwendigen Umweg zu finden (+19%). Da der notwendige Umweg durch die Positionierung der Ladeinfrastruktur (konkrete Position, Netzdichte) beeinflusst wird, lohnt hier ein genauerer Blick auf die Interaktionen. Dazu werden exemplarisch die vier stärksten Interaktionseffekte

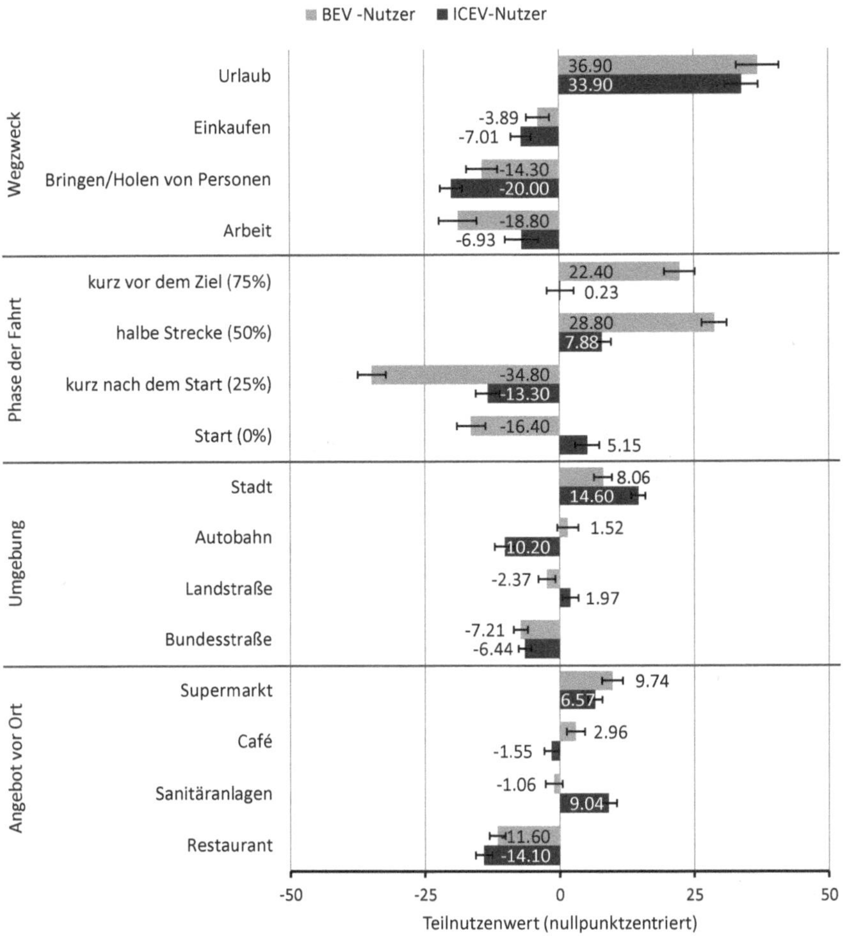

Abbildung 13.4.: Teilnutzenwerte (nullpunktzentriert) der Attributausprägungen zu Wegzweck, Phase der Fahrt, Umgebung und Angebot vor Ort jeweils unterschieden nach BEV- und ICEV-Nutzern.

unter Beteiligung des notwendigen Umwegs vorgestellt.

Wie aus Abbildung 13.5a ersichtlich wird, liegen annähernd parallele Verläufe der Teilnutzenwerte der notwendigen Umwege für die Entscheidung vor, wenn man nur die Preisstufen *kostenlos* bis *durchschnittlich* betrachtet. Gleichzeitig ist eine Zunahme des positiven Einflusses auf die Entscheidung mit abnehmendem Preis ersichtlich, was bedeutet, dass die Teilnehmer grundsätzlich in Abhängigkeit vom

Tabelle 13.4.: Signifikante Interaktionseffekte der Szenarienattribute (Signifikanzwerte und Zunahme Vorhersagegenauigkeit (Prozentuale Gewissheit: Pct. Cert.) gegenüber dem reinen Haupteffektmodell)

Interaktion	p	Zunahme Pct. Cert.
Restreichweite x Aktueller Preis	.027	4%
Restreichweite x Phase der Fahrt	$< .001$	11%
Restreichweite x Wegzweck	$< .001$	12%
Restreichweite x Notwendiger Umweg	$< .001$	7%
Restreichweite x Angebot vor Ort	$< .001$	8%
Restreichweite x Umgebung	$< .001$	15%
Restreichweite x Vertrautheit der Umgebung	$< .001$	6%
Aktueller Preis x Phase der Fahrt	$< .001$	8%
Aktueller Preis x Wegzweck	.002	12%
Aktueller Preis x Notwendiger Umweg	**$< .001$**	**43%**
Aktueller Preis x Angebot vor Ort	$< .001$	18%
Phase der Fahrt x Wegzweck	$< .001$	17%
Phase der Fahrt x Notwendiger Umweg	**$< .001$**	**15%**
Phase der Fahrt x Angebot vor Ort	.015	5%
Phase der Fahrt x Umgebung	$< .001$	11%
Phase der Fahrt x Vertrautheit der Umgebung	.002	4%
Wegzweck x Notwendiger Umweg	**$< .001$**	**19%**
Wegzweck x Angebot vor Ort	.033	8%
Wegzweck x Umgebung	.017	9%
Notwendiger Umweg x Umgebung	.009	5%
Notwendiger Umweg x Vertrautheit der Umgebung	**$< .001$**	**30%**

Preis zu größeren Umwegen bereit waren. Für die Preisstufe *teuer* ist die klare Unterscheidung in der Bedeutung der unterschiedlichen Umwege für die Tank- oder Ladeentscheidung nicht mehr gegeben.

Die Interaktion zwischen dem notwendigen Umweg und der Vertrautheit der Umgebung (siehe Abbildung 13.5b) zeigt zunächst, dass ein Umweg von *15km* durch die Teilnehmer unabhängig von der Vertrautheit der Umgebung gleich wahrgenommen wird. Abgesehen davon reduziert eine unbekannte Umgebung die wahrgenommenen Unterschiede zwischen den Umwegabstufungen. Teilnehmer sehen entsprechend größere Unterschiede zwischen verschieden langen Umwegen in Abhängigkeit davon, ob ihre Fahrt in einer bekannten oder einen unbekannten Umgebung durchführen.

Hinsichtlich der Interaktion zwischen dem Umweg und dem Wegzweck ergibt sich ein diverseres Bild (13.5c). Zunächst ist ersichtlich, dass erneut ein Umweg von *15km* unabhängig vom Wegzweck ähnlich wahrgenommen wird. Weiterhin zeigt sich, dass auf Urlaubsfahrten Umwege einen positiveren Einfluss auf die Tank-/Ladeentscheidung haben, also eher akzeptiert werden. Bei diesem Wegzweck erfolgt auch eine klare Unterscheidung aller Umweglängen durch die Teilnehmer. Beim Wegzweck Arbeit hebt sich nur noch ein Umweg von *2km* ab, während alle anderen einen vergleichbaren und weniger positiven Beitrag zur Entscheidungsfindung liefern. Bei Einkaufsfahrten entfällt auch diese klare Unterscheidung, was dazu führt, dass alle Umweglängen vergleichbar bei der Entscheidung wirken. Beim Bringen bzw. Holen von Personen ergibt sich ein anderes Bild. Hier besteht insgesamt die niedrigste Bereitschaft, Umwege zu akzeptieren, während dieser Kontext nur einen geringeren Einfluss auf die Wahrnehmung des potentiell längsten Umwegs hat.

Die Wahrnehmung von Umwegen unterscheidet sich für die meisten Umweglängen auch in Abhängigkeit von der aktuellen Phase der Fahrt (siehe Abbildung 13.5d). Grundsätzlich wird die Wahrnehmung positiver mit Fortschreiten der Fahrt, so dass die Umwegbereitschaft im letzten Viertel der Fahrt am höchsten ist. Dies gilt jedoch nicht für einen kleinen Umweg von *2km*, da dieser durch die Teilnehmer unabhängig von der Phase der Fahrt immer gleich wahrgenommen wurde. Die Unterscheidung der anderen Umweglängen hinsichtlich der Tank- oder Ladeentscheidung ist in Abhängigkeit der Phase der Fahrt eher gering.

13.4.5. Nutzerprofile und Prädiktion

Durch eine k-Means-Clusteranalyse konnten zwei unterscheidbare Nutzerprofile auf Basis der relativen Wichtigkeiten der Szenarienattribute für die Entscheidungsfindung identifiziert werden ($R^2 = 0.175$). Diese entsprachen jedoch weitestgehend der Aufteilung zwischen BEV- und ICEV-Nutzern, sodass sich die Profile im wesentlichen dadurch unterschieden, dass für Profil 1 die Restreichweite das wichtigste Entscheidungskriterium war, während für Profil 2 der notwendige Umweg den größten Einfluss auf eine Aufffüllentscheidung hatte. Entsprechend war die genutzte Antriebsart der größte Prädiktor für die Gruppenzugehörigkeit, gefolgt vom Wohnort der Teilnehmer (siehe Tabelle 13.5), wobei dieser so wirkte, dass je ländlicher die Siedlungsstruktur des Teilnehmers war, desto eher war dieser dem Profil, welches Restweiten gegenüber notwendigen Umwegen bei der Entscheidungsfindung priorisierte, zuzuordnen. Insgesamt hatte dieses signifikante Prädiktionsmodell ($\chi^2(3) = 43.7, p < .001$, McFadden's $R^2 = 0.142$) eine Vorhersagegenauigkeit von 69% ($Spezifität = 71\%$, $Sensitivität = 66\%$).

13.4.6. Marktsimulation

Im Folgenden sollen exemplarisch zwei Marktsimulationen mit Schwerpunkt auf Umwegen und Wegzwecken durchgeführt werden, um zu verdeutlichen, wie sich unterschiedliche Attributausprägungen kompensieren können und wie sich die Nut-

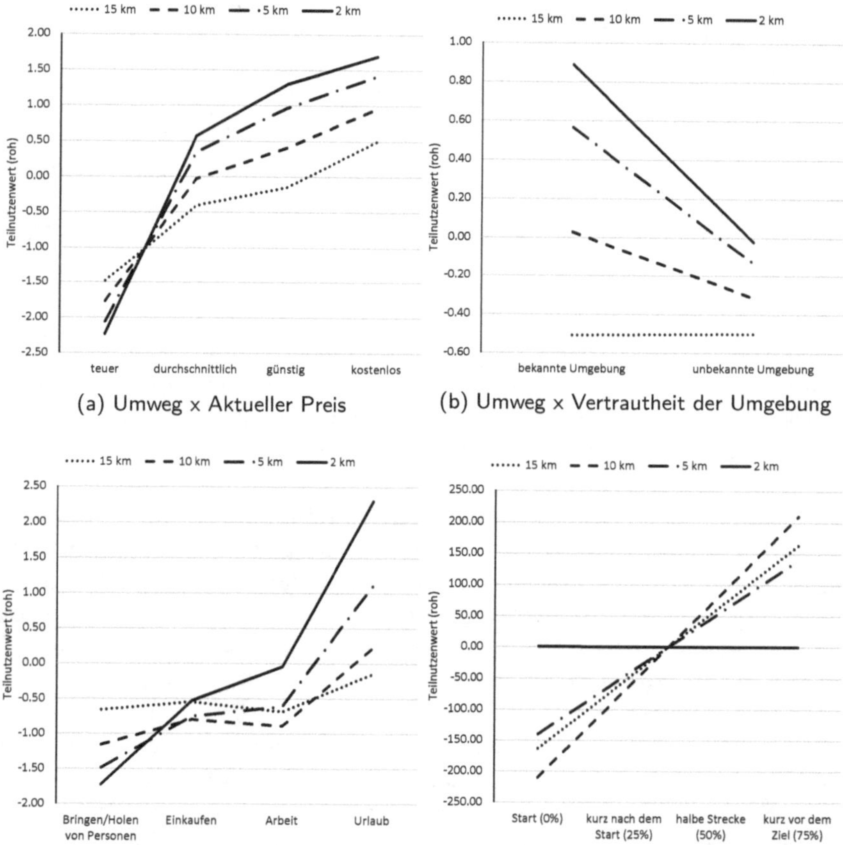

(a) Umweg x Aktueller Preis

(b) Umweg x Vertrautheit der Umgebung

(c) Umweg x Wegzweck

(d) Umweg x Phase der Fahrt

Abbildung 13.5.: Interaktionseffekte zwischen dem notwendigen Umweg und anderen Attributen (Rohteilnutzenwerte basierend auf der Summe der Haupteffekte beider Attribute und dem Interaktionseffekt; nicht nullzentriert, daher nur zur Beschreibung der einzelnen Interaktion, aber in der Größenordnung nicht zum Vergleich verschiedener Interaktionen geeignet.)

Tabelle 13.5.: Prädiktionsmodell (binomiale logistische Regression) für die identifizierten Nutzerprofile auf Basis der Gewichtung der Entscheidungskriterien (Interzept, Regressionskoeffizient, Standardfehler und Signifikanzwert)

Prädiktor	Estimate	SE	Z	p
Interzept	-0.59	0.34	-1.76	.079
Nutzergruppe:				
BEV-Nutzer - ICEV-Nutzer	1.46	0.32	4.55	$< .001$
Wohnort:				
... in einem Vorort. – ... in der Innenstadt.	-0.78	0.36	-2.20	.028
... auf dem Land. – ... in der Innenstadt.	-0.98	0.36	-2.63	.009

zerpräferenzen auf verschiedene Tank-/Ladeangebote verteilen. Auch wenn komplexere Szenarien möglich wären, wird sich aus Gründen der Nachvollziehbarkeit in dieser Arbeit auf die Variation von jeweils zwei Faktoren beschränkt, während die anderen Faktoren konstant gehalten werden.

Szenario 1 - Kompensation Umweg durch Preis Zunächst soll ein Szenario betrachtet werden, indem versucht wird, eine schlechte Positionierung und den damit verbundenen Umweg durch einen für den Nutzer attraktiveren Preis zu kompensieren, wofür drei Auffüllangebote - ein teures, aber nahes, ein günstiges, aber fernes und ein durchschnittliches - definiert wurden (siehe Tabelle 13.6).

Aus der Marktsimulation zeigt sich, zunächst, dass die Variante *„teuer, aber nah"* für keine der beiden Nutzergruppen eine relevante Option ist (siehe Tabelle 13.7), da diese nur 3% bzw. 4% präferieren würden. Hinsichtlich der Präferenz der anderen beiden Angebote unterscheiden sich BEV- und ICEV-Nutzer. Während BEV-Nutzer höhere Umwege in Kauf nehmen würden, um einen günstigeren Preis zu bekommen, wenden sich ICEV-Nutzer eher dem durchschnittlichen Angebot zu. Insgesamt können die definierten Angebote knapp die Hälfte der Stichprobe nicht überzeugen, was z.B. an anderen Präferenzen zum Auffüllzeitpunkt, am Wegzweck oder anderem liegen kann.

Szenario 2 - Ladezeitpunkt in Abhängigkeit vom Wegzweck Im zweiten Marktsimulationsszenario werden die Ladezeitpunkte in Abhängigkeit vom Wegzweck betrachtet. Dazu wurden für jeden Wegzweck vier Angebote definiert, die sich nur hinsichtlich der Phase der Fahrt unterschieden (je eine Phase pro Angebot), während die übrigen Parameter dem Szenario mit einem geringen Umweg und durchschnittlichen Kosten entsprachen. Das Ergebnis der Marktsimulation ist in

Tabelle 13.6.: Marktsimulation zur Kompensation von Umweg durch Preis (grau hinterlegt: zwischen den Szenarien konstante Attributsausprägungen)

Attribut	Tank-/Ladeangebote in Simulation		
	„günstig, aber fern"	*„durchschnittlich"*	*„teuer, aber nah"*
Aktueller Preis	günstig	durchschnittlich	teuer
Restreichweite	50 km	50 km	50 km
Notwendiger Umweg	10 km	5 km	2 km
Wegzweck	Urlaub	Urlaub	Urlaub
Phase der Fahrt	kurz vor dem Ziel (75%)	kurz vor dem Ziel (75%)	kurz nach dem Start (75%)
Angebot vor Ort	Sanitäranlagen	Sanitäranlagen	Sanitäranlagen
Umgebung	Autobahn	Autobahn	Autobahn
Vertrautheit der Umgebung	unbekannte Umgebung	unbekannte Umgebung	unbekannte Umgebung

Tabelle 13.7.: Verteilung der BEV-/ICEV-Nutzer auf die Angebote in der Marktsimulation

Angebot	BEV-Nutzer	ICEV-Nutzer
„günstig, aber fern"	28%	17%
„durchschnittlich"	22%	27%
„teuer, aber nah"	3%	4%
keines der Angebote ist eine Option	47%	52%

Abbildung 13.6 zu sehen. Es wird deutlich, dass die Mehrheit beider Nutzergruppen unabhängig vom Wegzweck ein Laden bei halber Strecke bevorzugen würde, wobei BEV-Nutzer für diesen Zeitpunkt höhere Präferenzanteile aufweisen. Umgekehrt finden sich erneut unabhängig vom Wegzweck höhere Präferenzen für ein Auffüllen unmittelbar bei Abfahrt bei ICEV-Nutzern im Vergleich zu BEV-Nutzern. Die Variationen zwischen den Wegzwecken waren insgesamt niedrig, wobei bei den Wegzwecken Urlaub und Arbeit die Präferenzen beider Gruppen etwas mehr Richtung Auffüllen bei halber Strecke und weg von Auffüllen bei Start oder kurz vor dem Ziel gingen.

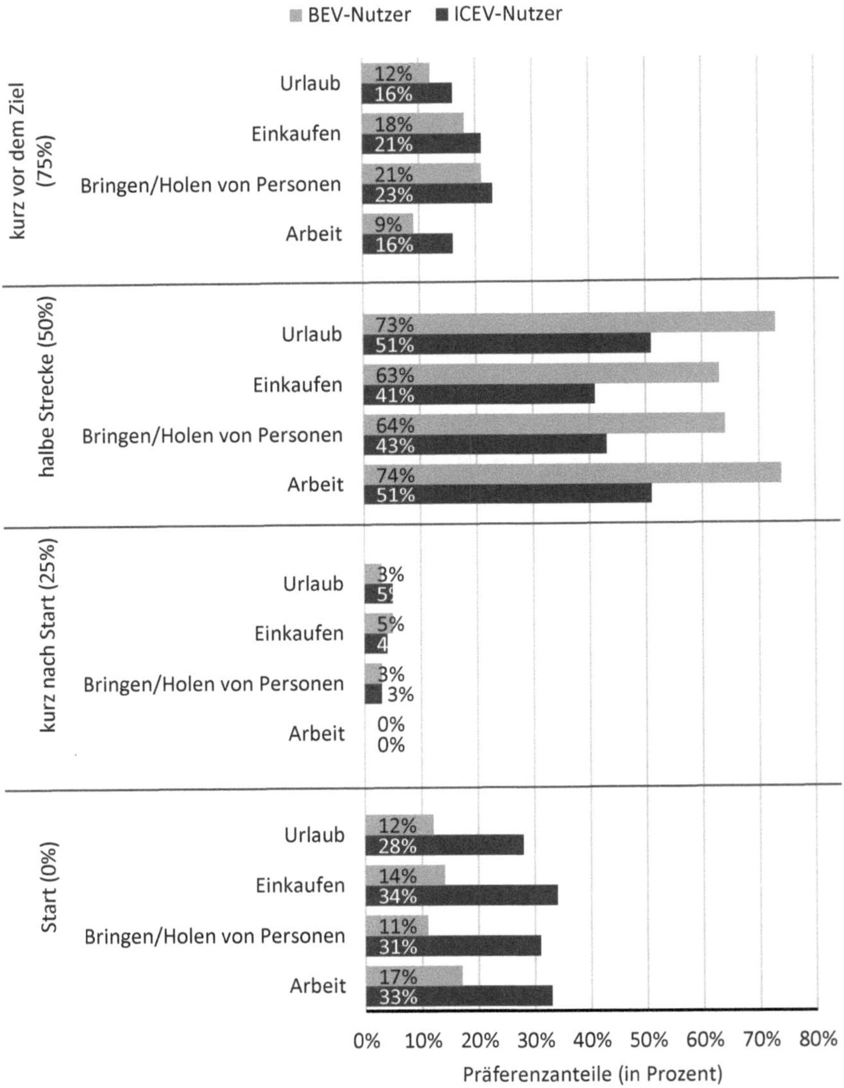

Abbildung 13.6.: Prozentuale Präferenzanteile der Nutzer in Abhängigkeit von Wegzweck und Phase der Fahrt unterschieden nach BEV- und ICEV-Nutzern (Marktsimulationsszenario 2, ohne „keine Option")

13.5. Zusammenfassung der zentralen Erkenntnisse

Zusammenfassend lassen sich folgende Erkenntnisse der fünften Studie festhalten:

- ➡ Keines der untersuchten Szenarienattribute war ein Must-Have für die Teilnehmer, aber Umwege von $15km$, sowie Tanken-/Laden auf dem Weg zur Arbeit oder beim Bringen/Holen von anderen Personen, waren für einen Teil der Befragten ein absolutes No-Go.
- ➡ In einer idealen, gewünschten Tank-/Ladesituation ohne Trade-offs würde die Mehrheit der Teilnehmer bei einer Restreichweite von $50km$, eher bei halber Strecke oder kurz vor dem Ziel auffüllen, wobei Sanitäranlagen und Einkaufsmöglichkeiten vor Ort gegenüber der Gastronomie bevorzugt würden.
- ➡ Der aktuelle Preis, die Restreichweite und der notwendige Umweg wurden als die wichtigsten Entscheidungskriterien der Teilnehmer identifiziert, wobei für BEV-Nutzer die Restreichweite wichtiger als der Umweg war und für ICEV-Nutzer umgekehrt.
- ➡ Insbesondere auf Urlaubsfahrten oder in städtischen Szenarien wird Nachfüllen akzeptiert.
- ➡ Es lassen sich zwei Nutzerprofile hinsichtlich der Entscheidungskriterien identifizieren, die aber größtenteils identisch mit den Antriebsartengruppen sind. Als weiterer Prädiktor konnte nur die Siedlungsstruktur des Wohnortes identifiziert werden.
- ➡ Es liegen Interaktionen zwischen dem notwendigen Umweg und z.B. dem Wegzweck vor. Auf Urlaubsfahrten werden Umwege weniger negativ gesehen, während diese insbesondere beim Bringen/Holen von Personen vermieden werden.
- ➡ Höhere Umwege lassen sich durch finanziell attraktivere Preise tw. kompensieren, wobei BEV-Nutzer eher bereit sind Umwege für einen günstigeren Preis in Kauf zu nehmen als ICEV-Nutzer.
- ➡ Der präferierte Zeitpunkt (Phase der Fahrt) des Tanken/Ladens ist größtenteils unabhängig vom Wegzweck.

Teil IV.

Einordnung der Ergebnisse und Handlungsempfehlungen

Im folgenden vorletzten Teil der Arbeit sollen die Ergebnisse der Studien eingeordnet und diskutiert werden, bevor Handlungsempfehlungen abgeleitet werden. Dazu erfolgt zunächst eine Diskussion der Unterschiede zwischen BEV- und ICEV-Nutzern, bevor die Themen Reichweitenangst und Nutzerdiversität adressiert werden. Anschließend wird das methodische Vorgehen kritisch reflektiert und Grenzen der Arbeit, sowie daraus resultierende offene Fragen, thematisiert. Zuletzt werden Ansätze für zukünftige Forschung und die Bedeutung der Ergebnisse für die Infrastrukturplanung erarbeitet.

14. BEV- und ICEV-Nutzer im Vergleich

Zunächst liegt der Fokus auf dem zentralen Thema der Arbeit, dem Vergleich zwischen tatsächlichen BEV-Nutzern und den potentiell zukünftigen Nutzern, die derzeit jedoch noch Fahrzeuge mit Verbrennungsmotoren nutzen. Wie die vorgestellten Studien gezeigt haben, unterscheiden diese beiden Gruppen sich signifikant hinsichtlich vieler Aspekte, weswegen eine detaillierte Diskussion in den drei Themenfeldern *Wahrnehmung*, *Anforderungen* und *Verhalten* sinnvoll ist. Zunächst werden die Nutzergruppen jedoch hinsichtlich Ihrer Charakteristik betrachtet.

14.1. Nutzercharakteristik

Auch zu den Zeitpunkten der Befragung unterschieden sich BEV- und ICEV-Nutzer hinsichtlich ihrer sozio-demographischen Merkmale analog zu Frenzel et al. (2015), Peters und Dütschke (2014) und Trommer et al. (2015). In allen Studien fuhren mehr Männer als Frauen E-Fahrzeuge. Im Durchschnitt waren die BEV-Nutzer in dieser Arbeit etwas älter als die ICEV-Nutzer, was jedoch auch daran liegt, dass die BEV-Gruppen in den Stichproben kaum echte Fahranfänger enthielten, die erst vor wenigen Jahren ihre Fahrerlaubnis erhalten haben, was hingegen bei den ICEV-Nutzern der Fall war und entsprechend das Durchschnittsalter reduziert.

Die BEV-Nutzer hatten weiterhin in einigen der vorgestellten Studien einen höheren Bildungsgrad, in anderen nicht. Hier kann es aufgrund der Akquisemethode jedoch zu Verzerrungen gekommen sein, indem ICEV-Nutzer ggf. verstärkt aus dem universitären Umfeld und damit tendenziell mit höherem Bildungsgrad akquiriert wurden. Aufgrund der angeführten Studien im Stand der Forschung ist jedoch aktuell weiterhin mit einem höheren Bildungsgrad der BEV-Nutzer zu rechnen.

Hinsichtlich des durchschnittlichen Haushaltseinkommens war das Bild eindeutiger. BEV-Nutzer gaben in allen Stichproben ein signifikant höheres Haushaltseinkommen an. Ebenso wohnten BEV-Nutzer tendenziell ländlicher und seltener innerstädtisch als ICEV-Nutzer, was zunächst verwunderlich ist, da die gefahrenen Distanzen in Gebieten mit niedriger Siedlungsstruktur durchschnittlich höher sind (Nobis & Kuhnimhof, 2018) und daher Reichweitenthemen relevanter sein sollten. Jedoch hängt auch die Art der Bebauung mit der Siedlungsstruktur zusammen, in dem Sinne, das in ländlichen Regionen seltener größere Mehrfamilienhäuser zu finden sind, die gegenüber Einfamilienhäuser seltener die Möglichkeit bieten, E-Fahrzeuge privat zu laden. So konnte auch die Mehrheit der befragten E-Fahrzeugnutzer in allen Studien das BEV zusätzlich zur Nutzung öffentlicher Ladeinfrastruktur zuhause laden, während die ICEV-Nutzer diese Option, vermutlich mangels Stellplatz in Privatbesitz, häufiger verneinten.

Hinsichtlich der jährlichen Fahrleistungen gaben die befragten BEV-Nutzer höhere Distanzen an, als die ICEV-Nutzer. Dies passt einerseits zu den ländlicheren Wohnorten der BEV-Nutzer, verdeutlicht andererseits aber auch, dass BEV nicht nur für einen selteren Kurzstreckeneinsatz genutzt werden, sondern ähnlich intensiv gefahren werden wie ICEV und trotz Reichweitenlimitierungen gleiche oder sogar höhere Distanzen pro Jahr zurücklegen. Das BEV ist zumindest in den vorliegenden Stichproben kein Gelegenheitsfahrzeug.

Hinsichtlich der betrachteten Persönlichkeitsmerkmale zeigte sich zwar, das BEV-Nutzer im Vergleich zu ICEV-Nutzern eine etwas höhere Technik- und Risikobereitschaft zeigen, die Ausprägungen aber bei beiden Gruppen in einer ähnlichen Größenordnung liegen. Somit kann nicht davon gesprochen werden, dass BEV-Nutzer besonders technikoffen sind, während ICEV-Nutzer dies nicht seien. Eine praktische Relevanz ist daher nicht zu erwarten, was im späteren Verlauf in der Diskussion der anderen Nutzerfaktoren noch weiter ausgeführt wird.

14.2. Wahrnehmung

Hinsichtlich der Eigenschaften, die BEV- und ICEV-Nutzer jeweils dem Tank- bzw. Ladevorgang zuschreiben, waren die gefundenen Unterschiede gering, was insbesondere in der ähnlichen Sicht auf den Tankvorgang erkenntlich ist. Zwar lagen dabei einige signifikante Unterschiede vor, wie z.B. dass ICEV-Nutzer das Tanken als einfacherer, vertrauter und sicherer wahrnahmen, als BEV-Nutzer dies taten, jedoch hatten alle Zuschreibungen beider Gruppen die gleiche Tendenz. Wenn ICEV-Nutzer eine positive Zuschreibung vornahmen, taten dies auch ICEV-Nutzer und ebenso im umgekehrten Fall bei negativen Zuschreibungen. Das einzige Begriffspaar, für das dies nicht zutraf, war die Einschätzung, ob Tanken bequem oder unbequem ist, wo die Wahrnehmung der ICEV-Nutzer zu bequem tendierte, während BEV-Nutzer Tanken eher unbequem wahrnahmen. Allerdings war auch dieser Unterschied gering, da beide Zuschreibungen nahe am Skalenmittelpunkt erfolgten.

Es kann aufgrund der Strichprobencharakteristik davon ausgegangen werden, dass beide Gruppen Tankvorerfahrung haben, also die Wahrnehmung des Tankens bei einer Gruppe nicht durch fehlendes Domänenwissen oder fehlende Vorerfahrung beeinflusst wird. Weiterhin haben BEV-Nutzer noch zusätzlich die Erfahrung des Ladens als Kontrastprozess. Aus der dennoch vergleichbaren Wahrnehmung lässt sich schlussfolgern, das Domänenwissen oder Erfahrung mit dem Laden nicht die Nutzersicht auf das Tanken signifikant verändert, sondern diese davon unabhängig ist. Es gilt also nicht, dass die Erfahrung des „Neuen" die Wahrnehmung des „Alten" relevant verändert. Weiterhin lag beim Tanken auch keine Verklärung im Sinne einer positiveren Sicht des eigenen Füllprozesses vor. Beide Nutzergruppen unterschieden sich z.B. nicht signifikant in der Wahrnehmung des Tankens als eher schmutzig und umweltschädigend.

Bei der Betrachtung der Wahrnehmung des Ladevorgangs ergibt es ein etwas anderes Bild, da BEV-Nutzer das Laden hinsichtlich aller Attribute positiver sehen als ICEV-Nutzer. Auf Basis der vorliegenden Daten kann jedoch nicht unterschieden werden, welchen Anteil daran vorhandenes Domänenwissen und welchen Anteil praktische Erfahrung mit dem Ladevorgang hat. Es ist bekannt, dass sowohl Vorwissen (Ziefle et al., 2014) als auch die bloße experimentelle Erprobung des Ladevorgangs (Gebauer et al., 2016) die generelle Einstellung gegenüber BEV positiv beeinflusst und dies ist hier auch für die Einstellung gegenüber dem Ladevorgang selbst anzunehmen. Da die Profillinien der Wahrnehmung beider Gruppen jedoch annähernd parallel und nur etwas verschoben verlaufen, kann zumindest eine völlig konträre Wahrnehmung der ICEV-Nutzer im Sinne eines anderen mentalen Modells z.B. durch begrenzte oder falsche Informationen ausgeschlossen werden. Das einzige Begriffspaar bei dem die Profillinien diesen annähernd parallelen Verlauf nicht aufweisen ist die Zuschreibung, inwiefern der Ladevorgang fremd oder vertraut ist, wobei BEV-Nutzer diesen als vertraut und ICEV-Nutzer diesen als fremd wahrnehmen, was jedoch erwartbar ist, da eine Gruppe eine Handlung bewertet, die sie selbst nicht ausführt.

Die „Parallelverschiebung" der Wahrnehmungen zwischen den Gruppen führt aber auch dazu, dass insbesondere zeitbezogene Attribute bei den ICEV-Nutzern eher negativ wahrgenommen werden, während dies bei den BEV-Nutzern nicht zutrifft. So sehen ICEV-Nutzer Laden eher als langsam, zeitverschwendend und langweilig an, was - auch wenn der direkte Bezug in dieser Arbeit nicht gemessen wurde, vermutlich negativ auf die Einstellung gegenüber BEV wirkt. Hier können evtl. spezifische Kommunikationskonzepte oder Möglichkeiten der praktischen Erfahrung, z.B. durch elektromobiles Car-Sharing, helfen, die Wahrnehmung zu verbessern.

14.3. Anforderungen

Beim Vergleich der tatsächlichen und der potentiellen Nutzer hinsichtlich ihrer Anforderungen und Präferenzen zeigen sich vier strukturelle Unterschiede:

Fokus Langstrecke vs. Fokus innerstädtisch Die Platzierung der Wunschladesäulen verdeutlicht, dass BEV- und ICEV-Nutzer einen unterschiedlichen Fokus bei der Planung ihrer eigenen Ladeinfrastruktur hatten. BEV-Nutzer fokussierten klar die Achsen, platzierten entsprechend entlang Autobahnen und nutzten Raststätten bzw. Autohöfe als bevorzugte Standorte, was auf eine Ladung unterwegs in Langstreckenszenarien hindeutet. ICEV-Nutzer im Kontrast fokussierten eher die innerstädtische Mobilität und planten die Ladesäulen auf Parkplätzen, entlang von Straßen und insbesondere in der Nähe von Einkaufsmöglichkeiten, was wiederum auf ein bevorzugtes Laden am Zielort und eher auf Kurzstreckenszenarien hindeutet. Das klingt zunächst widersprüchlich, da ja die geringen E-Fahrzeugreichweiten als Adaptionshemmnisse identifiziert wurden (Egbue & Long, 2012; Gómez Vilchez et al., 2017; Kim et al., 2017) und daher erwartbar war, dass eine Wunschladeinfrastruktur primär ermöglichen muss, lange Strecken mit dem E-Fahrzeug zu ermöglichen. Die Erklärung könnte jedoch in der Nutzercharakteristik der beiden Gruppen liegen. Die überwiegende Mehrheit der BEV-Nutzer in den Befragungen hatte die Möglichkeit, zuhause zu Laden und macht dazu auch zu einem großen Anteil Gebrauch (Studie 4: 43% privat, 57% öffentlich | Krause et al. (2017): 60% privat, 40% öffentlich). Es ist daher anzunehmen, dass die BEV-Nutzer Kurzstrecken und die lokale alltägliche Mobilität über ihre privaten Lademöglichkeiten größtenteils abdecken konnten und daher öffentliche Schnellladeinfrastruktur hauptsächlich für Langstreckenfahrten benötigen, während ICEV-Nutzer, diese privaten Lademöglichkeiten nicht mehrheitlich hatten oder auch nicht einfach nachrüsten konnten und daher mit öffentlicher Ladeinfrastruktur zunächst die lokale Alltagsmobilität ermöglichen müssen, weswegen der Fokus auf anderen Standorten liegt.

Der unterschiedliche Fokus der beiden Nutzergruppen findet sich auch in den Wegzwecken wieder, für die Ladeinfrastruktur geplant wurde. Während BEV-Nutzer LIS für Urlaubsreisen also für die Langstrecke favorisierten, waren bei ICEV-Nutzer Einkaufen und sonstige Erledigungen im Fokus.

Überbrückung der Ladezeit BEV- und ICEV-Nutzer unterschieden sich ebenfalls signifikant hinsichtlich der Wichtigkeit einer möglichen Überbrückung der Ladezeit durch andere Aktivitäten, Sowohl wurde das Bewertungskriterium selbst von ICEV-Nutzern als wichtiger bewertet, als auch die Standortwahl entsprechend so getroffen, dass eine Ladesäule nicht nur zum Laden angefahren werden muss, sondern ein entsprechendes externes Angebot existiert. Bei den BEV-Nutzern war hingegen immerhin jeder fünfte Ladestandort so gewählt, dass eine Anfahrt ausschließlich zum Laden erfolgen sollte. In der vorliegenden Arbeit wurde jedoch nicht erhoben, wie häufig die jeweiligen Standorte angefahren würden. Es wäre daher möglich, dass die BEV-Nutzer - auch aufgrund der häufiger vorhandenen privaten Lademöglichkeit - generell seltener öffentliche Ladeinfrastruktur nutzen und dann Ladestopps nur zum Laden auch seltener vorkämen, während ICEV-Nutzer in der Stichprobe öffentliche LIS in höherer Frequenz nutzen müssten und daher die Ladezeit auch für andere Dinge nutzen wollen, was auch mit der Wahrnehmung des Ladens durch die ICEV-Nutzer als zeitverschwendend in Einklang wäre.

Gewohnheitskompatibilität ICEV-Nutzer gewichteten die Kompatibilität der LIS mit bestehenden Gewohnheiten als Bewertungskriterium für Ladestandorte höher als BEV-Nutzer, was bedeuten würde, dass jene eine notwendige Änderung des bestehenden Verhaltens und der bestehenden Gewohnheiten zum Aufsuchen von Ladeinfrastruktur weniger akzeptieren würden, als dies BEV-Nutzer würden. Dies kann zum einen daraus resultieren, dass BEV-Nutzer aus Erfahrung eher zu Kompromissen bereit sind, um ihre Mobilität mit einem BEV umzusetzen. Zum anderen könnte es aber auch Resultat einer grundsätzlich anderen Persönlichkeitseinstellung sein, da bereits gezeigt werden konnte, dass Offenheit gegenüber Wandel positiv mit der Nutzungsintention eines BEV zusammenhängt (Afroz et al., 2015), und für das Bestreben, den Status Quo zu bewahren, das Gegenteil der Fall ist (Barbarossa et al., 2017). Trifft ersteres zu eröffnet dies mehr Spielräume für die Errichtung der Ladeinfrastruktur, wenn erstmal die Entscheidung zur BEV-Nutzung bei zukünftigen Nutzer gefallen ist, da sich aus der Erfahrung Kompromissbereitschaft, sein Mobilitätsverhalten anzupassen, ergäbe. Trifft letzteres zu, müsste die LIS exakt auf die Bedürfnisse und das aktuelle Mobilitätsverhalten der ICEV-Nutzer zugeschnitten sein, damit sie nicht mehr als Adoptionshemmnis wahrgenommen wird.

Sicherheitsbedürfnis Zuletzt soll das Sicherheitsbedürfnis der beiden Nutzergruppen thematisiert werden. Damit ist jedoch nicht die Anforderung gemeint, dass Ladestandorte Sicherheit für Fahrzeug und Insassen bieten müssen, was beide Gruppen als vergleichbar wichtig erachteten. Mit Sicherheitsbedürfnis ist hier hingegen die Vorstellung gemeint, wie dicht ein Ladenetz geplant sein muss, um die Mobilität der Nutzer zu gewährleisten.

Zunächst fiel auf, dass ICEV-Nutzer ihre geplanten Wunschstandorte mit jeweils mehr Ladepunkten ausstatten, als BEV-Nutzer, obwohl das Kriterium der Verlässlichkeit, welches besagt, dass Ladepunkte zur Verfügung stehen, wenn man sie benötigt, von BEV-Nutzern als wichtiger erachtet wurde. Dass ICEV-Nutzer dennoch mehr Ladepunkte pro Standort wünschten, könnte einerseits mit einem höheren Sicherheitsbedürfnis zusammenhängen, oder andererseits mit fehlender Erfahrung, den Status Quo der Elektromobilität einzuschätzen, also z.B. Erfahrung, wie häufig ein belegter Ladepunkt vorkommt und wie generell die Auslastung von Ladestationen ist. Hier könnte es als einfach zu einer Überschätzung der Nachfrage seitens der ICEV-Nutzer gekommen sein. Gegen ersteres spricht, dass die BEV-Nutzer zwar eine höhere Risikobereitschaft angaben, diese aber keinen signifikanten Einfluss auf die Auswahl der Ladepunktanzahl hatte. Trifft letzteres zu, könnte auch hier evtl. eine öffentliche Kommunikationsstrategie, die eine bessere Einschätzung der Auslastung und Verfügbarkeit ermöglicht, helfen, die Sorge vor einer besetzten Ladestation im Bedarfsfall zu reduzieren. Auch das weitere Wachstum der Ladeinfrastruktur könnte hier einen positiven Effekt haben, wenn potentielle Nutzer auch in Ihrer Umgebung LIS und deren Auslastung wahrnehmen.

Weiterhin war das geplante Ladenetz der ICEV-Nutzer selbst ohne Berücksichtigung des Wegzwecks Urlaub, welcher etwa ein Viertel der von BEV-Nutzern gesetzten Standorte ausmachte und entsprechend die Langstrecke fokussierte, signifikant dichter, sowohl was die kürzesten, längsten und durchschnittlichen Entfernungen zwischen zwei geplanten Ladestandorten betrifft. Dies ist vermutlich zu einem Teil dadurch zu erklären, dass der Fokus der ICEV-Nutzer wie bereits beschrieben auf innerstädtischen Szenarien lag. Es ist allerdings möglich, insbesondere da die Urlaubsreise als wichtigstes Langstreckenszenario nicht berücksichtigt wurde, dass sich hier analog zum Reichweitenparadox nach Franke und Krems (2013c) ein Ladeinfrastrukturparadox abbildet. Dies würde bedeuten, dass der Ausbauzustand der Ladeinfrastruktur zwar theoretisch die durchschnittlichen Mobilitätsbedürfnisse ermöglichen kann, aber der potentielle Nutzer dennoch wesentlich höhere Erwartungen hat, was ein dichteres Netz erforderlich machen würde als technisch sinnvoll, um die Ladeinfrastruktur als BEV-Nutzungshemmnis zu adressieren. Ob dies marktwirtschaftlich umsetzbar ist, oder ob letztendlich zukünftig möglicherweise höhere Fahrzeugreichweiten aus Nutzersicht ein weniger dichtes Ladenetz erforderlich machen, bleibt offen.

14.4. Verhalten

Auch hinsichtlich des Auffüllverhaltens beider Gruppen lassen sich signifikante Unterschiede, aber auch Gemeinsamkeiten feststellen:

Auffüllmuster Hinsichtlich des Auffüllverhaltens konnte zunächst festgestellt werden, dass BEV-Nutzer häufiger kleine Mengen nachfüllen, während ICEV-Nutzer seltener tanken, aber dafür häufiger den Tank leerfahren und vollständig nachfüllen. Dies kann einerseits natürlich aus den geringeren Reichweitenkapazitäten der Batterien im Vergleich zu Tanks oder daraus, dass BEV-Nutzer häufiger laden als nötig (Weldon et al., 2016), resultieren, könnte aber, da in beiden Nutzergruppen beide Nutzungsarten vorkommen auch ein nutzerspezifisches Verhalten hinsichtlich des Verbrauchens und Auffüllens begrenzter Ressourcen sein. So konnten Studien z.B. zeigen, dass das Laden von Batterien und der Nachkauf von Haushaltsgütern ähnliche situative Auslöser hat (Philipsen et al., 2021). Hinsichtlich der Erklärbarkeit durch Nutzerfaktoren ist hingegen weitere Forschung erforderlich.

Auslöser für Auffüllen Bei Betrachtung der Auslöser für einen Tank- oder Ladestopp zeigte sich, dass beide Nutzergruppen sich bei reichweitenbezogenen Faktoren nicht unterschieden, was die zugeschriebene Wichtigkeit betrifft, aber Unterschiede bei Auslösern im finanziellen und gewohnheitsbezogenen Kontext zu finden waren. So waren finanzielle Auslöser, wie günstige Strompreise für BEV-Nutzer signifikant weniger wichtig, als für ICEV-Nutzer, was zumindest teilweise durch das durchschnittlich niedrigere Haushaltseinkommen der ICEV-Nutzer erklärbar ist. Die höhere Bedeutung von gewohnheitsbezogenen Auslösern bei BEV-Nutzern war in Einklang mit der Wahrnehmung der beiden Auffüllvorgänge, bei der Laden geplanter und weniger spontan als Tanken durch beide Gruppen wahrgenommen wurde. Dementsprechend waren Auslöser, wie der Aufenthalt in der Nähe bekannter Auffüllmöglichkeiten oder die Kombination des Auffüllens mit immer gleichen Fahrten im Tagesablauf, für BEV-Nutzer relevanter als für ICEV-Nutzer, während diese angaben, auch spontan zu tanken, wenn sich Gelegenheiten ergeben. Auch wenn das höhere Maß an Planung der BEV-Nutzer in Einklang mit den Strategien zur Vermeidung reichweitenkritischer Situationen nach Nilsson (2011a) war, ist hier noch offen, inwieweit dies nur durch die Technologie und die Verfügbarkeit des LIS vorgegeben ist oder ob ggf. Spontanität als Persönlichkeitsfaktor einen erklärenden Anteil hat.

Entscheidungskriterien für die Angebotsauswahl Für BEV- und ICEV-Nutzer ergaben sich vergleichbare Wichtigkeiten hinsichtlich der Kriterien für eine Entscheidung für oder gegen einen Tank- bzw. Ladestandort. Unterschiede zeigten sich nur hinsichtlich der Bedeutung der Restreichweite und des notwendigen Umwegs in der konkreten Fahrtsituation. BEV-Nutzer zogen die Restreichweite stärker in ihre Entscheidungen mit ein. Zwar wurden beiden Nutzergruppen in der Analyse die gleichen Restreichweitenabstufungen präsentiert, dennoch bewerteten BEV- und ICEV-Nutzer diese unterschiedlich. Es ist anzunehmen, dass Reichweite generell in der Mobilität der BEV-Nutzer präsenter ist, da aufgrund der im Vergleich zu ICEV geringeren Fahrzeugreichweiten weniger Fahrten ohne Nachfüllen realisierbar sind (Krause, Ladwig & Schwalm, 2018).

Die Bedeutung notwendiger Umwege für beide Nutzergruppen erscheint zunächst kontraintuitiv. Auf Grundlage der geringeren BEV-Reichweiten könnte man vermuten, dass gerade bei BEV-Nutzern ein Interesse besteht, diese zu vermeiden, um verbleibende Reichweite zu sparen. Dennoch war die Frage, wie weit der nötige Umweg zum Erreichen eines Nachfüllangebots ist, wichtiger für ICEV- als für BEV-Nutzer, was u.a. auch dazu führt, dass notwenige Umwege bei BEV-Nutzern leichter durch finanzielle Anreize zu kompensieren sind. Eine mögliche Ursache dieser unerwarteten Gewichtung könnte die bestehende Erfahrung mit der vorhandenen Ladeinfrastruktur seitens BEV-Nutzern sein. Der Ausbauzustand könnte dazu führen, dass BEV-Nutzer häufiger als ICEV-Nutzer in Situationen kommen, wo Umwege zum Auffüllen nicht vermeidbar sind, wodurch als Gewöhnungseffekt die Toleranz gegenüber Umwegen steigen könnte - man hat sich quasi mit dem Mangel arrangiert. Wen dies zutreffen würde, wäre ein Angleichen der Bewertungskriterien beider Nutzergruppen mit fortschreitendem Ladeinfrastrukturausbau zu erwarten, in dem Sinne, dass die Umwegbereitschaft bei BEV-Nutzern wieder sinkt, wenn LIS entweder flächendeckend oder zumindest optimal passend zu den jeweiligen Mobilitätsbedürfnissen vorhanden ist. Auch hieraus ergibt sich zukünftiger Forschungsbedarf.

14.5. Zusammenfassung

Zusammenfassend lässt sich feststellen, dass BEV- und ICEV-Nutzer sich zwar unterscheiden, was die tatsächlichen Auffüllmuster im Sinne von Häufigkeiten und Mengen betrifft, aber sich sehr ähnlich sind, was die hinter dem Verhalten stehenden Wahrnehmungen, Anforderungen und Entscheidungskriterien betrifft. Zwar ist die Sicht der BEV-Nutzer erwartungsgemäß etwas positiver und in den Studien zeigten sich unterschiedliche Schwerpunkte in den Anforderungen durch die Ausrichtung der Nutzergruppen auf Lang- bzw. Kurzstrecke, aber die eigentlichen Entscheidungskriterien, deren Erfüllung oder Nichterfüllung letztlich über die Annahme oder Ablehnung eines Ladeangebots entscheidet, sind nur in Detailfragen durch die genutzte Antriebstechnologie beeinflusst, weswegen eine Übertragbarkeit von existierendem Wissen zur ICEV-Nutzung grundsätzlich nicht ausgeschlossen ist.

15. Mythos Reichweitenangst?

Auch wenn die Reichweitenangst bzw. der Reichweitenstress eng mit dem Nutzerverhalten und dem genutzten Antrieb verbunden ist, ist es auch aufgrund der medialen Präsenz[21] sinnvoll, diese gesondert zu betrachten. Dies ist auch daher notwendig, da die Ergebnisse dieser Arbeit vordergründig den bestehenden Erkenntnissen zu widersprechen scheinen.

Wie in Kapitel 11 beschrieben, ist das Phänomen Reichweitenangst oder auch der Reichweitenstress bereits ausführlich hinsichtlich seiner Auswirkungen und beeinflussender Faktoren untersucht (u.a. Franke et al., 2011; Franke, Rauh, Günther et al., 2016; Franke, Rauh & Krems, 2016; Nilsson, 2011b; Rauh et al., 2015b). Dass es insbesondere in Situation, wo Restreichweite und Distanz zum Ziel oder Ladeort sich annähern, zu Stresssituationen kommt, und dies einerseits die Sicht auf E-Fahrzeuge beeinflusst und andererseits zu Nutzungsverhalten führt, dass solche Situationen vermeidet, ist daher unstrittig. Die Frage, die sich jedoch ergibt, ist, ob dieses Phänomen gegenwärtig noch die Relevanz hat, die es zum Zeitpunkt der zitierten Untersuchungen hatte, oder ob dies durch technischen und infrastrukturellen Fortschritt in Form zunehmender Reichweiten oder dichterer Ladenetze weniger oder nicht mehr gegeben ist.

Die bestehenden Erkenntnisse basieren fast ausschließlich auf frühen Studien (2009/2010) (Cocron et al., 2011) und wurden zum Beispiel mit dem BMW Mini E (36 kW | Reichweite: 160 km) durchgeführt, einem Fahrzeug, dass nur für Feldtests konzipiert und bereitgestellt wurde und nie auf dem Markt frei zu erwerben war. Weder waren die damaligen Fahrzeuge schnellladefähig (Mini E: max 11 kW), noch war öffentliche Ladeinfrastruktur annähernd im gleichen Maße wie heute verfügbar. Dies schmälert nicht die damaligen Erkenntnisse macht aber einen erneuten Blick notwendig, was zumindest teilweise in dieser Arbeit geschah.

Was diese Arbeit nicht leisten kann, ist Aussagen darüber zu treffen, inwieweit Stress in einer konkreten reichweitenkritischen Situation auftritt. Hier ist davon auszugehen, dass dies weiterhin der Fall ist. Aber es ist anzunehmen, dass dies auch auf ICEV-Nutzer zutrifft, wenn der Tank leerläuft, aber keine Tankstelle in der Nähe verfügbar ist. Was die Arbeit leisten kann, ist eine generalisiertere Sicht,

[21] Auf eine Auflistung der zahlreichen Medienartikel, die das Wort Reichweitenangst im Zusammenhang mit Elektrofahrzeugen nutzen, wird verzichtet und stattdessen nur darauf verwiesen, dass die Reichweitenangst als einziges Nutzerthema im Kontext Elektromobilität über einen eigenen Wikipediaartikel verfügt: https://de.wikipedia.org/wiki/Reichweitenangst

inwieweit der Nutzer bestimmte Situationen im Umgang mit dem Fahrzeug als stressig empfindet. Hier konnte zunächst im Einklang mit Franke, Rauh, Günther et al. (2016) gezeigt werden, dass Erfahrung negativ mit Reichweitenstress zusammenhängt. Dies konnte sowohl für die erfahrenen ICEV-Nutzer im Vergleich zu ICEV-Neulingen, als auch für BEV-Erfahrene im Vergleich zu BEV-Neulingen gezeigt werden. Was jedoch auch deutlich wurde, war, dass in einer absoluten Betrachtung die Ausprägungen von Stress sehr gering waren bei allen Nutzer- und Erfahrungsgruppen. Wider Erwarten, da Reichweitenangst immer im Kontext der Elektromobilität Erwähnung findet, stimmten die BEV-Nutzer noch weniger als die ICEV-Nutzer zu, Reichweitenstress, z.B. aus Sorge vor dem Liegenbleiben oder durch einen niedrigen Füllstand, zu empfinden. Gleichzeitig war das Vertrauen in das Fahrzeug und dessen reichweitenbezogenen Anzeigen signifikant höher als bei ICEV-Nutzern, was in Einklang mit Franke, Trantow et al. (2015) ist, da die als komfortabel empfundene Reichweite und das Vertrauen in die Fahrzeuganzeigen positiv zusammenhängen.

Unklar ist, inwieweit der bei BEV-Nutzern im Vergleich zu ICEV-Nutzern geringer empfundene Reichweitenstress aus dem Umgang mit den Fahrzeugen und ggf. dem bewussteren Umgang mit dem Thema Reichweite resultiert, oder inwiefern evtl. das Fahrzeugalter eine Rolle spielt. Da bei den BEV im Schnitt ein geringeres Alter als bei den ICEV angenommen werden kann, könnten präzisere Reichweitenvorhersagen und bessere Darstellungsformen dort zu einem höheren Vertrauen führen als in der altersheterogeneren ICEV-Flotte. Beides würde dafür sprechen, potentiellen Nutzern Erfahrung im praktischen Umgang mit E-Fahrzeugen, z.B. durch Car-Sharing-Konzepte, zu ermöglichen.

Wenn Reichweitenstress bei aktuellen E-Fahrzeugnutzern in der Praxis eigentlich nicht wahrgenommen wird, bleibt jedoch die Frage offen, warum Reichweitenangst/-stress weiterhin ein Thema ist und als Adoptionshindernis angesehen wird. Hier müssten zukünftige Untersuchungen Reichweitenstress sauber von erwarteter Reichweite trennen, um zu betrachten, ob es wirklich Reichweitenstress bzw. -angst sind, die Kaufbereitschaft in der Praxis hemmen, oder ob es rationale Abwägungen sind, wie viel Reichweite der Käufer für den Kaufpreis bekommt und dabei immer das Fahrzeug mit Verbrennungsmotor als Maßstab angesetzt wird. Sollte letzteres der Fall sein, bringen praktische Erfahrung oder Kommunikationskonzepte voraussichtlich keinen nennenswerten Vorteil für die Kaufbereitschaft, sondern nur technischer Fortschritt, geringere Anschaffungskosten oder eine gezielte Verringerung der Attraktivität der ICEV durch politische Maßnahmen.

16. Nutzerdiversität?

Wie bereits in Kapitel 14 beschrieben, wurden alle untersuchten Themen, sowohl im Kontext Wahrnehmung und Anforderungen als auch hinsichtlich des Verhaltens, signifikant durch die genutzte Antriebsart beeinflusst, wenn die jeweiligen Effekte teilweise auch schwach waren und von einer praktischen Relevanz des Unterschieds nicht immer ausgegangen werden kann. Der Blick darüber hinaus, also der Versuch mit weiteren Nutzerfaktoren das Verhalten zu erklären, war hingegen weniger ergiebig. Eine zusammenfassende Übersicht der jeweils signifikanten Prädiktoren kann Tabelle A.2 im Anhang entnommen werden.

Zusammenfassend lässt sich feststellen, dass klassische sozio-demographische Faktoren, wie Alter Geschlecht, Bildung, aber auch Persönlichkeitsmerkmale wie Technik- oder Risikobereitschaft für die in dieser Arbeit untersuchten Themen seltener relevant waren, als wohnort- oder mobilitätsbezogene Faktoren und insbesondere im Vergleich zur genutzten Antriebsart wenig Varianz in Wahrnehmung, Anforderungen und Verhalten erklären konnten. Prinzipiell könnte dabei eine Rolle spielen, dass die BEV-Nutzer in allen Studien sehr homogen bzgl. der erstgenannten Faktoren waren und daher eine Diversitätsbetrachtung eingeschränkt ist, jedoch ergab sich durch Betrachtung der diverseren ICEV-Nutzer kein anderes Bild, wodurch von einem generellen Befund auszugehen ist. Dies ist zunächst einmal auffällig, da Nutzerdiversität, z.B. hinsichtlich der Persönlichkeit (Behrenbruch et al., 2013) oder der Sozio-Demographie, in vielen Technologiekontexten für die Nutzerakzeptanz oder die direkte Technikinteraktion relevant ist (Arning & Ziefle, 2009; Kowalewski et al., 2010) und auch im Elektromobilitätskontext gezeigt werden konnte, dass z.B. Alter und Geschlecht einen Einfluss auf die Wahrnehmung von Vor- oder Nachteilen der Technologie haben (Ziefle et al., 2014).

Man muss dabei jedoch beachten, dass in der vorliegenden Arbeit weder eine generische Akzeptanz einer Technologie, noch die Interaktion selbst im Sinne einer ergonomischen Bewertung im Fokus stand. Die Frage war also nicht, was notwendig ist, damit Elektroautos genutzt werden, sondern was hinsichtlich der Ladeinfrastruktur notwendig ist, damit mit Elektroautos die Mobilität des Nutzers ermöglicht werden kann. Die Arbeit positioniert sich mit der Fokussierung auf das Lade-/Tankverhalten auf einer Ebene zwischen der generellen Bewertung der Gesamttechnologie und der konkreten praktischen Handhabung und auf dieser Ebene legen die Ergebnisse nah, dass Kontextfaktoren (u.a. Wohnort, Strecken, Wegzwecke und auch der genutzte Antrieb) zumindest relevanter sind, als Persönlichkeit und Sozio-Demographie, was die Ergebnisse von Kitamura und Sperling (1987) und Sperling und Kitamura (1986) aus den 1980er-Jahren zum Tankverhalten bestätigen würde.

So konnten zwar vereinzelnd Effekte von sozio-demographischen Faktoren gefunden werden, wie z.B. einen Einfluss des Geschlechts auf den Reichweitenstress (vgl. Daina, 2014) oder den erwartbaren Effekt des Haushaltsnettoeinkommens auf die Wichtigkeit der finanzieller Auslöser für den Nachfüllvorgang, jedoch waren die Effektstärken durchgehend gering. Andere Befunde, wie z.B. dass das Alter einen Einfluss auf die wahrgenommene Wichtigkeit der Kosten beim Laden hat (Daina, 2014) oder ein Einfluss der Risikobereitschaft (Hu et al., 2019) auf die Wichtigkeit des Füllstands bei der Ladeentscheidung, konnten hingegen nicht bestätigt werden. Es ist anzunehmen, dass dies eine Konsequenz der ganzheitlichen Betrachtung in Entscheidungsszenarien ist. Dadurch, dass Attribute nicht einzeln bewertet wurden, sondern unter Einbeziehung von situativen Faktoren eine abgewägte Entscheidung für oder gegen ein gesamtes Szenario getroffen werden musste, gewinnt man zwar ein realistischeres Bild, aber Einzeleffekte zwischen zwei Faktoren mit ggf. geringen Effektstärken, deren praktische Relevanz dann auch fraglich ist, sind dadurch schwerer nachzuweisen.

Der festgestellte begrenzte Einfluss der Nutzerdiversität bedeutet jedoch nicht, dass der Nutzer generell nicht relevant ist bei der Technologie- und Infrastrukturentwicklung bzw. -planung, sondern nur, dass (1) Wohnort- und Mobilitätskontext mehr im Fokus stehen müssen und (2) universellere Lösungen für den Nutzer ohne starke Diversifizierung nach zahlreichen Nutzerprofilen möglich sind und darauf basierend evtl. ein Feintuning auf Basis der weniger relevanten Nutzerfaktoren sinnvoll ist.

Eine Einschränkung gibt es für diese Aussage jedoch und diese ist begründet in der Varianzaufklärung der abgeleiteten Prädiktionsmodelle. Dass diese eher gering war, bedeutet, dass ein hoher Anteil der Varianz in Wahrnehmung, Anforderungen und Verhalten noch nicht auf Basis der untersuchten Faktoren erklärt werden kann. Inwiefern hier weitere Kontextfaktoren oder einfach die jeweilige konkrete Fahrtsituation stärker einbezogen werden müssen, oder ob hier eventuell Nutzerfaktoren, die in dieser Arbeit nicht untersucht wurden, relevant sind, ist unklar und bedarf weiterer Forschung.

17. Kritische Reflexion des methodischen Vorgehens

Im Folgenden werden das methodische Vorgehen kritisch reflektiert und evtl. Beeinflussungen der Ergebnisse diskutiert.

Zeitpunkt der Datenerhebung Die Datenerhebung fand im Zeitraum 2015 bis 2019 statt. Zum einen bilden die Daten damit ein „normales" - im Sinne von Prä-Corona - Mobilitätsverhalten ab. Es wurden bewusst keine weiteren, zeitlich später terminierten Daten hinzugenommen, um evtl. Verzerrungen im konkreten Mobilitätsverhalten auszuschließen. Es wäre denkbar, dass insbesondere öffentliches Laden durch die Pandemie anders wahrgenommen wird und das sich generell Ladefrequenzen und -muster durch verstärktes Arbeiten von zuhause aus, Selbstisolation, Wegfall von Bringen oder Holen von Kindern zu Kita/Schule/Vereinen und alleine dadurch, dass bestimmte Wegzwecke und Ziele wegfallen, bei denen vor der Pandemie geladen wurde, verändern. Neben dem positiven Aspekt der fehlenden Verzerrung durch die Pandemie hat das Ende der Datenerhebung in 2019 aber auch zur Folge, dass die Entwicklung danach keine Berücksichtigung mehr finden konnte. Wie Eingangs dieser Arbeit beschrieben, hat die Verbreitung von BEV z.B. auf dem deutschen Markt auch in den beiden vergangenen Jahren weiter zugenommen, weswegen auch eine größere, möglicherweise diversere Nutzerschaft als zum Zeitpunkt der Datenerhebung vorliegt. Das zeitliche Delta ist zwar im Vergleich z.B. zum aktuellen durchschnittlichen Alter der in Deutschland zugelassenen Pkw von 9.8 Jahren (Kraftfahrt-Bundesamt, 2021a) gering, dennoch waren einige E-Fahrzeugmodelle-Modelle mit gegenwärtig hohen Neuzulassungszahlen, wie z.B. der Volkswagen ID.3, zum Ende der Datenerhebung zwar vorgestellt aber noch nicht in der Breite verfügbar. Es wäre daher sinnvoll, die Daten nach Normalisierung der Mobilität erneut mit der dann aktuellen E-Fahrzeugnutzergruppe zu bestätigen.

Teilnehmerakquise Aufgrund des methodischen Vorgehens bei der Teilnehmerakquise kann nicht von einer echten Zufallsstichprobe gesprochen werden, sondern es ist davon auszugehen, dass auch Selbstselektion durch E-Fahrzeugenthusiasten eine Rolle gespielt haben könnte. Gleichwohl deutet nichts auf eine relevante Verzerrung der Nutzermerkmale durch die Akquisemethode hin, da zum einen die Nutzercharakteristiken der E-Fahrzeugnutzer anderen Studien entsprechen (vgl. Frenzel et al., 2015; Trommer et al., 2015) und zum anderen mögliche Verzerrungen während der Datenerhebung geprüft wurden. Durch die zeitlich versetzten, aber ähnlichen Akquisekanäle kann es weiterhin sein, dass Teilnehmer an mehreren oder allen Studien teilgenommen haben, was für die einzelnen Studien nicht relevant ist, aber weswegen auf eine zusammenfassende zahlenmäßige Beschreibung und Charakterisierung der E-Fahrzeugnutzer über alle Studien hinweg verzichtet wurde. Grundsätzlich ist festzustellen, dass die Akquise von E-Fahrzeugnutzern von Erhebung zu Erhebung aufgrund der höheren Verfügbarkeit einfacher wurde und dementsprechend zukünftig damit zu rechnen ist, das auch größere Vergleichsgruppen realisierbar sind.

Befragungsmethode Die Wahl der Online-Befragung als zentrale Methode kann dazugeführt haben, dass insbesondere ältere Nutzer mit geringerer digitaler Affinität - vermutlich überwiegend ICEV-Nutzer - ungewollt von der Datenerhebung ausgeschlossen wurden. Da sich das durchschnittliche Alter in den Stichproben in den gleichen Regionen wie das Alter der deutschen Bevölkerung bzw. wie das Alter der deutschen Fahrzeughalter befindet, kann zwar nicht ausgeschlossen werden, dass bestimmte Nutzerprofile nicht erfasst wurden, aber aufgrund der fehlenden Relevanz des Faktors Alter in den vorgestellten Untersuchungen kann dies zumindest als unwahrscheinlich angenommen werden.

Positiv ist die Nutzung des Kartentools in Studie 1 hervorzuheben. Analog zu (Anderson et al., 2018) konnten auch hier Ergebnisse erzielt werden, die zum einen im Einklang mit den konventionell erfragten Informationen stehen und bei denen zum anderen davon ausgegangen werden kann, dass sich die Befragten durch die Einnahme der Rolle des Planers einerseits intensiver mit der Thematik auseinander setzen müssen und andererseits durch die Erarbeitung konkreter Lösungen für die eigene Mobilität anhand von Standorten im eigenen Lebensumfeld ein valideres Ergebnis erzielt werden kann. Mittlerweile wird dieser Ansatz der Wunschladesäule auch kommerziell bzw. durch Kommunen genutzt, um Bürgern eine Beteiligung an der Stadtplanung zu ermöglichen[22]. Auch für Forschung zu anderen Mobilitäts- und Infrastrukturthemen mit räumlichem Bezug ist eine Verwendung denkbar, wie z.B. zu Fragen, wo aus Bürgersicht Windkraftanlagen oder Energiekonverter positioniert werden sollen, wo Car-/Bike-Sharing-Infrastruktur benötigt wird, oder wo größere Mobility-/Pakethubs benötigt werden. Der Vorteil der Methode liegt dabei auch darin, dass man jeweils einen konkreten, hochaufgelösten Standortvorschlag für die lokale Raumplanung erhält, die in dieser Arbeit gar nicht ausgewertet wurden, sondern dazu jeweils auch Bewertungen und Motive der Nutzer erheben kann.

Feingranularität Empirische Studien auf Basis der Befragung von Menschen sind immer ein Balanceakt zwischen dem erstrebten Wissen auf der einen Seite und den

[22] https://www.wunschladesaeule.de/

Grenzen der Befragten, was Zeiteinsatz, Wissen und Auskunftsbereitschaft bzw. -fähigkeit betrifft, auf der anderen Seite. Die vorliegende Arbeit hat daher versucht einen Mittelweg einzuschlagen, und einerseits so detailliert wie möglich, aber andererseits so generisch und einfach wie notwendig für die Befragung der Probanden zu bleiben. Dies hatte insbesondere Auswirkungen auf Studie 5, wo Kompromisse eingegangen werden mussten, um die Teilnehmer nicht zu überfordern. Konkret zeigt sich das an der Anzahl der genutzten Attribute und Attributausprägungen. Zahlreichere, feinere Abstufungen der Attribute, sowie ggf. weitere Kontextfaktoren als Attribut (z.B. unterschiedliche Tageszeiten, unterschiedliche Ladegeschwindigkeiten oder Risiken der vollen Belegung der Station) wären wünschenswert gewesen, konnten aber aus zuvor genannten Gründen nicht umgesetzt werden. Für die Nutzung der Ergebnisse z.B. als Entscheidungsprofile in Verkehrssimulationen bedeutet dies, dass Interpolationen zwischen den groben Abstufungen von Restreichweite, notwendigem Umweg, usw. notwendig werden oder zukünftig erneut weniger Attribute in Relation betrachtet werden müssen, die dafür dann feiner abgestuft sind, um so ergänzend zum nun vorliegenden Bild der Nutzerentscheidungen noch Ausschnitte davon detaillierter zu betrachten.

18. Inhaltliche Grenzen der vorliegenden Arbeit und offene Fragen

Im folgenden sollen die Grenzen der vorliegenden Ergebnisse insbesondere hinsichtlich offener Fragen thematisiert werden.

Anpassung des Alltags Die vorliegende Arbeit konnte u.a. zeigen, dass Nutzer Ladeinfrastruktur an Einkaufsmöglichkeiten als sinnvoll erachten. Es ist jedoch unklar, inwieweit Bereitschaft besteht oder BEV-Nutzung bereits dazu geführt hat, Alltagsverhalten zu ändern, also z.B. früher immer Supermarkt A genutzt zu haben, aber nun Supermarkt B zu nutzen, weil dieser Ladeinfrastruktur auf seinem Parkplatz errichtet hat. Die Frage die sich ergibt ist, ob Ladeinfrastruktur nach dem POI ausgewählt wird , also z.B. nach dem konkreten Supermarkt, oder ob der POI aufgrund der vorhandenen Ladeinfrastruktur ausgewählt wird (Alkhalisi, 2020). Gegen letzteres spricht, dass Gewohnheit und Kompatibilität des Ladeangebots zu dieser relevante Faktoren in der vorliegenden Arbeit waren. Weiterhin könnte diese Frage durchaus für unterschiedliche Nutzergruppen unterschiedlich zu beantworten sein. Es konnte bereits festgestellt werden, dass Offenheit gegenüber Wandel positiv auf die Nutzungsintenion gegenüber BEV wirkt (Afroz et al., 2015), weswegen anzunehmen ist, dass bei den derzeitigen E-Fahrzeugnutzern diese Offenheit höher ausgeprägt sein könnte. Es ist also möglich, dass aktuelle BEV-Nutzer ihr Alltagsverhalten so angepasst haben, das sie z.B. aufgrund der Ladeinfrastrukturverfügbarkeit ihr Einkaufsverhalten geändert haben. Potentielle zukünftige Nutzer könnten diese Bereitschaft jedoch nicht haben, was bedeuten würde, dass solange nicht der gewohnte Einkaufsort mit LIS ausgestattet ist, dies weiterhin als Adoptionshemmnis angesehen wird. Um dies zu untersuchen bedarf es weiterer Forschung.

Halb-öffentliches Laden Die vorliegende Arbeit fokussierte öffentliche Ladeinfrastruktur. Es ist aber auch Ladeinfrastruktur denkbar und erste Errichtungen erfolgen bereits, die auf Privatgelände zum Beispiel durch Unternehmen errichtet wird, evtl. zu Bürozeiten durch Mitarbeiter genutzt wird, aber zumindest zeitweise auch öffentlich nutzbar ist. Inwieweit das Vorhandensein solcher Infrastruktur einen relevanten Einfluss auf die BEV-Kaufintention hat, ob und unter welchen Bedingungen diese auch genutzt würde, wenn die zeitliche Verfügbarkeit nicht optimal auf den Tageslauflauf des Nutzers passt, oder ob halböffentliche Ladeinfrastruktur regional fehlende öffentliche LIS kompensieren kann, bedarf weiterer Forschung und muss für ein ganzheitliches Bild untersucht und in der Ladeinfrastruktur berücksichtigt werden.

Laden am Arbeitsplatz Das Laden am Arbeitsplatz wurde in dieser Arbeit - genau wie das private Laden - nicht thematisiert, da das öffentliche Laden im Fokus stand. Gleichwohl beginnen erste Unternehmen den Ladeinfrastrukturausbau auf Mitarbeiterparkplätzen. Die Wirkung dieses Ladeangebots ist jedoch noch unzureichend erforscht. Es ist z.B. unklar, welchen Effekt Laden am Arbeitsplatz auf die haben kann, insbesondere, wenn privates Laden nicht möglich wäre, oder ob durch Laden am Arbeitsplatz weniger öffentliche Ladeinfrastruktur benötigt wird. Gerade durch die Corona-Pandemie und den zumindest zeitweisen Trend zum HomeOffice könnte der Einfluss des Ladens am Arbeitsplatz hinsichtlich Nutzungs- und Kaufbereitschaft gering sein, was jedoch zu erforschen wäre.

Netzdienliches Laden Eine weitere Annahme dieser Arbeit war, dass Laden immer mit der maximalen Geschwindigkeit möglich ist. Zwar wurde die Anzahl von Ladepunkten thematisiert, aber nicht inwieweit diese durch Belastungsgrenzen des Stromnetzes jeweils auch die theoretisch mögliche Ladeleistung bieten können. Gleichzeitig ist denkbar, dass Laden intelligenter zu gestalten, um das Netz zu entlasten (Daina et al., 2017), also z.B. nicht konstant die Ladeleistung am Ladepunkt zu reduzieren, sondern netzdienlicher zeitverzögert zu laden oder Ladeleistung weiter zu dynamisieren in Abhängigkeit von aktueller und erwarteter Belegung der Ladepunkte. Dazu wäre u.a. nötig, zu wissen, wann der Nutzer welche Reichweite benötigt (geplante Fahrten) oder wann er zukünftig eine Ladesäule anfährt (Reservierungen). Inwieweit der Nutzer bereit ist, solche Informationen zu teilen, inwieweit er Ladeangebote nutzen würde, bei denen nicht immer sofort und mit voller Leistung geladen wird, wie der Nutzer mit Ladeleistungen umgeht, die die gewünschten Reichweitenzugewinne in einem konkreten Ladezeitraum verfehlen und ob z.B. eine Kompensation möglicher Nachteile durch netzdienliches Laden durch andere Faktoren möglich ist, ist derzeit noch unklar, geht über die vorliegende Arbeit hinaus und bedarf weiterer Forschung im Sinne einer verstärkten Einbeziehung von Stromnetzaspekten, insbesondere wenn noch das Thema Vehicle-2-Grid, also die Rückspeisung elektrischer Energie aus dem Fahrzeug in das Stromnetz zukünftig hinzukommt (Clement-Nyns et al., 2011).

19. Ansätze für zukünftige Forschung

Aus den methodischen und inhaltlichen Einschränkungen der vorliegenden Arbeit und den sich neu ergebenden offenen Fragen lassen sich drei Leitlinien und ein Querschnittthema für zukünftige Forschung im Kontext ableiten:

Den technischen Fortschritt begleiten Die Diskussion der Befunde zum Reichweitenstress (vgl. Kapitel 15) hat bereits gezeigt, dass empirische Ergebnisse in diesem Kontext stark vom Erhebungszeitpunkt, der Befragungssituation und der Zielgruppe abhängen. Auch die vorliegende Arbeit erhebt nicht den Anspruch der Allgemeingültigkeit für alle Zeiten, sondern es ist notwendig, die Ergebnisse mit der fortschreitenden BEV-Adoption, der fortschreitenden technischen Entwicklung und der fortschreitenden Infrastruktur kritisch zu prüfen, da die aktuellen Ergebnisse im Kontext der gegenwärtigen Reichweiten, Ladeleistungen und BEV-Nutzer zu betrachten sind. Eine Hypothese dabei ist, dass sich Tank- und Ladeverhalten immer mehr angleichen, wenn maximale Reichweiten steigen und Ladezeiten z.B. durch XFC oder neue Batterietechnologien geringer werden und dann z.B. auch wieder Ladestandorte, die nur zum Laden angefahren werden analog zu Tankstellen an Bedeutung gewinnen. Ob dies zutrifft bedarf einer langfristigen begleitenden Forschung.

Nutzergruppen mit Hemmnissen fokussieren Wenn eine vollständige Elektrifizierung des Pkw-Verkehrs erwünscht ist, müssen auch alle Menschen, die derzeit keinen eigenen Stellplatz haben, damit auch keine private Lademöglichkeit hätten und ggf. auch keine Lademöglichkeit am Arbeitsplatz haben, von der Nutzung überzeugt sein. Hier ist derzeit noch vollkommen unklar, inwieweit die Verfügbarkeit einer öffentlichen Ladeinfrastruktur, auf die diese Nutzer mangels privater Alternative dann angewiesen wären, überhaupt Bereitschaft erzeugt, ein BEV zu kaufen und zu nutzen, bzw. unter welchen Bedingungen und ab welchem Ausbauzustand dies gegeben wäre. So könnten ggf. auch inhaltliche Kipppunkte identifiziert werden, ab wann welche Nutzergruppe bereit ist, die Antriebstechnologie zu wechseln, was für Prognosen der Marktentwicklung relevant wäre, aber insbesondere auch bewertbar macht, inwieweit politische Ziele überhaupt realistisch sind, ohne das bestimmte technische oder infrastrukturelle Entwicklungen eintreten.

Wenn dann zukünftig eintreffen sollte, dass verstärkt auch Nutzer ohne Stellplatz E-Fahrzeuge nutzen, wird aus Forschungssicht interessant, inwieweit dann Verhaltensmuster entstehen, die Laden bei jeder Gelegenheit unabhängig von der Energiemenge priorisieren und was das dann für Ladeangebote bedeutet. In der vorliegenden Arbeit hat die Verfügbarkeit eines privaten Stellplatzes noch keinen Einfluss auf Wahrnehmungen und Entscheidungen im Ladeprozess gehabt, jedoch war der Anteil der BEV-Nutzer ohne private Lademöglichkeit sehr gering bis nicht vorhanden.

Mitdenken der Energieperspektive Wie bereits zuvor erwähnt, ergibt sich aus der Betrachtung des E-Fahrzeugs nicht nur als Auto, sondern als mobilen Bestandteil des Energienetzes, der Energie sowohl aus diesem beziehen kann, aber auch bei Bedarf Energie bereitstellen kann, nicht nur eine neue Perspektive für die Auslegung von Stromnetzen, sondern auch eine neue Perspektive für den Nutzer. Es ist anzunehmen, dass insbesondere bei den Nutzern, die Ladegeschwindigkeiten derzeit kritisch sehen, auch Überlegungen zu netzdienlichem Laden oder gar Rückspeisung von Energie aus dem Fahrzeug als starkes Hemmnis für die Nutzungs- oder Kaufintention wahrgenommen werden. Es ist daher für ein ganzheitliches Bild sinnvoll und notwendig, den Fokus dieser Arbeit, der sehr auf Nutzer und Mobilität ausgerichtet war, zukünftig auch auf Nutzer und Energie im Kontext Mobilität zu erweitern.

Querschnitt: Nutzerdiversität Quer zu den zuvor genannten Leitlinien muss weiterhin die Nutzerdiversität berücksichtigt werden. Zum einen ist dies in einem zeitlichen Verlauf erforderlich, da, während die Gruppe der BEV-Nutzer in der vorliegenden Arbeit hinsichtlich vieler Kriterien noch homogen war und den Early Adoptern entsprach (vgl. Frenzel et al., 2015; Trommer et al., 2015), zukünftig mit einer Diversifizierung zu rechnen ist. Zwar konnten in der vorliegenden Arbeit wenige sozio-demographische oder persönlichkeitsbezogene Einflussfaktoren auf das Verhalten ermittelt werden, wodurch nicht anzunehmen ist, das zukünftige Nutzergruppen nach Adoption plötzlich ein vollständig anderes Verhalten zeigen, als dies bei jetzigen Nutzern beobachtbar ist, dennoch ist dies nicht auszuschließen, insbesondere aufgrund der bisher geringen Varianzaufklärung der Modelle.

Zum anderen zeigt diese Lücke in der Varianzaufklärung, dass weitere Prädiktoren des Verhaltens bisher unerkannt sind. Es ist wahrscheinlich, dass dies überwiegend wohnort- und direkt mobilitätsbezogene Faktoren sind, aber auch Effekte von Persönlichkeitseigenschaften, die bisher nicht betrachtet worden sind, wie z.B. das Bedürfnis nach Spontanität oder Flexibilität, können nicht ausgeschlossen werden und sollten daher zukünftig quer zu allen neuen Themen betrachtet werden.

20. Bedeutung der vorliegenden Ergebnisse für die Infrastrukturplanung

Unabhängig von den offenen Fragen und der zukünftigen Forschung können jedoch bereits erste Schlüsse für die Ladeinfrastrukturplanung gezogen werden.

Standortempfehlungen Aus den favorisierten Standorten und Wegzwecken der Befragten ergeben sich zwei Schwerpunkte. Zunächst ist dies die Errichtung von LIS an Achsen, was z.B. bereits an den Autobahnraststätten [23] und an Autohöfen vorwiegend durch das Tesla Supercharger-Netzwerk[24] erfolgt. Die Ergebnisse dieser Arbeit lassen jedoch vermuten, dass der größere Einfluss auf die Kaufbereitschaft bei einer Errichtung im städtischen Kontext liegen wird, da die potentiellen Nutzer diese Standorte bevorzugten. Während die Betrachtung der Langstrecke sicherlich relevant und auch einfacher zu planen ist, geht es im Szenario abseits der Achsen erstmal darum, Elektromobilität überhaupt erst zu ermöglichen, insbesondere für die Nutzergruppen, die keine Lademöglichkeit zuhause oder am Arbeitsplatz haben. Eine hohe Präsenz im lokalen öffentlichen Raum sollte daher angestrebt werden, auch um Hemmnisse durch fehlende Wahrnehmung der Verfügbarkeit abzubauen (Schulz & Rode, 2022).

Neben Einkaufsmöglichkeiten, was in Einklang mit (Krause, Ladwig & Schwalm, 2018) ist, kämen als POI alle Aktivitäten in Frage, bei der die Standzeit zur Ladezeit passt, so äußerten die Befragten auch Arztbesuche, Behördengänge oder ähnliches als mögliche Aktivitäten. Die Herausforderung dabei ist die Diversifizierung der POI, da Menschen in der Regel nicht täglich einkaufen, nicht täglich Ärzte besuchen, usw.. Dies könnte auch erklären, warum in der Entscheidungssimulation das Angebot direkt vor Ort an der Ladestation nur einen vergleichsweise geringen Einfluss auf die Auffüllentscheidung hatte und warum z.B. das Vorhandensein von Sanitäranlagen einen größeren Einfluss auf die Entscheidung hatte als das Vorhandensein von Supermärkten, obwohl die Nutzer im Planspiel Supermärkte vermehrt als Standort wählten. Grundsätzlich sollten daher auch Standorte, die nur zum Laden angefahren werden, nicht ausgeschlossen werden, wie z.B. konventionelle Tankstellen. In qualitativen Vorerhebungen begründeten Befragte diese Standorte

[23] https://www.raststaetten.de/#eFuel
[24] https://www.tesla.com/de_DE/supercharger

damit, dass man gewohnt sei, diese anzufahren und man wisse, dass das dort Auffüllen möglich sei und entsprechend wurden diese Standorte auch im Kartentool häufig gewählt. Mittlerweile haben auch in der Realität die Tankstellenunternehmen selbst begonnen, Ladeinfrastruktur zu errichten[25][26], was insbesondere mit zukünftig zunehmenden Ladeleistungen relevant werden könnte.

Ladeinfrastrukturdichte Die vorliegende Arbeit kann keine konkrete Empfehlung geben, wie weit auseinander oder beisammen Ladeinfrastruktur zu errichten ist. Die vorliegenden Daten geben aber einen Hinweis darauf, dass Ladeinfrastruktur aus Nutzersicht voraussichtlich dichter ausgebaut sein muss, als technisch erforderlich, bzw. dass Effekte, die man durch den Ausbau hinsichtlich Marktdurchdringung der BEV erwartet oder modelliert, erst später im Ausbauverlauf eintreffen, als angenommen. Nur weil eine errichtete Säule rechnerisch einem Einwohner der Region das Erreichen ihrer Mobilitätsziele ermöglichen kann, heißt dass noch nicht, dass die Wahrnehmung des Nutzers dies bestätigt. In der Abwägung zwischen Nutzererwartungen und Wirtschaftlichkeit könnte dies eine weitere Förderung von Ladeinfrastruktur notwendig machen.

Übertragbarkeit bestehender Mobilitätsmuster Wie in Kapitel 5.1 beschrieben, basiert die aktuelle Modellierung von Ladeinfrastrukturbedarf im wesentlichen auf Bewegungsmustern, die mit ICEV getätigt wurden. Dies erscheint auf Basis der Ergebnisse weitestgehend zulässig, da weder bei den Auslösern für einen Nachfüllvorgang, noch bei den Entscheidungskriterien für die Nutzung eines konkreten Ladeangebots fundamentale Unterschiede zwischen BEV- und ICEV-Nutzern identifiziert werden konnten. Es muss berücksichtigt werden, dass BEV-Nutzer zu einem hochfrequenteren Nachladen tendieren als ICEV-Nutzer, BEV-Nutzer geplanter vorgehen und seltener spontan, dass BEV-Nutzer eher zu einem Nachladen im späteren Fahrtverlauf tendieren und dass eine höhere Umwegbereitschaft vorhanden ist. Abgesehen davon zeigen aktuelle und potentielle Nutzer jedoch ähnliche Entscheidungsmuster, weswegen davon ausgegangen werden kann, dass mit den zuvor genannten Einschränkungen (a) ICEV-Nutzungsverhalten im Kontext Tanken grundsätzlich als Anhaltspunkt für die BEV-Nutzung genutzt werden kann und dass (b) sich jetzt messbares BEV-Nutzerverhalten nicht fundamental ändern wird, wenn neue Nutzergruppen ihre Mobilität elektromobil gestalten.

Nutzerfaktorfokus Der Nutzer muss zwar weiter im Fokus der Infrastrukturplanung sein, jedoch sind voraussichtlich universellere Planungsansätze möglich, die

[25] https://www.shell.de/energiewende/cleaner-mobility/ladesaeulen-und-elektromobilitaet.html
[26] https://www.aral.de/de/global/retail/pulse.html

nicht nach Sozio-Demographie ausdifferenzieren. Eine Verschneidung der Infrastrukturplanung mit Nutzerprofilen ist daher zwar sinnvoll, muss den Schwerpunkt aber auf Faktoren haben, die Wohnort und bisherigen Verkehrsverhalten betreffen. Die vorliegende Arbeit konnte diesbezüglich insbesondere die Siedlungsstruktur, Haustypen, die Verfügbarkeit von Stellplätzen/privaten Lademöglichkeiten und Fahrleistungen als relevante Verhaltensprädiktoren identifizieren. Eine Ausdifferenzierung nach sozialen Milieus kann daher, wenn Sie Wohnort und aktuelles Verkehrsverhalten adressieren, sinnvoll sein, eine Verschneidung mit Marketing-Zielgruppen (vgl. ARAL, 2006) ist zumindest auf Basis der Wahrnehmungsprofile dieser Arbeit nicht begründbar.

Überführung von Entscheidungsmustern in Modelle Neben den vorgestellten wissenschaftlichen Erkenntnissen, ist ein weiteres Ergebnis dieser Arbeit, den Entscheidungsprozess bei der Auswahl eines Lade- oder Tank-Angebots quantifiziert zu haben. Mit den Teilnutzenwerten der Attributausprägungen und Interaktionen (siehe Tabellen B.6 bis B.23 im Anhang für eine Übersicht der Werte für die Gesamtstichprobe) ließen sich nun nicht nur Marktsimulationen durchführen, um Präferenzanteile zu ermitteln, sondern grundsätzlich könnten damit unter Berücksichtigung der in Kapitel 17 genannten Einschränkungen Nutzerentscheidungen in (z.B. agentenbasierte) Modelle überführt werden.

Teil V.

Fazit und Ausblick

Der Arbeit vorgestellt ist ein Zitat des aktuellen Bundesverkehrsministers Volker Wissing, welches besagt, dass Laden so einfach wie Tanken und zu einer alltäglichen Handlung werden müsse, um die Menschen auf dem Weg zur klimaneutralen Mobilität mitzunehmen (vgl. Wissing, 2021). Während die Einfachheit der eigentlichen Interaktion, also die konkrete Handhabung der Technologie, im Sinne der Steckernutzung, der Bedienung der Ladesäule, der Abrechnung usw. nicht im Fokus dieser Arbeit war, kann die grundsätzliche Intention des Zitats mit den vorliegenden Ergebnissen unterstützt werden.

Dass Laden grundsätzlich schon als einfach wahrgenommen wird, konnte sowohl für aktuelle als auch für potentiell zukünftige Nutzer der Elektromobilität gezeigt werden, auch wenn gerade die potentiellen Nutzer Tanken (noch) als einfacher wahrnehmen. Die Herausforderung liegt in der Alltäglichkeit der Handlung und daher muss dort der Schwerpunkt der zukünftigen Planung und Errichtung von Ladeinfrastruktur liegen. Insbesondere durch den digitalen Rollentausch der Befragten mit Infrastrukturplanern wurde deutlich, dass potentielle Nutzer die alltäglichen Wegzwecke im Sinn haben, wenn Sie Ladeinfrastruktur gestalten, die Ihre Mobilitätsbedürfnisse abdeckt. Sie positionieren Ladeinfrastruktur an Einkaufsmöglichkeiten, an Freizeiteinrichtungen, bei Ärzten, an Sportstätten, an Friedhöfen, also genau dort, wo sie alltäglich sind und haben keinen Schwerpunkt bei den langen Strecken und Achsen, die seltener gefahren werden. Das bedeutet nicht, dass diese vernachlässigt werden dürfen, aber vordergründiges Ziel des öffentlichen Ladeinfrastrukturaufbaus sollte es sein, die Alltagsmobilität der Menschen zu ermöglichen und zwar auch den Menschen, die nicht privat oder am Arbeitsplatz laden können, sondern auf öffentliche Ladeinfrastruktur angewiesen sind. Dies bedeutet, dass einige Nutzer Ladeinfrastruktur an den Achsen benötigen, aber man voraussichtlich mehr Nutzern ein Ladeangebot abseits der Achsen machen muss (vgl. Nobis & Kuhnimhof, 2018).

Die große Herausforderung dabei wird sein, die Balance zwischen Erwartungen der Nutzer an den Ausbauzustand, notwendigem Ausbau, sowie wirtschaftlichem Ausbau zu finden, da die Planungen der Nutzer in dieser Arbeit gezeigt haben, dass ein engeres Ladenetz erwünscht ist, als aufgrund der Fahrzeugreichweiten notwendig wäre, also nicht nur ein Reichweitenparadox, sondern auch ein Ladeinfrastrukturparadox besteht, dass aufgelöst werden muss, wenn Ladeinfrastruktur nicht als Hemmnis für die Adoption wahrgenommen werden soll. Ob dies z.B. durch Informationskonzepte, die das Domänenwissen der potentiellen Nutzer verbessern, alleine adressiert werden kann, oder ob staatliche Förderung eine zumindest in der jetzigen Hochlaufphase Überdimensionierung des Ladenetztes ermöglichen muss, bleibt unsicher.

Die vorliegende Arbeit konnte einen ersten Schritt dazu beitragen, besser zu verstehen, wie BEV-Nutzer hinsichtlich des Ladens entscheiden, welche Anforderungen sie haben und wie der Vorgang als solches wahrgenommen wird und insbesondere zeigen, welche Unterschiede diesbezüglich bei den potentiellen zukünftigen Nutzern vorliegen oder eben nicht. Den Menschen - ob aktueller oder potentieller Nutzer - weiterhin mitzunehmen, im Sinne einer Beteiligung an der technologischen und infrastrukturellen Entwicklung und der Integration seiner Anforderungen in selbige, bleibt jedoch weiter essentiell für den Weg zur klimaneutralen Mobilität.

Literatur

Abbasi, H. A., Johl, S. K., Shaari, Z. B. H., Moughal, W., Mazhar, M., Musarat, M. A., Rafiq, W., Farooqi, A. S. & Borovkov, A. (2021). Consumer Motivation by Using Unified Theory of Acceptance and Use of Technology towards Electric Vehicles. *Sustainability, 13*(21). https://doi.org/10.3390/su132112177

Abotalebi, E., Scott, D. M. & Ferguson, M. R. (2019). Why is electric vehicle uptake low in Atlantic Canada? A comparison to leading adoption provinces. *Journal of Transport Geography, 74*, 289–298. https://doi.org/10.1016/j.jtrangeo.2018.12.001

Accenture. (2011). Plug-In Electric Vehicles: Changing Perceptions, Hedging Bets. Verfügbar 21. Dezember 2021 unter https://venturebeat.com/wp-content/uploads/2011/05/accenture_plug-in_electric_vehicle_consumer_perceptions.pdf

Adepetu, A. & Keshav, S. (2017). The relative importance of price and driving range on electric vehicle adoption: Los Angeles case study. *Transportation, 44*(2), 353–373. https://doi.org/10.1007/s11116-015-9641-y

Adnan, N., Nordin, S. M. & Rahman, I. (2017). Adoption of PHEV/EV in Malaysia: A critical review on predicting consumer behaviour. *Renewable and Sustainable Energy Reviews, 72*, 849–862. https://doi.org/10.1016/j.rser.2017.01.121

Afroz, R., Rahman, A., Masud, M. M., Akhtar, R. & Duasa, J. B. (2015). How Individual Values and Attitude Influence Consumers' Purchase Intention of Electric Vehicles—Some Insights from Kuala Lumpur, Malaysia. *Environment and Urbanization ASIA, 6*(2), 193–211. https://doi.org/10.1177/0975425315589160

Ajzen, I. (1985). From Intentions to Actions: A Theory of Planned Behavior. In J. Kuhl & J. Beckmann (Hrsg.), *Action Control: From Cognition to Behavior* (S. 11–39). Springer Berlin Heidelberg. https://doi.org/10.1007/978-3-642-69746-3_2

Alkhalisi, A. F. (2020). Creating a qualitative typology of electric vehicle driving: EV journey-making mapped in a chronological framework. *Transportation Research Part F: Traffic Psychology and Behaviour, 69*, 159–186. https://doi.org/10.1016/j.trf.2020.01.009

Ambak, K., Harun, N. E., Rosli, N., Daniel, B. D., Prasetijo, J. & Ezree, M. (2006). Driver intention to use electric cars using technology acceptance model. *Age, 3*(9.7), 1–4.

American Psychological Association. (2019). *Publication Manual of the American Psychological Association: 7th Edition*. American Psychological Association.

Anderson, J. E., Lehne, M. & Hardinghaus, M. (2018). What electric vehicle users want: Real-world preferences for public charging infrastructure. *International Journal of Sustainable Transportation, 12*(5), 341–352. https://doi.org/10.1080/15568318.2017.1372538

Anderson, J. E., Bergfeld, M., Chlond, B., Friedrich, H. E., Hoffmann, N., Lenz, B., Kleiner, F., Klötzke, M., Kuhnimhof, T., Schmid, S. et al. (2016). LADEN2020 Schlussbericht: Konzept zum Aufbau einer bedarfsgerechten Ladeinfrastruktur in Deutschland von heute bis 2020.

Anfinsen, M., Lagesen, V. A. & Ryghaug, M. (2019). Green and gendered? Cultural perspectives on the road towards electric vehicles in Norway [The roles of users in low-carbon transport innovations: Electrified, automated, and shared mobility]. *Transportation Research Part D: Transport and Environment, 71*, 37–46. https://doi.org/10.1016/j.trd.2018.12.003

ARAL. (2006). *Mobilitätsstudie 2006 - So tanken die Deutschen - Qualitative Untersuchung zu Auto und Verkehr* (1. Aufl.). ARAL Aktiengesellschaft.

Arning, K. & Ziefle, M. (2009). Different perspectives on technology acceptance: The role of technology type and age. *Symposium of the Austrian HCI and usability engineering group*, 20–41. https://doi.org/10.1007/978-3-642-10308-7_2

Bailey, J., Miele, A. & Axsen, J. (2015). Is awareness of public charging associated with consumer interest in plug-in electric vehicles? *Transportation Research Part D: Transport and Environment, 36*, 1–9. https://doi.org/10.1016/j.trd.2015.02.001

Barbarossa, C., De Pelsmacker, P. & Moons, I. (2017). Personal Values, Green Self-identity and Electric Car Adoption. *Ecological Economics, 140*, 190–200. https://doi.org/10.1016/j.ecolecon.2017.05.015

Behrenbruch, K., Söllner, M., Leimeister, J. M. & Schmidt, L. (2013). Understanding diversity–the impact of personality on technology acceptance. *IFIP Conference on Human-Computer Interaction*, 306–313. https://doi.org/10.1007/978-3-642-40498-6_23

Beier, G. (1999). Kontrollüberzeugungen im Umgang mit Technik. *Report Psychologie, 9*, 684–693.

Beierlein, C., Kovaleva, A., Kemper, C. J. & Rammstedt, B. (2015). Kurzskala zur Erfassung der Risikobereitschaft (R-1). *Zusammenstellung sozialwissenschaftlicher Items und Skalen (ZIS)*. https://doi.org/10.6102/zis236

Bernardo, V., Borrell, J.-R. & Perdiguero, J. (2016). Fast charging stations: Simulating entry and location in a game of strategic interaction. *Energy Economics*, *60*, 293–305. https://doi.org/10.1016/j.eneco.2016.09.026

Biresselioglu, M. E., Demirbag Kaplan, M. & Yilmaz, B. K. (2018). Electric mobility in Europe: A comprehensive review of motivators and barriers in decision making processes. *Transportation Research Part A: Policy and Practice*, *109*, 1–13. https://doi.org/10.1016/j.tra.2018.01.017

Bonges, H. A. & Lusk, A. C. (2016). Addressing electric vehicle (EV) sales and range anxiety through parking layout, policy and regulation. *Transportation Research Part A: Policy and Practice*, *83*, 63–73. https://doi.org/10.1016/j.tra.2015.09.011

Bradley, M. M. & Lang, P. J. (1994). Measuring emotion: the self-assessment manikin and the semantic differential. *Journal of behavior therapy and experimental psychiatry*, *25*(1), 49–59. https://doi.org/10.1016/0005-7916(94)90063-9

Brand, B. M. & Baier, D. (2021). Adaptive Choice-Based Conjointanalyse. *Conjointanalyse* (S. 205–231). Springer.

Brauner, P., van Heek, J. & Ziefle, M. Age, Gender, and Technology Attitude as Factors for Acceptance of Smart Interactive Textiles in Home Environments - Towards a Smart Textile Technology Acceptance Model. In: *Proceedings of the 3rd International Conference on Information and Communication Technologies for Ageing Well and e-Health - Volume 1: ICT4AWE*, INSTICC. SciTePress, 2017, 13–24. https://doi.org/10.5220/0006255600130024.

Brost, W., Funke, T. & Lembach, M. (2018). Spatial Analysis of the Public Transport Accessibility for Modelling the Modal Split in the Context of Site Identification for Charging Infrastructure. *Infrastructures*, *3*(3). https://doi.org/10.3390/infrastructures3030021

Brost, W., Funke, T. & Philipsen, R. (2019). Calculation of potential for setting up charging infrastructure for battery-powered electric vehicles – Focusing the calculation of potential according to the urban quarter level [Urban Mobility – Shaping the Future Together mobil.TUM 2018 – International Scientific Conference on Mobility and Transport Conference Proceedings]. *Transportation Research Procedia*, *41*, 436–439. https://doi.org/10.1016/j.trpro.2019.09.073

Brost, W., Funke, T., Philipsen, R., Brell, T. & Ziefle, M. (2018). Integrated Model Approach STELLA Method of Site Identification for Charging Infrastructure [15th IFAC Symposium on Control in Transportation Systems CTS 2018]. *IFAC-PapersOnLine, 51*(9), 206–211. https://doi.org/10.1016/j.ifacol.2018.07.034

Budde, R. & Eilers, L. (2014). *Sozioökonomische Daten auf Rasterebene: Datenbeschreibung der microm-Rasterdaten*. RWI Materialien.

Bühler, F., Franke, T., Schleinitz, K., Cocron, P., Neumann, I., Ischebeck, M. & Krems, J. F. (2013). Driving an EV with no opportunity to charge at home–is this acceptable? *Proceedings of the human factors and ergonomics society Europe, 4959*.

Bundesministerium für Digitales und Verkehr. (2021). Regionalstatistische Raumtypologie (RegioStaR). *Bundesministerium für Digitales und Verkehr*. Verfügbar 28. Dezember 2021 unter https://www.bmvi.de/SharedDocs/DE/Artikel/G/regionalstatistische-raumtypologie.html

Bundesministerium für Justiz und für Verbraucherschutz. (2010). Verordnung über die Zulassung von Personen zum Straßenverkehr (Fahrerlaubnis-Verordnung - FeV) - § 48a Voraussetzungen. *Bundesministerium für Justiz und für Verbraucherschutz*. Verfügbar 28. Dezember 2021 unter https://www.gesetze-im-internet.de/fev_2010/__48a.html

Bundesministerium für Verkehr und digitale Infrastruktur. (2017). Förderrichtlinie Ladeinfrastruktur für Elektrofahrzeuge in Deutschland. *Bundesministerium für Verkehr und digitale Infrastruktur*. Verfügbar 27. Dezember 2021 unter https://www.bmvi.de/SharedDocs/DE/Anlage/G/konsolidierte-foerderrichtlinie-lis-29-06-2017.pdf?__blob=publicationFile

Bundesnetzagentur. (2021a). Liste der Ladesäulen. *Bundesnetzagentur*. Verfügbar 7. Januar 2022 unter https://www.bundesnetzagentur.de/SharedDocs/Downloads/DE/Sachgebiete/Energie/Unternehmen_Institutionen/E_Mobilitaet/Ladesaeulenregister.xlsx;?__blob=publicationFile&v=18

Bundesnetzagentur. (2021b). Öffentlich zugängliche Ladepunkte nach Bundesland. *Bundesnetzagentur*. Verfügbar 7. Januar 2022 unter https://www.bundesnetzagentur.de/DE/Sachgebiete/ElektrizitaetundGas/Unternehmen_Institutionen/E-Mobilitaet/ListeBundeslaender.xlsx?__blob=publicationFile&v=98

Bundesregierung. (2009). Nationaler Entwicklungsplan Elektromobilität der Bundesregierung. *Presse- und Informationsamt der Bundesregierung*. Verfügbar 21. Dezember 2021 unter https://www.bmvi.de/blaetterkatalog/catalogs/219176/pdf/complete.pdf

Bundesregierung. (2019). Klimaschutzprogramm 2030 der Bundesregierung zur Umsetzung des Klimaschutzplans 2050. *Presse- und Informationsamt der Bundesregierung*. Verfügbar 21. Dezember 2021 unter https://www.bundesregierung.de/resource/blob/974430/1679914/e01d6bd855f09bf05cf7498e06d0a3ff/2019-10-09-klima-massnahmen-data.pdf

Bunzeck, I., Feenstra, C. J. & Paukovic, M. (2011). Preferences of potential users of electric cars related to charging. A survey in eight EU countries. Verfügbar 28. Dezember 2021 unter http://www.d-incert.nl/wp-content/uploads/2011/05/rapportage_ECN.pdf

Burkert, A., Fechtner, H. & Schmuelling, B. (2021). Interdisciplinary Analysis of Social Acceptance Regarding Electric Vehicles with a Focus on Charging Infrastructure and Driving Range in Germany. *World Electric Vehicle Journal*, *12*(1). https://doi.org/10.3390/wevj12010025

Burkhardt, T., Kühhirt, M., Golze, G. & Buscher, U. (2015). Technologieakzeptanz und Rahmenbedingungen der Elektromobilität. *Entscheidungen beim Übergang in die Elektromobilität* (S. 155–167). Springer. https://doi.org/10.1007/978-3-658-09577-2_11

Chéron, E. & Zins, M. (1997). Electric vehicle purchasing intentions: The concern over battery charge duration. *Transportation Research Part A: Policy and Practice*, *31*(3), 235–243. https://doi.org/10.1016/S0965-8564(96)00018-3

Clement-Nyns, K., Haesen, E. & Driesen, J. (2011). The impact of vehicle-to-grid on the distribution grid. *Electric Power Systems Research*, *81*(1), 185–192. https://doi.org/10.1016/j.epsr.2010.08.007

Cocron, P., Bühler, F., Neumann, I., Franke, T., Krems, J. F., Schwalm, M. & Keinath, A. (2011). Methods of evaluating electric vehicles from a user's perspective–the MINI E field trial in Berlin. *IET Intelligent Transport Systems*, *5*(2), 127–133. https://doi.org/10.1049/iet-its.2010.0126

Cohen, J. (1988). *Statistical power analysis for the behavioral sciences*. Routledge. https://doi.org/10.4324/9780203771587

Craik, K. (1943). The nature of explanation.

Cruz-Zambrano, M., Corchero, C., Igualada-Gonzalez, L. & Bernardo, V. (2013). Optimal location of fast charging stations in Barcelona: A flow-capturing approach. *2013 10th International Conference on the European Energy Market (EEM)*, 1–6. https://doi.org/10.1109/EEM.2013.6607414

Csonka, B. & Csiszár, C. (2017). Determination of charging infrastructure location for electric vehicles [20th EURO Working Group on Transportation Meeting, EWGT 2017, 4-6 September 2017, Budapest, Hungary]. *Trans-*

portation Research Procedia, *27*, 768–775. https://doi.org/10.1016/j.trpro.2017.12.115

Daina, N. (2014). *Modelling electric vehicle use and charging behaviour* (Diss.). Imperial College London.

Daina, N., Polak, J. W. & Sivakumar, A. (2015). Patent and Latent Predictors of Electric Vehicle Charging Behavior. *Transportation Research Record*, *2502*(1), 116–123. https://doi.org/10.3141/2502-14

Daina, N., Sivakumar, A. & Polak, J. W. (2017). Electric vehicle charging choices: Modelling and implications for smart charging services. *Transportation Research Part C: Emerging Technologies*, *81*, 36–56. https://doi.org/10.1016/j.trc.2017.05.006

Daubitz, S. & Kawgan-Kagan, I. (2015). Integrated charging infrastructure: cognitive interviews to identify preferences in charging options. *European Transport Research Review*, *7*(4), 1–14. https://doi.org/10.1007/s12544-015-0184-2

Davis, F. D. (1985). *A technology acceptance model for empirically testing new end-user information systems: Theory and results* (Diss.). Massachusetts Institute of Technology.

de Haan, P., Mueller, M. G. & Scholz, R. W. (2009). How much do incentives affect car purchase? Agent-based microsimulation of consumer choice of new cars—Part II: Forecasting effects of feebates based on energy-efficiency. *Energy Policy*, *37*(3), 1083–1094. https://doi.org/10.1016/j.enpol.2008.11.003

Degirmenci, K. & Breitner, M. H. (2017). Consumer purchase intentions for electric vehicles: Is green more important than price and range? *Transportation Research Part D: Transport and Environment*, *51*, 250–260. https://doi.org/10.1016/j.trd.2017.01.001

Delacrétaz, N., Lanz, B., Van Dijk, J. et al. (2020). *The chicken or the egg: Technology adoption and network infrastructure in the market for electric vehicles.* Verfügbar 5. Januar 2022 unter https://ethz.ch/content/dam/ethz/special-interest/mtec/cer-eth/resource-econ-dam/documents/research/sured/sured-2020/The%20chicken%20or%20the%20egg_Technology%20adoption%20and%20network.pdf

Dewenter, R., Haucap, J. & Heimeshoff, U. (2012). *ADAC Studie zur Mobilität - Maßnahmen zur Steigerung des Wettbewerbs auf den Kraftstoffmärkten in Deutschland* (first). Allgemeiner Deutscher Automobil-Club e.V. (ADAC), Ressort Verkehr.

Dong, H., Wang, L., Wei, X., Xu, Y., Li, W., Zhang, X. & Zeng, M. (2021). Capacity planning and pricing design of charging station considering the uncertainty of user behavior. *International Journal of Electrical Power & Energy Systems, 125*, 106521. https://doi.org/10.1016/j.ijepes.2020.106521

Dorcec, L., Pevec, D., Vdovic, H., Babic, J. & Podobnik, V. (2019). How do people value electric vehicle charging service? A gamified survey approach. *Journal of Cleaner Production, 210*, 887–897. https://doi.org/10.1016/j.jclepro.2018.11.032

Ecke, L., Chlond, B., Magdolen, M., Vallée, J. & Vortisch, P. (2021). *Deutsches Mobilitätspanel (MOP) – Wissenschaftliche Begleitung und Auswertungen Bericht 2020/2021: Alltagsmobilität und Fahrleistung* (Techn. Ber.). Karlsruher Institut für Technologie (KIT)- Institut für Verkehrswesen. https://doi.org/10.5445/IR/1000140958

Egbue, O. & Long, S. (2012). Barriers to widespread adoption of electric vehicles: An analysis of consumer attitudes and perceptions [Special Section: Frontiers of Sustainability]. *Energy Policy, 48*, 717–729. https://doi.org/10.1016/j.enpol.2012.06.009

Europäische Kommission. (2011). Fahrplan für den Übergang zu einer wettbewerbsfähigen CO2-armen Wirtschaft bis 2050. Verfügbar 21. Dezember 2021 unter https://eur-lex.europa.eu/legal-content/DE/TXT/PDF/?uri=CELEX:52011DC0112

Fishbein, M. (1967). Attitude and the prediction of behavior. *Readings in attitude theory and measurement.*

Fishbein, M. & Ajzen, I. (1977). Belief, attitude, intention, and behavior: An introduction to theory and research. *Philosophy and Rhetoric, 10*(2).

Fishbein, M. & Ajzen, I. (2011). *Predicting and changing behavior: The reasoned action approach*. Psychology press.

Franke, T., Cocron, P., Bühler, F., Neumann, I. & Krems, J. (2012). Adapting to the range of an electric vehicle–the relation of experience to subjectively available mobility resources. *Proceedings of the European conference on human centred design for intelligent transport systems, Valencia, Spain*, 95–103.

Franke, T., Günther, M., Trantow, M. & Krems, J. F. (2017). Does this range suit me? Range satisfaction of battery electric vehicle users. *Applied Ergonomics, 65*, 191–199. https://doi.org/10.1016/j.apergo.2017.06.013

Franke, T., Günther, M., Trantow, M., Rauh, N. & Krems, J. F. (2015). Range comfort zone of electric vehicle users – concept and assessment. *IET Intelligent Transport Systems, 9*(7), 740–745. https://doi.org/https://doi.org/10.1049/iet-its.2014.0169

Franke, T. & Krems, J. F. (2013a). Interacting with limited mobility resources: Psychological range levels in electric vehicle use [Psychology of Sustainable Travel Behavior]. *Transportation Research Part A: Policy and Practice, 48*, 109–122. https://doi.org/10.1016/j.tra.2012.10.010

Franke, T. & Krems, J. F. (2013b). Understanding charging behaviour of electric vehicle users. *Transportation Research Part F: Traffic Psychology and Behaviour, 21*, 75–89. https://doi.org/10.1016/j.trf.2013.09.002

Franke, T. & Krems, J. F. (2013c). What drives range preferences in electric vehicle users? *Transport Policy, 30*, 56–62. https://doi.org/10.1016/j.tranpol.2013.07.005

Franke, T. & Krems, J. F. (2013d). What drives range preferences in electric vehicle users? *Transport Policy, 30*, 56–62. https://doi.org//10.1016/j.tranpol.2013.07.005

Franke, T., Neumann, I., Bühler, F., Cocron, P. & Krems, J. F. (2011). Experiencing Range in an Electric Vehicle: Understanding Psychological Barriers. *Applied Psychology, 61*(3), 368–391. https://doi.org/10.1111/j.1464-0597.2011.00474.x

Franke, T., Rauh, N., Günther, M., Trantow, M. & Krems, J. F. (2016). Which Factors Can Protect Against Range Stress in Everyday Usage of Battery Electric Vehicles? Toward Enhancing Sustainability of Electric Mobility Systems [PMID: 26646301]. *Human Factors, 58*(1), 13–26. https://doi.org/10.1177/0018720815614702

Franke, T., Rauh, N. & Krems, J. F. (2016). Individual differences in BEV drivers' range stress during first encounter of a critical range situation [Special Issue: Human factors for a sustainable future]. *Applied Ergonomics, 57*, 28–35. https://doi.org/10.1016/j.apergo.2015.09.010

Franke, T., Schmalfuß, F. & Rauh, N. (2018). Human Factors and Ergonomics in the Individual Adoption and Use of Electric Vehicles. *Ergonomics and Human Factors for a Sustainable Future*, 135–160. https://doi.org/10.1007/978-981-10-8072-2_6

Franke, T., Trantow, M., Günther, M., Krems, J. F., Zott, V. & Keinath, A. (2015). Advancing Electric Vehicle Range Displays for Enhanced User Experience: The Relevance of Trust and Adaptability. *Proceedings of the 7th International Conference on Automotive User Interfaces and Interactive Vehicular Applications*, 249–256. https://doi.org/10.1145/2799250.2799283

Frenzel, I., Trommer, S., Lenz, B. & Jarass, J. (2015). *Erstnutzer von Elektrofahrzeugen in Deutschland. Nutzerprofile, Anschaffung, Fahrzeugnutzung* (Techn. Ber.). Deutsches Zentrum für Luft- und Raumfahrt e.V. Verfügbar 21. Dezember 2021 unter http://www.dlr.de/vf/Portaldata/12/

Resources / dokumente / projekte / pakt2 / Ergebnisbericht_E-Nutzer_2015.pdf

Gauglitz, P., Geiger, D., Ulffers, J. & Zauner, E. (2021). Modeling public charging infrastructure considering points of interest and parking potentials. *Advances in Geosciences, 56*, 1–12. https://doi.org/10.5194/adgeo-56-1-2021

Gebauer, F., Vilimek, R., Keinath, A. & Carbon, C.-C. (2016). Changing attitudes towards e-mobility by actively elaborating fast-charging technology. *Technological Forecasting and Social Change, 106*, 31–36. https://doi.org/10.1016/j.techfore.2016.02.006

Giansoldati, M., Danielis, R., Rotaris, L. & Scorrano, M. (2018). The role of driving range in consumers' purchasing decision for electric cars in Italy. *Energy, 165*, 267–274. https://doi.org/10.1016/j.energy.2018.09.095

Globisch, J., Plötz, P., Dütschke, E. & Wietschel, M. (2018). *Consumer evaluation of public charging infrastructure for electric vehicles* (Techn. Ber.). Working Paper Sustainability und Innovation.

Gnann, T., Funke, S., Jakobsson, N., Plötz, P., Sprei, F. & Bennehag, A. (2018). Fast charging infrastructure for electric vehicles: Today's situation and future needs. *Transportation Research Part D: Transport and Environment, 62*, 314–329. https://doi.org/10.1016/j.trd.2018.03.004

Gnann, T., Goldbach, D., Jakobsson, N., Plötz, P., Bennehag, A. & Sprei, F. (2016). A Model for Public Fast Charging Infrastructure Needs. *World Electric Vehicle Journal, 8*(4), 943–954. https://doi.org/10.3390/wevj8040943

Gnann, T., Plötz, P. & Wietschel, M. (2015). How to address the chicken-egg-problem of electric vehicles? Introducing an interaction market diffusion model for EVs and charging infrastructure. *Proceedings of the 2015 ECEEE summer study, Toulon, France*, 873–884.

GoingElectric. (2022). Stromtankstellen Statistik Deutschland. *GoingElectric*. Verfügbar 7. Januar 2022 unter https://www.goingelectric.de/stromtankstellen/statistik/Deutschland/

Gómez Vilchez, J., Harrison, G., Kelleher, L., Smyth, A., Thiel, C., Lu, H. & Rohr, C. (2017). Quantifying the factors influencing people's car type choices in Europe.

Gong, L., Fu, Y. & Li, Z. (2016). Integrated planning of BEV public fast-charging stations. *The Electricity Journal, 29*(10), 62–77. https://doi.org/10.1016/j.tej.2016.11.010

González, J., Alvaro, R., Gamallo, C., Fuentes, M., Fraile-Ardanuy, J., Knapen, L. & Janssens, D. (2014). Determining Electric Vehicle Charging Point Locations Considering Drivers' Daily Activities [The 5th International Conference on Ambient Systems, Networks and Technologies (ANT-2014), the 4th International Conference on Sustainable Energy Information Technology (SEIT-2014)]. *Procedia Computer Science*, *32*, 647–654. https://doi.org/10.1016/j.procs.2014.05.472

Greaves, S., Backman, H. & Ellison, A. B. (2014). An empirical assessment of the feasibility of battery electric vehicles for day-to-day driving. *Transportation Research Part A: Policy and Practice*, *66*, 226–237. https://doi.org/10.1016/j.tra.2014.05.011

Guarnieri, M. (2012). Looking back to electric cars. *2012 Third IEEE HISTory of ELectro-technology CONference (HISTELCON)*, 1–6. https://doi.org/10.1109/histelcon.2012.6487583

Günther, M., Rauh, N. & Krems, J. F. (2019). How driving experience and consumption related information influences eco-driving with battery electric vehicles – Results from a field study. *Transportation Research Part F: Traffic Psychology and Behaviour*, *62*, 435–450. https://doi.org/https://10.1016/j.trf.2019.01.016

Guo, Z., Deride, J. & Fan, Y. (2016). Infrastructure planning for fast charging stations in a competitive market. *Transportation Research Part C: Emerging Technologies*, *68*, 215–227. https://doi.org/10.1016/j.trc.2016.04.010

Gupta, R. S., Tyagi, A. & Anand, S. (2021). Optimal allocation of electric vehicles charging infrastructure, policies and future trends. *Journal of Energy Storage*, *43*, 103291. https://doi.org/10.1016/j.est.2021.103291

Haddadian, G., Khodayar, M. & Shahidehpour, M. (2015). Accelerating the Global Adoption of Electric Vehicles: Barriers and Drivers. *The Electricity Journal*, *28*(10), 53–68. https://doi.org/10.1016/j.tej.2015.11.011

Halbey, J., Kowalewski, S. & Ziefle, M. (2015). Going on a road-trip with my electric car: Acceptance criteria for long-distance-use of electric vehicles. *International Conference of Design, User Experience, and Usability*, 473–484. https://doi.org/10.1007/978-3-319-20889-3_44

Halbey, J., Philipsen, R., Schmidt, T. & Ziefle, M. (2017). Range makes all the difference? Weighing up range, charging time and fast-charging network density as key drivers for the acceptance of battery electric vehicles. *International Conference on Applied Human Factors and Ergonomics*, 939–950. https://doi.org/10.1007/978-3-319-60441-1_90

Hall, D. & Lutsey, N. (2017). Emerging best practices for electric vehicle charging infrastructure. *Washington, DC: The International Council on Clean Transportation (ICCT).*

Han, X., Ouyang, M., Lu, L. & Li, J. (2014). A comparative study of commercial lithium ion battery cycle life in electric vehicle: Capacity loss estimation. *Journal of Power Sources*, *268*, 658–669. https://doi.org/https://doi.org/10.1016/j.jpowsour.2014.06.111

Hao, X., Wang, H., Lin, Z. & Ouyang, M. (2020). Seasonal effects on electric vehicle energy consumption and driving range: A case study on personal, taxi, and ridesharing vehicles. *Journal of Cleaner Production*, *249*, 119403. https://doi.org/10.1016/j.jclepro.2019.119403

Hardinghaus, M., Blümel, H. & Seidel, C. (2016). Charging Infrastructure Implementation for EVs – the Case of Berlin [Transport Research Arena TRA2016]. *Transportation Research Procedia*, *14*, 2594–2603. https://doi.org/https://doi.org/10.1016/j.trpro.2016.05.410

Hawkins, T. R., Singh, B., Majeau-Bettez, G. & Strømman, A. H. (2013). Comparative Environmental Life Cycle Assessment of Conventional and Electric Vehicles. *Journal of Industrial Ecology*, *17*(1), 53–64. https://doi.org/10.1111/j.1530-9290.2012.00532.x

Helmus, J. & Van den Hoed, R. (2015). Unraveling User Type Characteristics: Towards a Taxonomy for Charging Infrastructure. *World Electric Vehicle Journal*, *7*(4), 589–604. https://doi.org/10.3390/wevj7040589

Herrmann, A., Schmidt-Gallas, D. & Huber, F. (2003). Adaptive Conjoint Analysis: Understanding the Methodology and Assessing Reliability and Validity. In A. Gustafsson, A. Herrmann & F. Huber (Hrsg.), *Conjoint Measurement: Methods and Applications* (S. 305–329). Springer Berlin Heidelberg. https://doi.org/10.1007/978-3-540-24713-5_13

Hofstätter, P. R. (1960). *Das Denken in Stereotypen*. Vandenhoeck & Ruprecht.

Høyer, K. G. (2008). The history of alternative fuels in transportation: The case of electric and hybrid cars [Sustainable Energy and Transportation Systems]. *Utilities Policy*, *16*(2), 63–71. https://doi.org/10.1016/j.jup.2007.11.001

Hu, L., Dong, J. & Lin, Z. (2019). Modeling charging behavior of battery electric vehicle drivers: A cumulative prospect theory based approach. *Transportation Research Part C: Emerging Technologies*, *102*, 474–489. https://doi.org/10.1016/j.trc.2019.03.027

IPCC. (2021). Climate Change 2021: The Physical Science Basis. Contribution of Working Group I to the Sixth Assessment Report of the Intergovernmental Panel on Climate Change (V. Masson-Delmotte, P. Zhai, A. Pirani, S. Connors, C. Péan, S. Berger, N. Caud, Y. Chen, L. Goldfarb, M. Gomis, M. Huang, K. Leitzell, E. Lonnoy, J. Matthews, T. Maycock, T. Waterfield, O. Yelekçi, R. Yu & Z. B., Hrsg.).

Jain, N. K., Bhaskar, K. & Jain, S. (2021). What drives adoption intention of electric vehicles in India? An integrated UTAUT model with environmental concerns, perceived risk and government support. *Research in Transportation Business & Management*, 100730. https://doi.org/https://doi.org/10.1016/j.rtbm.2021.100730

Jenn, A., Clark-Sutton, K., Gallaher, M. & Petrusa, J. (2020). Environmental impacts of extreme fast charging. *Environmental Research Letters*, *15*(9), 094060. https://doi.org/10.1088/1748-9326/ab9870

Kavianipour, M., Fakhrmoosavi, F., Singh, H., Ghamami, M., Zockaie, A., Ouyang, Y. & Jackson, R. (2021). Electric vehicle fast charging infrastructure planning in urban networks considering daily travel and charging behavior. *Transportation Research Part D: Transport and Environment*, *93*, 102769. https://doi.org/10.1016/j.trd.2021.102769

Kelley, T. L. (1935). An unbiased correlation ratio measure. *Proceedings of the National Academy of Sciences of the United States of America*, *21*(9), 554.

Khan, W., Ahmad, A., Ahmad, F. & Alam, M. S. (2018). A Comprehensive Review of Fast Charging Infrastructure for Electric Vehicles. *Smart Science*, *6*(3), 256–270. https://doi.org/10.1080/23080477.2018.1437323

Kim, S., Lee, J. & Lee, C. (2017). Does Driving Range of Electric Vehicles Influence Electric Vehicle Adoption? *Sustainability*, *9*(10). https://doi.org/10.3390/su9101783

Kitamura, R. & Sperling, D. (1987). Refueling behavior of automobile drivers. *Transportation Research Part A: General*, *21*(3), 235–245. https://doi.org/10.1016/0191-2607(87)90017-3

Kovaleva, A., Beierlein, C., Kemper, C. J. & Rammstedt, B. (2014). *Die Skala Impulsives-Verhalten-8 (I-8)* (Techn. Ber.). ZIS - GESIS Leibniz Institute for the Social Sciences. https://doi.org/10.6102/zis183

Kowalewski, S., Wilkowska, W. & Ziefle, M. (2010). Accounting for user diversity in the acceptance of medical assistive technologies. *International Conference on Electronic Healthcare*, 175–183. https://doi.org/10.1007/978-3-642-23635-8_22

Kraftfahrt-Bundesamt. (2021a). *Durchschnittsalter der Personenkraftwagen wächst*. Verfügbar 31. Dezember 2021 unter https://www.kba.de/DE/Statistik/Fahrzeuge/Bestand/Fahrzeugalter/2021/2021_b_kurzbericht_fz_alter_pdf?__blob=publicationFile&v=2

Kraftfahrt-Bundesamt. (2021b). *Fahrzeugzulassungen (FZ) - Bestand an Kraftfahrzeugen nach Umwelt-Merkmalen*. Verfügbar 21. Dezember 2021 unter https://www.kba.de/SharedDocs/Downloads/DE/Statistik/Fahrzeuge/FZ13/fz13_2021.pdf?__blob=publicationFile&v=4

Kraftfahrt-Bundesamt. (2021c). *Neuzulassungen von Personenkraftwagen (Pkw) im Jahresverlauf 2021 nach Marken und alternativen Antrieben*. Verfügbar 21. Dezember 2021 unter https://www.kba.de/SharedDocs/Downloads/DE/Pressemitteilungen/DE/2021/pm_51_2021_alternative_Antriebe_11_2021.pdf?__blob=publicationFile&v=5

Krause, J., Ladwig, S., Saupp, L. M., Horn, D., Schmidt, A. & Schwalm, M. (2018). Perceived Usage Potential of Fast-Charging Locations. *World Electric Vehicle Journal*, *9*(1). https://doi.org/10.3390/wevj9010014

Krause, J., Ladwig, S. & Schwalm, M. (2017). Better (not) Charge in Your Garage! Perceived Benefits and Optimal Positioning of Public Fast Charging Infrastructure for Electrical Vehicles from User's Perspective. In J. Charytonowicz (Hrsg.), *Advances in Human Factors, Sustainable Urban Planning and Infrastructure* (S. 261–269). Springer International Publishing. https://doi.org/10.1007/978-3-319-60450-3_25

Krause, J., Ladwig, S. & Schwalm, M. (2018). Statistical assessment of EV usage potential from user's perspective considering rapid-charging technology [The contribution of electric vehicles to environmental challenges in transport. WCTRS conference in summer]. *Transportation Research Part D: Transport and Environment*, *64*, 150–157. https://doi.org/10.1016/j.trd.2018.01.025

Krumm, J. (2012). How People Use Their Vehicles: Statistics from the 2009 National Household Travel Survey (Society of Automotive Engineers (SAE) 2012 World Congress) [Society of Automotive Engineers (SAE) 2012 World Congress]. https://doi.org/10.4271/2012-01-0489

Kuby, M. (2019). The opposite of ubiquitous: How early adopters of fast-filling alt-fuel vehicles adapt to the sparsity of stations. *Journal of Transport Geography*, *75*, 46–57. https://doi.org/10.1016/j.jtrangeo.2019.01.003

Kumar, R. R. & Alok, K. (2020). Adoption of electric vehicle: A literature review and prospects for sustainability. *Journal of Cleaner Production*, *253*, 119911. https://doi.org/10.1016/j.jclepro.2019.119911

Larson, P. D., Viáfara, J., Parsons, R. V. & Elias, A. (2014). Consumer attitudes about electric cars: Pricing analysis and policy implications. *Transportation Research Part A: Policy and Practice*, *69*, 299–314. https://doi.org/10.1016/j.tra.2014.09.002

Lebeau, K., Van Mierlo, J., Lebeau, P., Mairesse, O. & Macharis, C. (2013). Consumer attitudes towards battery electric vehicles: a large-scale survey.

International Journal of Electric and Hybrid Vehicles, *5*(1), 28–41. https://doi.org/10.1504/IJEHV.2013.053466

Lee, J. H., Chakraborty, D., Hardman, S. J. & Tal, G. (2020). Exploring electric vehicle charging patterns: Mixed usage of charging infrastructure. *Transportation Research Part D: Transport and Environment*, *79*, 102249. https://doi.org/10.1016/j.trd.2020.102249

Li, Q., Long, R., Chen, H. & Geng, J. (2017). Low Purchase Willingness for Battery Electric Vehicles: Analysis and Simulation Based on the Fault Tree Model. *Sustainability*, *9*(5). https://doi.org/10.3390/su9050809

Lieven, T., Mühlmeier, S., Henkel, S. & Waller, J. F. (2011). Who will buy electric cars? An empirical study in Germany. *Transportation Research Part D: Transport and Environment*, *16*(3), 236–243. https://doi.org/10.1016/j.trd.2010.12.001

Lin, H., Ding, Y. & Li, L. (2021). Research on layout planning of Charging Infrastructure for Private Electric Vehicle Charging Station. *IOP Conference Series: Earth and Environmental Science*, *714*(4), 042087. https://doi.org/10.1088/1755-1315/714/4/042087

Lorentzen, E., Haugneland, P., Bu, C. & Hauge, E. (2017). Charging infrastructure experiences in Norway-the worlds most advanced EV market. *EVS30 Symposium*, 9–11.

Mahmoudzadeh Andwari, A., Pesiridis, A., Rajoo, S., Martinez-Botas, R. & Esfahanian, V. (2017). A review of Battery Electric Vehicle technology and readiness levels. *Renewable and Sustainable Energy Reviews*, *78*, 414–430. https://doi.org/10.1016/j.rser.2017.03.138

Maia, S. C., Teicher, H. & Meyboom, A. (2015). Infrastructure as social catalyst: Electric vehicle station planning and deployment. *Technological Forecasting and Social Change*, *100*, 53–65. https://doi.org/10.1016/j.techfore.2015.09.020

Melliger, M. A., van Vliet, O. P. & Liimatainen, H. (2018). Anxiety vs reality – Sufficiency of battery electric vehicle range in Switzerland and Finland. *Transportation Research Part D: Transport and Environment*, *65*, 101–115. https://doi.org/10.1016/j.trd.2018.08.011

Metais, M., Jouini, O., Perez, Y., Berrada, J. & Suomalainen, E. (2022). Too much or not enough? Planning electric vehicle charging infrastructure: A review of modeling options. *Renewable and Sustainable Energy Reviews*, *153*, 111719. https://doi.org/10.1016/j.rser.2021.111719

Morrissey, P., Weldon, P. & O'Mahony, M. (2016). Future standard and fast charging infrastructure planning: An analysis of electric vehicle charging behaviour. *Energy Policy*, *89*, 257–270. https://doi.org/10.1016/j.enpol.2015.12.001

Nationale Plattform Elektromobilität. (2020). Die Deutsche Normungs-Roadmap Elektromobilität 2020 - AG4 – Normung, Standardisierung und Zertifizierung. Verfügbar 6. Januar 2022 unter https://www.vde-trier.de/resource/blob/1741666/8446b7d26d28c3e351234ffdb5b7b5ca/die-deutsche-normungs-roadmap-elektromobilitaet-2020-data.pdf

Neyer, F. J., Felber, J. & Gebhardt, C. (2016). Kurzskala Technikbereitschaft (TB, technology commitment). *Zusammenstellung sozialwissenschaftlicher Items und Skalen (ZIS)*. https://doi.org/10.6102/ZIS244

Nilsson, M. (2011a). Electric vehicles: An interview study investigating the phenomenon of range anxiety. Verfügbar 30. Dezember 2021 unter https://cordis.europa.eu/docs/projects/cnect/5/249105/080/deliverables/%20001-AninterviewstudyinvestigatingthephenomenonofrangeanxietyELVIRE21.pdf

Nilsson, M. (2011b). Electric Vehicles. The Phenomenon of Range Anxiety. Verfügbar 30. Dezember 2021 unter http://e-mobility-nsr.eu/fileadmin/user_upload/downloads/info-pool/the_phenomenon_of_range_anxiety_elvire.pdf

Nobis, C. & Kuhnimhof, T. (2018). Mobilität in Deutschland - MiD: Ergebnisbericht. Studie von infas, DLR, IVT und infas 360 im Auftrag des Bundesmninisters für Verkehr und digitale Infrastruktur (FE-Nr. 70.904/15). Verfügbar 30. Dezember 2021 unter https://www.mobilitaet-in-deutschland.de/pdf/MiD2017_Ergebnisbericht.pdf

Norman, D. A. (2014). Some observations on mental models. *Mental models* (S. 15–22). Psychology Press.

Nov, O. & Ye, C. (2008). Personality and Technology Acceptance: Personal Innovativeness in IT, Openness and Resistance to Change. *Proceedings of the 41st Annual Hawaii International Conference on System Sciences (HICSS 2008)*, 448–448. https://doi.org/10.1109/HICSS.2008.348

Ogden, J. (2003). Some problems with social cognition models: A pragmatic and conceptual analysis. *Health psychology*, *22*(4), 424. https://doi.org/10.1037/0278-6133.22.4.424

Osgood, C. E. (1952). The nature and measurement of meaning. *Psychological bulletin*, *49*(3), 197.

Otter, T. (2007). HB-analysis for multi-format adaptive CBC. *Sawtooth Software Conference*, 111.

Paris Agreement [Treaty No. XXVII-7-d]. (2015). United Nations. Verfügbar 21. Dezember 2021 unter https://treaties.un.org/pages/ViewDetails.aspx?src=TREATY&mtdsg_no=XXVII-7-d&chapter=27&clang=_en

Patil, D., McDonough, M. K., Miller, J. M., Fahimi, B. & Balsara, P. T. (2018). Wireless Power Transfer for Vehicular Applications: Overview and Challenges. *IEEE Transactions on Transportation Electrification*, *4*(1), 3–37. https://doi.org/10.1109/TTE.2017.2780627

Peters, A. & Dütschke, E. (2014). How do consumers perceive electric vehicles? A comparison of German consumer groups. *Journal of Environmental Policy & Planning*, *16*(3), 359–377. https://doi.org/10.1080/1523908X.2013.879037

Philipsen, R., Biermann, H. & Ziefle, M. (2021). The Way You Do Things You Do–Fueling or Charging Cars as Dealing with Refillable Resources. *International Conference on Applied Human Factors and Ergonomics*, 255–268. https://doi.org/10.1007/978-3-030-80012-3_31

Philipsen, R., Brell, T., Funke, T., Brost, W. & Ziefle, M. (2018). With a little help from my government–a user perspective on state support for electric vehicles. *International Conference on Applied Human Factors and Ergonomics*, 386–397. https://doi.org/10.1007/978-3-319-93885-1_35

Philipsen, R., Schmidt, T. & Ziefle, M. (2015). A Charging Place to Be-Users' Evaluation Criteria for the Positioning of Fast-charging Infrastructure for Electro Mobility. *Procedia Manufacturing*, *3*, 2792–2799. https://doi.org/10.1016/j.promfg.2015.07.742

Philipsen, R., Schmidt, T. & Ziefle, M. (2017). Well Worth a Detour?—Users' Preferences Regarding the Attributes of Fast-Charging Infrastructure for Electromobility. *Advances in Human Aspects of Transportation* (S. 937–950). Springer. https://doi.org/10.1007/978-3-319-41682-3_77

Plenter, F., von Hoffen, M., Chasin, F., Benhaus, S., Matzner, M., Paukstadt, U. & Becker, J. (2018). Quantifying Consumers' Willingness to Pay for Electric Vehicle Charging. *2018 IEEE 20th Conference on Business Informatics (CBI)*, *01*, 196–203. https://doi.org/10.1109/CBI.2018.00030

Ramaswamy, V. & Ozcan, K. (2018). What is co-creation? An interactional creation framework and its implications for value creation. *Journal of Business Research*, *84*, 196–205. https://doi.org/10.1016/j.jbusres.2017.11.027

Rat für Deutsche Rechtschreibung. (2021). Geschlechtergerechte Schreibung: Empfehlungen vom 26.03.2021. Verfügbar 21. Dezember 2021 unter https://www.rechtschreibrat.com/DOX/rfdr_PM_2021-03-26_Geschlechtergerechte_Schreibung.pdf

Rauh, N., Franke, T. & Krems, J. F. (2015a). Understanding the Impact of Electric Vehicle Driving Experience on Range Anxiety [PMID: 25790577]. *Human Factors, 57*(1), 177–187. https://doi.org/10.1177/0018720814546372

Rauh, N., Franke, T. & Krems, J. F. (2015b). User experience with electric vehicles while driving in a critical range situation – a qualitative approach. *IET Intelligent Transport Systems, 9*(7), 734–739. https://doi.org/10.1049/iet-its.2014.0214

Rogers, E. M. (1962). *Diffusion of Innovations.* Simon & Schuster, The Free Press.

Sadeghi-Barzani, P., Rajabi-Ghahnavieh, A. & Kazemi-Karegar, H. (2014). Optimal fast charging station placing and sizing. *Applied Energy, 125*, 289–299. https://doi.org/https://doi.org/10.1016/j.apenergy.2014.03.077

Schmalfuß, F., Mühl, K. & Krems, J. F. (2017). Direct experience with battery electric vehicles (BEVs) matters when evaluating vehicle attributes, attitude and purchase intention. *Transportation Research Part F: Traffic Psychology and Behaviour, 46*, 47–69. https://doi.org/10.1016/j.trf.2017.01.004

Schmidt, M., Staudt, P. & Weinhardt, C. (2020). Evaluating the importance and impact of user behavior on public destination charging of electric vehicles. *Applied Energy, 258*, 114061. https://doi.org/10.1016/j.apenergy.2019.114061

Schoettle, B. & Sivak, M. (2018). Resale Values of Electric and Conventional Vehicles: Recent Trends and Influence on the Decision to Purchase a New Vehicle.

Schuh, G., Schwartz, M., Kolz, D., Jussen, P. & Meyring, T. L. (2018). Scenarios for the Development of Electromobility. *Proceedings of the 7th International Conference on Informatics, Environment, Energy and Applications*, 174–178. https://doi.org/10.1145/3208854.3208866

Schulz, F. & Rode, J. (2022). Public charging infrastructure and electric vehicles in Norway. *Energy Policy, 160*, 112660. https://doi.org/https://doi.org/10.1016/j.enpol.2021.112660

Shahraki, N., Cai, H., Turkay, M. & Xu, M. (2015). Optimal locations of electric public charging stations using real world vehicle travel patterns. *Transportation Research Part D: Transport and Environment, 41*, 165–176. https://doi.org/10.1016/j.trd.2015.09.011

Shalender, K. & Sharma, N. (2021). Using extended theory of planned behaviour (TPB) to predict adoption intention of electric vehicles in India. *Environment, Development and Sustainability, 23*(1), 665–681. https://doi.org/10.1007/s10668-020-00602-7

Shi, L., Hao, Y., Lv, S., Cipcigan, L. & Liang, J. (2021). A comprehensive charging network planning scheme for promoting EV charging infrastructure considering the Chicken-Eggs dilemma [Transport Infrastructures: Investments, Evaluation and Regional Economic Growth]. *Research in Transportation Economics, 88*, 100837. https://doi.org/10.1016/j.retrec.2020.100837

Shi, X., Pan, J., Wang, H. & Cai, H. (2019). Battery electric vehicles: What is the minimum range required? *Energy, 166*, 352–358. https://doi.org/10.1016/j.energy.2018.10.056

Simsekoglu, Ö. (2018). Socio-demographic characteristics, psychological factors and knowledge related to electric car use: A comparison between electric and conventional car drivers. *Transport Policy, 72*, 180–186. https://doi.org/10.1016/j.tranpol.2018.03.009

Simsekoglu, Ö. & Nayum, A. (2019). Predictors of intention to buy a battery electric vehicle among conventional car drivers. *Transportation Research Part F: Traffic Psychology and Behaviour, 60*, 1–10. https://doi.org/10.1016/j.trf.2018.10.001

Smart, J. & Schey, S. (2012). Battery Electric Vehicle Driving and Charging Behavior Observed Early in The EV Project. *SAE International Journal of Alternative Powertrains, 1*(1), 27–33. https://doi.org/10.4271/2012-01-0199

Sperling, D. & Kitamura, R. (1986). Refueling and new fuels: An exploratory analysis. *Transportation Research Part A: General, 20*(1), 15–23. https://doi.org/10.1016/0191-2607(86)90011-7

Staggers, N. & Norcio, A. F. (1993). Mental models: concepts for human-computer interaction research. *International Journal of Man-machine studies, 38*(4), 587–605. https://doi.org/10.1006/imms.1993.1028

Statistisches Bundesamt. (2021). *Auszug aus dem Datenreport 2021 - Kapitel 1: Bevölkerung und Demografie.* Statistisches Bundesamt. Verfügbar 28. Dezember 2021 unter https://www.destatis.de/DE/Service/Statistik-Campus/Datenreport/Downloads/datenreport-2021-kap-1.pdf?__blob=publicationFile

Sun, X.-H., Yamamoto, T. & Morikawa, T. (2015). Charge timing choice behavior of battery electric vehicle users. *Transportation Research Part D: Transport and Environment, 37*, 97–107. https://doi.org/10.1016/j.trd.2015.04.007

Sun, X.-H., Yamamoto, T. & Morikawa, T. (2016). Fast-charging station choice behavior among battery electric vehicle users. *Transportation Research Part D: Transport and Environment, 46*, 26–39. https://doi.org/10.1016/j.trd.2016.03.008

Thiel, C., Drossinos, Y., Krause, J., Harrison, G., Gkatzoflias, D. & Donati, A. V. (2016). Modelling Electro-mobility: An Integrated Modelling Platform for Assessing European Policies [Transport Research Arena TRA2016]. *Transportation Research Procedia, 14*, 2544–2553. https://doi.org/10.1016/j.trpro.2016.05.341

Tran, M., Banister, D., Bishop, J. D. & McCulloch, M. D. (2012). Realizing the electric-vehicle revolution. *Nature climate change, 2*(5), 328–333. https://doi.org/10.1038/nclimate1429

Trommer, S., Jarass, J. & Kolarova, V. (2015). Early adopters of electric vehicles in Germany unveiled. *Proceedings of the 28th International Electric Vehicle Symposium and Exhibition.* https://doi.org/10.3390/wevj7040722

Tu, H., Feng, H., Srdic, S. & Lukic, S. (2019). Extreme Fast Charging of Electric Vehicles: A Technology Overview. *IEEE Transactions on Transportation Electrification, 5*(4), 861–878. https://doi.org/10.1109/TTE.2019.2958709

Umweltbundesamt. (2021a). Berichterstattung unter der Klimarahmenkonvention der Vereinten Nationen und dem Kyoto-Protokoll 2021 - Nationaler Inventarbericht zum Deutschen Treibhausgasinventar 1990 – 2019. *Climate Change, 43.* Verfügbar 21. Dezember 2021 unter https://www.umweltbundesamt.de/sites/default/files/medien/5750/publikationen/2021-05-19_cc_43-2021_nir_2021_1.pdf

Umweltbundesamt. (2021b). *Emissionen ausgewählter Treibhausgase in Deutschland nach Kategorien in Tsd. t Kohlendioxid-Äquivalenten.* Umweltbundesamt. Verfügbar 21. Dezember 2021 unter https://www.umweltbundesamt.de/sites/default/files/medien/384/bilder/dateien/8_tab_thg-emi-kat_2021.pdf

van der Kam, M., van Sark, W. & Alkemade, F. (2020). Multiple roads ahead: How charging behavior can guide charging infrastructure roll-out policy. *Transportation Research Part D: Transport and Environment, 85*, 102452. https://doi.org/10.1016/j.trd.2020.102452

Venkatesh, V., Morris, M. G., Davis, G. B. & Davis, F. D. (2003). User Acceptance of Information Technology: Toward a Unified View. *MIS Quarterly, 27*(3), 425–478. https://doi.org/10.2307/30036540

Walker, G. H., Stanton, N. A. & Salmon, P. (2016). Trust in vehicle technology. *International Journal of Vehicle Design, 70*(2), 157–182. https://doi.org/10.1504/IJVD.2016.074419

Wang, S., Fan, J., Zhao, D., Yang, S. & Fu, Y. (2016). Predicting consumers' intention to adopt hybrid electric vehicles: using an extended version of the theory of planned behavior model. *Transportation*, *43*(1), 123–143. https://doi.org/10.1007/s11116-014-9567-9

Wang, S., Wang, J., Li, J., Wang, J. & Liang, L. (2018). Policy implications for promoting the adoption of electric vehicles: Do consumer's knowledge, perceived risk and financial incentive policy matter? *Transportation Research Part A: Policy and Practice*, *117*, 58–69. https://doi.org/10.1016/j.tra.2018.08.014

Weber, E. U., Blais, A.-R. & Betz, N. E. (2002). A domain-specific risk-attitude scale: measuring risk perceptions and risk behaviors. *Journal of Behavioral Decision Making*, *15*(4), 263–290. https://doi.org/doi.org/10.1002/bdm.414

Weldon, P., Morrissey, P., Brady, J. & O'Mahony, M. (2016). An investigation into usage patterns of electric vehicles in Ireland. *Transportation Research Part D: Transport and Environment*, *43*, 207–225. https://doi.org/10.1016/j.trd.2015.12.013

Wen, M., Xiang, W. & Sun, J. (2021). Charging Location Selection Based on the Investigation of Charging Behavior of Private Cars. *2021 International Conference of Social Computing and Digital Economy (ICSCDE)*, 75–78. https://doi.org/10.1109/ICSCDE54196.2021.00026

Westin, K., Jansson, J. & Nordlund, A. (2018). The importance of socio-demographic characteristics, geographic setting, and attitudes for adoption of electric vehicles in Sweden. *Travel Behaviour and Society*, *13*, 118–127. https://doi.org/10.1016/j.tbs.2018.07.004

White, L. V. & Sintov, N. D. (2017). You are what you drive: Environmentalist and social innovator symbolism drives electric vehicle adoption intentions. *Transportation Research Part A: Policy and Practice*, *99*, 94–113. https://doi.org/https://doi.org/10.1016/j.tra.2017.03.008

Wicki, M., Guidon, S., Becker, F., Axhausen, K. & Bernauer, T. (2019). How technology commitment affects mode choice for a self-driving shuttle service [The future of public transport]. *Research in Transportation Business & Management*, *32*, 100458. https://doi.org/10.1016/j.rtbm.2020.100458

Wirtschaftsverband Fuels und Energie e.V. (2022). Entwicklung des Tankstellenbestandes ab 1950 in Deutschland jeweils zu Jahresbeginn. *Wirtschaftsverband Fuels und Energie e.V.* Verfügbar 7. Januar 2022 unter https://archiv.en2x.de/tankstellenbestand/

Wissing, V. (2021). Verfügbar 21. Dezember 2021 unter https://www.instagram.com/p/CXs8wqhMhCs

Wolbertus, R., van den Hoed, R., Kroesen, M. & Chorus, C. (2021). Charging infrastructure roll-out strategies for large scale introduction of electric vehicles in urban areas: An agent-based simulation study. *Transportation Research Part A: Policy and Practice, 148*, 262–285. https://doi.org/10.1016/j.tra.2021.04.010

Wolbertus, R. & van den Hoed, R. (2019). Electric Vehicle Fast Charging Needs in Cities and along Corridors. *World Electric Vehicle Journal, 10*(2). https://doi.org/10.3390/wevj10020045

Woodjack, J., Garas, D., Lentz, A., Turrentine, T., Tal, G. & Nicholas, M. (2012). Consumer Perceptions and Use of Driving Distance of Electric Vehicles: Changes Over Time Through Lifestyle Learning Process. *Transportation Research Record, 2287*(1), 1–8. https://doi.org/10.3141/2287-01

Yong, J. Y., Ramachandaramurthy, V. K., Tan, K. M. & Mithulananthan, N. (2015). A review on the state-of-the-art technologies of electric vehicle, its impacts and prospects. *Renewable and Sustainable Energy Reviews, 49*, 365–385. https://doi.org/10.1016/j.rser.2015.04.130

Zarazua de Rubens, G. (2019). Who will buy electric vehicles after early adopters? Using machine learning to identify the electric vehicle mainstream market. *Energy, 172*, 243–254. https://doi.org/10.1016/j.energy.2019.01.114

Zhang, K., Guo, H., Yao, G., Li, C., Zhang, Y. & Wang, W. (2018). Modeling Acceptance of Electric Vehicle Sharing Based on Theory of Planned Behavior. *Sustainability, 10*(12). https://doi.org/10.3390/su10124686

Zhang, W., Wang, S., Wan, L., Zhang, Z. & Zhao, D. (2022). Information perspective for understanding consumers' perceptions of electric vehicles and adoption intentions. *Transportation Research Part D: Transport and Environment, 102*, 103157. https://doi.org/10.1016/j.trd.2021.103157

Ziefle, M., Beul-Leusmann, S., Kasugai, K. & Schwalm, M. (2014). Public perception and acceptance of electric vehicles: exploring users' perceived benefits and drawbacks. *International conference of design, user experience, and usability*, 628–639. https://doi.org/10.1007/978-3-319-07635-5_60

Teil VI.

Appendix

A. Nutzerfaktoren

Tabelle A.1.: Übersicht über die in den Studien erhobenen Nutzerfaktoren mit Angabe der jeweiligen Studie und ggf. der Konstruktquelle

Nutzerfaktor	Erhebung in Studie	Quelle des Konstrukts
Sozio-Demographie		
Alter	alle	
Geschlecht	alle	
Bildungsgrad	alle	
Berufstätigkeit	alle	
Haushaltsgröße	alle	
Haushaltsnettoeinkommen	alle	
Wohnort		
Postleitzahl	Studie 1,2,4,5	
Haustyp	alle	Budde und Eilers (2014)
Verfügbarkeit Stellplatz	alle	
Verfügbarkeit priv. Lademöglichkeit	alle	
Siedlungsstruktur	alle	
	Studie 1,2,4,5	RegioStaR (Bundesministerium für Digitales und Verkehr, 2021) über PLZ
Mobilität		
Führerscheinbesitz	alle	
Verkehrsmittelnutzung	alle	
Art Pkw-Besitz/Verfügbarkeit	alle	
Durchschnittliche Pkw-Besitzdauer	alle	
Angewiesenheit auf Pkw	alle	
Jährliche Fahrleistung des/der Pkw	alle	
Antriebstechnologie des/der Pkw	alle	
Pkw-Klasse(n)	alle	
Maximale Reichweite(n)	alle	
E-Fahrzeug-Erfahrung	alle	
Steckertypen E-Fahrzeug(e)	alle	
Persönlichkeit		
Technikbereitschaft	Studie 1	Beier (1999)
	Studie 2-5	Neyer et al. (2016)
Risikobereitschaft	alle	Beierlein et al. (2015)
	Studie 4	Weber et al. (2002)
Impulsives Verhalten	Studie 4	Kovaleva et al. (2014)

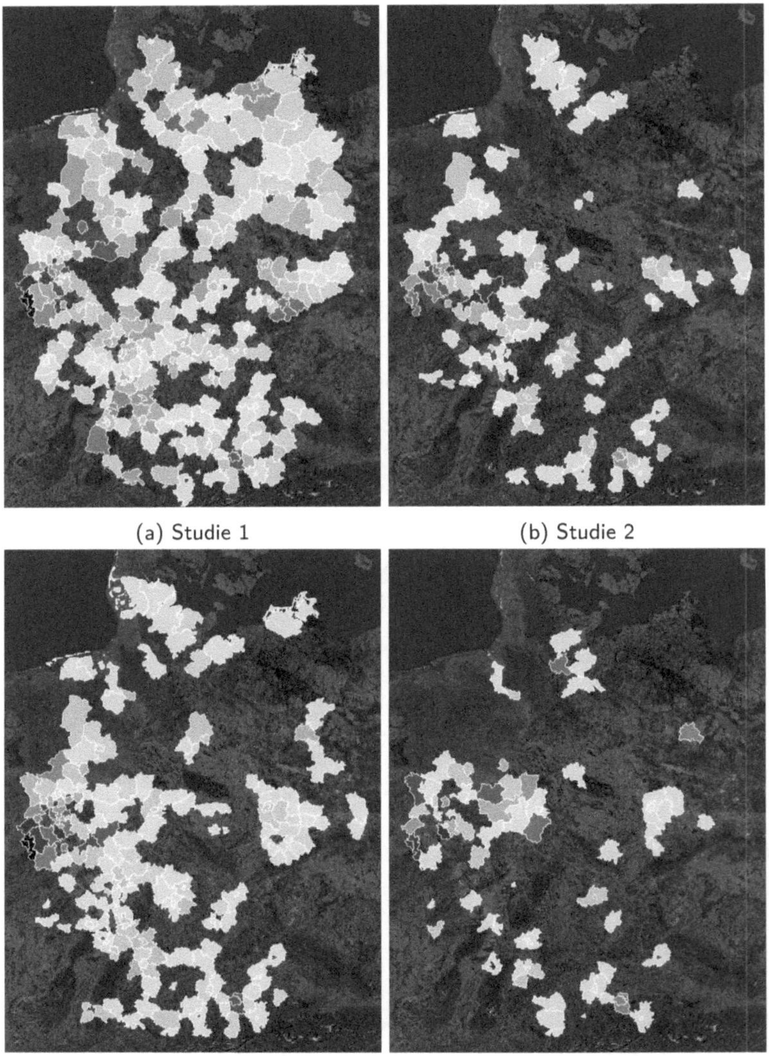

(a) Studie 1

(b) Studie 2

(c) Studie 4

(d) Studie 5

Abbildung A.1.: Visualisierung der Beantwortungen auf Kreisebene (Farbverlauf gelb (eine Beantwortung) über rot bis schwarz (höchste Beantwortungszahl))

Tabelle A.2.: Signifikante Zusammenhänge zwischen Nutzercharakteristik und in der Arbeit untersuchten Faktoren im Kontext Wahrnehmung, Anforderungen und Verhalten

Nutzerfaktor	Ladepunkte pro Standort	Entfernung zwischen Ladestandorten	Konnotation Tanken/Laden	Reichweitenstress	kritischer Füllstand	Tank-/Lademuster	Verhältnis privates/öffentliches Laden	Auslöser für Nachfüllen	Entscheidungskriterien Angebotsauswahl
Sozio-Demographie									
Alter									
Geschlecht				✔	✔			✔	
Bildungsgrad									
Berufstätigkeit									
Haushaltsgröße									
Haushaltsnettoeinkommen								✔	
Wohnort									
Haustyp			✔						
Verfügbarkeit Stellplatz									
Verfügbarkeit priv. Lademöglichkeit			✔				✔		
Siedlungsstruktur						✔	✔		✔
Mobilität									
Verkehrsmittelnutzung									
Art Pkw-Besitz/Verfügbarkeit				✔		✔			
Durchschnittliche Pkw-Besitzdauer							✔		
Angewiesenheit auf Pkw									
Jährliche Fahrleistung des/der Pkw								✔	
Antriebstechnologie des/der Pkw	✔	✔	✔	✔	✔	✔	✔	✔	✔
Pkw-Klasse(n)									
Maximale Reichweite(n)									
E-Fahrzeug-Erfahrung				✔	✔				
Steckertypen E-Fahrzeug(e)									
Persönlichkeit									
Technikbereitschaft						✔		✔	
Risikobereitschaft									
Impulsives Verhalten									

B. Teststatistiken

In diesem Abschnitt finden sich aus Gründen der Vollständigkeit alle relevanten Teststatistiken, die vor allem aus Lesbarkeitsgründen nicht in den Fließtext der Arbeit aufgenommen wurden.

Tabelle B.1.: Studie 2: Unterschiede bei der Konnotation zwischen Lade- und Tankvorgang (Teststatistik, Freiheitsgrade, Signifikanzwert und Effektstärke)

Begriffspaar	*t*	*df*	*p*	Cohen's *d*
traditionell|innovativ	27.41	332	<.001	1.50
schmutzig|sauber	24.35	332	<.001	1.33
umweltschädigend|umweltfreundlich	23.31	332	<.001	1.28
laut|leise	18.05	332	<.001	0.99
teuer|günstig	16.79	332	<.001	0.92
langsam|schnell	-12.98	332	<.001	-0.71
gefährlich|ungefährlich	12.94	332	<.001	0.71
geplant|spontan	-9.87	332	<.001	-0.54
langweilig|kurzweilig	8.43	332	<.001	0.46
unangenehm|angenehm	8.39	332	<.001	0.46
fremd|vertraut	-6.78	332	<.001	-0.37
kompliziert|einfach	-5.16	332	<.001	-0.28
unbequem|bequem	3.75	332	<.001	0.21
unsicher|sicher	3.50	332	<.001	0.19
fern|nah	-2.90	332	0.004	-0.16
zeitverschwendend|zeitersparend	1.91	332	0.057	0.11

Tabelle B.2.: Studie 2: Unterschiede bei der Konnotation des Tankvorgangs zwischen BEV- und ICEV-Nutzern (Teststatistik, Freiheitsgrade, Signifikanzwert und Effektstärke)

Begriffspaar	*t*	*df*	*p*	Cohen's *d*
unangenehm|angenehm	4.69	305	$<.001$	0.52
fern|nah	4.57	316	$<.001$	0.50
kompliziert|einfach	4.47	296	$<.001$	0.50
fremd|vertraut	4.45	282	$<.001$	0.49
unsicher|sicher	3.94	303	$<.001$	0.44
unbequem|bequem	3.39	308	$<.001$	0.38
traditionell|innovativ	-2.56	245	0.011	-0.29
zeitverschwendend|zeitersparend	2.48	331	0.014	0.27
gefährlich|ungefährlich	1.71	316	0.088	0.19
langsam|schnell	1.47	331	0.143	0.16
schmutzig|sauber	0.89	282	0.377	0.10
geplant|spontan	0.85	331	0.396	0.09
langweilig|kurzweilig	-0.84	331	0.401	-0.09
laut|leise	0.74	308	0.460	0.08
teuer|günstig	-0.51	289	0.610	-0.06
umweltschädigend|umweltfreundlich	0.24	252	0.814	0.03

Tabelle B.3.: Studie 2: Unterschiede bei der Konnotation des Ladevorgangs zwischen BEV- und ICEV-Nutzern (Teststatistik, Freiheitsgrade, Signifikanzwert und Effektstärke)

Begriffspaar	*t*	*df*	*p*	Cohen's *d*
fremd|vertraut	-17.96	296	$<.001$	-1.94
fern|nah	-12.65	327	$<.001$	-1.38
unangenehm|angenehm	-11.02	330	$<.001$	-1.20
unbequem|bequem	-10.98	328	$<.001$	-1.20
unsicher|sicher	-9.79	298	$<.001$	-1.06
langsam|schnell	-9.34	331	$<.001$	-1.02
umweltschädigend|umweltfreundlich	-9.16	295	$<.001$	-0.99
langweilig|kurzweilig	-8.91	331	$<.001$	-0.98
teuer|günstig	-8.62	330	$<.001$	-0.94
zeitverschwendend|zeitersparend	-8.49	331	$<.001$	-0.93
gefährlich|ungefährlich	-8.44	287	$<.001$	-0.91
kompliziert|einfach	-7.64	318	$<.001$	-0.83
schmutzig|sauber	-5.57	326	$<.001$	-0.61
laut|leise	-4.01	323	$<.001$	-0.44
traditionell|innovativ	-3.11	329	0.002	-0.34
geplant|spontan	-2.65	316	0.009	-0.29

Tabelle B.4.: Studie 4: Unterschiede bei der Zustimmung zu Auslösern/Anlässen für Nachfüllvorgänge zwischen BEV- und ICEV-Nutzern (Teststatistik, Freiheitsgrade, Signifikanzwert und Effektstärke)

Auslöser/Anlass	F	df	p	η_p^2
... ich zu wenig Reichweite für meine nächsten geplanten Fahrten habe.	3.60	1, 1004	.058	0.00
... der Tank/die Batterie leergefahren ist.	10.09	1, 999	.002	0.01
... der Tank-/Batteriefüllstand auf ein bestimmtes Niveau abgesunken ist.	0.56	1, 1002	.454	0.00
... ich eine bestimmte Reservereichweite unterschreite, die ich immer im Tank/in der Batterie haben will.	0.06	1, 999	.810	0.00
... sich irgendeine Gelegenheit zum Tanken/Laden bietet.	387.33	1, 996	$< .001$	0.28
... ich in der Nähe einer meiner gewohnten Tank-/Lademöglichkeiten bin.	183.59	1, 1000	$< .001$	0.16
... eine gewisse Tageszeit ist (z.B. immer abends)	12.92	1, 1000	$< .001$	0.01
... ich eine bestimmte Fahrt in meinem Tagesablauf abgeschlossen habe, nach der es für mich üblich ist zu tanken/laden.	361.71	1, 1001	$< .001$	0.27
... eine bestimmte Zeitspanne überschritten wird, nach der es sich eingebürgert hat, einfach bei der nächsten Gelegenheit zu tanken/laden.	26.65	1, 999	$< .001$	0.03
... ich spontan einen besonders günstigen Kraftstoff-/Strompreis entdecke.	171.44	1, 1000	$< .001$	0.15
...nachdem ich mich über die aktuellen Preise informiert und gezielt die günstigste Tankstelle/Ladestation angefahren habe.	15.54	1, 998	$< .001$	0.04
... mein neues Gehalt auf meinem Konto ist.	56.76	1, 994	$< .001$	0.05

Tabelle B.5.: Studie 4: Unterschiede bei der Zustimmung zu Auslösern/Anlässen für Nachfüllvorgänge zwischen den drei identifizierten Nutzerprofilen (Teststatistik, Freiheitsgrade, Signifikanzwert und Effektstärke)

Auslöser/Anlass	*F*	*df*	*p*	η_p^2
... ich zu wenig Reichweite für meine nächsten geplanten Fahrten habe.	16.00	2, 973	$< .001$	0.03
... der Tank/die Batterie leergefahren ist.	6.01	2, 973	.003	0.01
... der Tank-/Batteriefüllstand auf ein bestimmtes Niveau abgesunken ist.	1.83	2, 973	.162	0.00
... ich eine bestimmte Reservereichweite unterschreite, die ich immer im Tank/in der Batterie haben will.	5.13	2, 973	.006	0.01
... sich irgendeine Gelegenheit zum Tanken/Laden bietet.	763.94	2, 973	$< .001$	0.61
... ich in der Nähe einer meiner gewohnten Tank-/Lademöglichkeiten bin.	183.47	2, 973	$< .001$	0.27
... eine gewisse Tageszeit ist (z.B. immer abends)	24.66	2, 973	$< .001$	0.05
... ich eine bestimmte Fahrt in meinem Tagesablauf abgeschlossen habe, nach der es für mich üblich ist zu tanken/laden.	256.66	2, 973	$< .001$	0.35
... eine bestimmte Zeitspanne überschritten wird, nach der es sich eingebürgert hat, einfach bei der nächsten Gelegenheit zu tanken/laden.	101.15	2, 973	$< .001$	0.17
... ich spontan einen besonders günstigen Kraftstoff-/Strompreis entdecke.	30.35	2, 973	$< .001$	0.06
...nachdem ich mich über die aktuellen Preise informiert und gezielt die günstigste Tankstelle/Ladestation angefahren habe.	7.69	2, 973	$< .001$	0.04
... mein neues Gehalt auf meinem Konto ist.	1105.87	2, 973	$< .001$	0.69

Tabelle B.6.: Teilnutzenwerte (nullzentriert) der Attributausprägungen und zugehörige Standardabweichungen

Attributausprägung	Teilnutzenwert	Standardabweichung
Restreichweite		
300 km	-75.89	36.53
150 km	-33.20	42.06
50 km	57.84	31.20
Reserve	51.25	40.36
Aktueller Preis		
teuer	-109.20	30.21
durchschnittlich	5.69	32.63
günstig	51.96	27.08
kostenlos	51.55	33.53
Phase der Fahrt		
Start (0%)	-6.68	32.56
kurz nach dem Start (25%)	-31.14	23.96
halbe Strecke (50%)	14.24	26.51
kurz vor dem Ziel (75%)	23.58	30.00
Wegzweck		
zur Arbeit	15.68	34.00
Holen oder Bringen von Personen	-21.39	18.30
Einkaufen	-10.05	20.90
in den Urlaub	15.76	36.92
Notwendiger Umweg		
15 km	-57.52	35.58
10 km	-36.26	47.76
5 km	39.69	28.08
2 km	54.10	55.56
Angebot vor Ort		
Sanitäranlagen	12.23	28.27
Café	-1.12	18.09
Restaurant	-16.84	15.01
Supermarkt	5.73	22.17
Umgebung		
Stadt	16.09	19.12
Autobahn	-3.19	24.04
Bundesstraße	-7.75	12.92
Landstrecke	-5.16	20.39
Vertrautheit der Umgebung		
bekannte Umgebung	17.13	13.40
unbekannte Umgebung	-17.13	13.40

Tabelle B.7.: Teilnutzenwerte (nullzentriert) der Interaktionseffekte und zugehörige Standardabweichungen - Restreichweite x Phase der Fahrt

Attributausprägung	Teilnutzenwert	Standardabweichung
300 km x Start (0%)	7.08	18.40
300 km x kurz nach dem Start (25%)	-9.98	23.89
300 km x halbe Strecke (50%)	-3.92	16.09
300 km x kurz vor dem Ziel (75%)	6.81	19.98
150 km x Start (0%)	-10.38	20.37
150 km x kurz nach dem Start (25%)	12.54	20.73
150 km x halbe Strecke (50%)	2.96	17.49
150 km x kurz vor dem Ziel (75%)	-5.12	21.83
50 km x Start (100%)	5.96	18.30
50 km x kurz nach dem Start (25%)	0.53	17.05
50 km x halbe Strecke (50%)	-5.89	23.65
50 km x kurz vor dem Ziel (75%)	-0.60	19.65
Reserve x Start (0%)	-2.67	20.57
Reserve x kurz nach dem Start (25%)	-3.09	26.60
Reserve x halbe Strecke (50%)	6.85	31.18
Reserve x kurz vor dem Ziel (75%)	-1.09	29.67

Tabelle B.8.: Teilnutzenwerte (nullzentriert) der Interaktionseffekte und zugehörige Standardabweichungen - Restreichweite x Wegzweck

Attributausprägung	Teilnutzenwert	Standardabweichung
300 km x zur Arbeit	11.91	25.80
300 km x Holen oder Bringen von Personen	6.20	17.88
300 km x Einkaufen	2.82	18.34
300 km x in den Urlaub	-20.93	32.57
150 km x zur Arbeit	6.23	13.78
150 km x Holen oder Bringen von Personen	5.93	17.28
150 km x Einkaufen	-9.34	17.89
150 km x in den Urlaub	-2.81	16.88
50 km x zur Arbeit	-18.11	19.06
50 km x Holen oder Bringen von Personen	-1.36	15.46
50 km x Einkaufen	1.18	17.63
50 km x in den Urlaub	18.29	16.81
Reserve x zur Arbeit	-0.03	21.24
Reserve x Holen oder Bringen von Personen	-10.76	19.44
Reserve x Einkaufen	5.34	15.54
Reserve x in den Urlaub	5.46	28.53

Tabelle B.9.: Teilnutzenwerte (nullzentriert) der Interaktionseffekte und zugehörige Standardabweichungen - Restreichweite x notwendiger Umweg

Attributausprägung	Teilnutzenwert	Standardabweichung
300 km x 15 km	25.38	36.77
300 km x 10 km	13.47	19.52
300 km x 5 km	-11.81	16.27
300 km x 2 km	-27.03	31.21
150 km x 15 km	15.66	23.13
150 km x 10 km	5.33	17.52
150 km x 5 km	-0.98	16.53
150 km x 2 km	-20.01	13.11
50 km x 15 km	0.30	20.23
50 km x 10 km	-0.49	13.13
50 km x 5 km	-8.17	23.06
50 km x 2 km	8.36	13.93
Reserve x 15 km	-41.34	40.52
Reserve x 10 km	-18.31	18.63
Reserve x 5 km	20.96	20.88
Reserve x 2 km	38.68	37.59

Tabelle B.10.: Teilnutzenwerte (nullzentriert) der Interaktionseffekte und zugehörige Standardabweichungen - Restreichweite x Angebot vor Ort

Attributausprägung	Teilnutzenwert	Standardabweichung
300 km x Sanitäranlagen	10.94	23.35
300 km x Café	-7.29	26.42
300 km x Restaurant	5.44	24.16
300 km x Supermarkt	-9.09	26.01
150 km x Sanitäranlagen	-3.46	23.27
150 km x Café	4.12	11.89
150 km x Restaurant	-0.09	20.16
150 km x Supermarkt	-0.57	18.32
50 km x Sanitäranlagen	1.96	23.49
50 km x Café	-11.44	15.70
50 km x Restaurant	-1.76	21.11
50 km x Supermarkt	11.24	17.78
Reserve x Sanitäranlagen	-9.44	26.80
Reserve x Café	14.61	25.02
Reserve x Restaurant	-3.59	12.21
Reserve x Supermarkt	-1.58	21.74

Tabelle B.11.: Teilnutzenwerte (nullzentriert) der Interaktionseffekte und zugehörige Standardabweichungen - Restreichweite x Umgebung

Attributausprägung	Teilnutzenwert	Standardabweichung
300 km x Stadt	-13.41	19.62
300 km x Autobahn	-1.20	21.17
300 km x Bundesstraße	21.81	28.43
300 km x Landstrecke	-7.20	16.68
150 km x Stadt	11.68	25.10
150 km x Autobahn	7.23	18.20
150 km x Bundesstraße	-9.67	19.92
150 km x Landstrecke	-9.24	18.26
50 km x Stadt	-1.27	13.14
50 km x Autobahn	-12.45	18.24
50 km x Bundesstraße	-3.04	23.50
50 km x Landstrecke	16.76	23.20
Reserve x Stadt	3.00	19.58
Reserve x Autobahn	6.43	22.41
Reserve x Bundesstraße	-9.10	23.21
Reserve x Landstrecke	-0.32	21.97

Tabelle B.12.: Teilnutzenwerte (nullzentriert) der Interaktionseffekte und zugehörige Standardabweichungen - Restreichweite x Vertrautheit der Umgebung

Attributausprägung	Teilnutzenwert	Standardabweichung
300 km x bekannte Umgebung	7.96	13.16
300 km x unbekannte Umgebung	-7.96	13.16
150 km x bekannte Umgebung	-8.80	14.27
150 km x unbekannte Umgebung	8.80	14.27
50 km x bekannte Umgebung	-8.86	13.03
50 km x unbekannte Umgebung	8.86	13.03
Reserve x bekannte Umgebung	9.70	17.64
Reserve x unbekannte Umgebung	-9.70	17.64

Tabelle B.13.: Teilnutzenwerte (nullzentriert) der Interaktionseffekte und zugehörige Standardabweichungen - Aktueller Preis x Phase der Fahrt

Attributausprägung	Teilnutzenwert	Standardabweichung
teuer x Start (0%)	5.99	17.01
teuer x kurz nach dem Start (25%)	22.71	18.05
teuer x halbe Strecke (50%)	-26.75	21.38
teuer x kurz vor dem Ziel (75%)	-1.95	29.25
durchschnittlich x Start (0%)	-4.39	23.59
durchschnittlich x kurz nach dem Start (25%)	1.27	16.61
durchschnittlich x halbe Strecke (50%)	7.92	19.27
durchschnittlich x kurz vor dem Ziel (75%)	-4.80	22.35
günstig x Start (0%)	5.36	18.65
günstig x kurz nach dem Start (25%)	-4.50	19.92
günstig x halbe Strecke (50%)	4.09	15.99
günstig x kurz vor dem Ziel (75%)	-4.95	18.35
kostenlos x Start (0%)	-6.96	28.39
kostenlos x kurz nach dem Start (25%)	-19.49	22.08
kostenlos x halbe Strecke (50%)	14.74	19.41
kostenlos x kurz vor dem Ziel (75%)	11.71	30.61

Tabelle B.14.: Teilnutzenwerte (nullzentriert) der Interaktionseffekte und zugehörige Standardabweichungen - Aktueller Preis x Wegzweck

Attributausprägung	Teilnutzenwert	Standardabweichung
teuer x zur Arbeit	21.19	18.65
teuer x Holen oder Bringen von Personen	20.92	22.61
teuer x Einkaufen	-31.30	15.76
teuer x in den Urlaub	-10.81	19.03
durchschnittlich x zur Arbeit	2.00	31.61
durchschnittlich x Holen oder Bringen von Personen	-15.68	17.65
durchschnittlich x Einkaufen	3.02	14.65
durchschnittlich x in den Urlaub	10.66	24.11
günstig x zur Arbeit	-15.34	20.70
günstig x Holen oder Bringen von Personen	5.40	15.72
günstig x Einkaufen	8.50	13.06
günstig x in den Urlaub	1.43	19.07
kostenlos x zur Arbeit	-7.85	33.15
kostenlos x Holen oder Bringen von Personen	-10.64	18.79
kostenlos x Einkaufen	19.78	15.35
kostenlos x in den Urlaub	-1.29	27.59

Tabelle B.15.: Teilnutzenwerte (nullzentriert) der Interaktionseffekte und zugehörige Standardabweichungen - Aktueller Preis x Notwendiger Umweg

Attributausprägung	Teilnutzenwert	Standardabweichung
teuer x 15 km	53.64	19.88
teuer x 10 km	40.42	24.02
teuer x 5 km	-26.03	20.31
teuer x 2 km	-68.04	30.28
durchschnittlich x 15 km	7.24	22.24
durchschnittlich x 10 km	-9.20	18.10
durchschnittlich x 5 km	-7.72	14.54
durchschnittlich x 2 km	9.68	17.97
günstig x 15 km	-13.98	14.65
günstig x 10 km	-10.99	17.03
günstig x 5 km	6.91	17.12
günstig x 2 km	18.05	20.95
kostenlos x 15 km	-46.91	19.25
kostenlos x 10 km	-20.23	25.98
kostenlos x 5 km	26.83	20.76
kostenlos x 2 km	40.30	25.52

Tabelle B.16.: Teilnutzenwerte (nullzentriert) der Interaktionseffekte und zugehörige Standardabweichungen - Aktueller Preis x Angebot vor Ort

Attributausprägung	Teilnutzenwert	Standardabweichung
teuer x Sanitäranlagen	17.00	20.81
teuer x Café	-9.31	19.57
teuer x Restaurant	-0.18	24.09
teuer x Supermarkt	-7.51	20.02
durchschnittlich x Sanitäranlagen	-16.17	20.03
durchschnittlich x Café	3.36	21.85
durchschnittlich x Restaurant	15.33	18.23
durchschnittlich x Supermarkt	-2.52	17.01
günstig x Sanitäranlagen	-13.16	14.73
günstig x Café	15.95	17.59
günstig x Restaurant	-1.83	16.71
günstig x Supermarkt	-0.97	15.13
kostenlos x Sanitäranlagen	12.32	24.98
kostenlos x Café	-10.01	25.51
kostenlos x Restaurant	-13.32	20.54
kostenlos x Supermarkt	11.00	20.11

Tabelle B.17.: Teilnutzenwerte (nullzentriert) der Interaktionseffekte und zugehörige Standardabweichungen - Phase der Fahrt x Wegzweck

Attributausprägung	Teilnutzenwert	Standardabweichung
Start (0%) x zur Arbeit	9.88	19.30
Start (0%) x Holen oder Bringen von Personen	-3.47	15.00
Start (0%) x Einkaufen	2.05	17.94
Start (0%) x in den Urlaub	-8.46	21.45
kurz nach dem Start (25%) x zur Arbeit	-13.71	21.70
kurz nach dem Start (25%) x Holen oder Bringen von Personen	1.79	14.93
kurz nach dem Start (25%) x Einkaufen	8.73	17.13
kurz nach dem Start (25%) x in den Urlaub	3.19	23.47
halbe Strecke (50%) x zur Arbeit	8.22	17.61
halbe Strecke (50%) x Holen oder Bringen von Personen	-4.79	16.45
halbe Strecke (50%) x Einkaufen	-13.97	20.35
halbe Strecke (50%) x in den Urlaub	10.54	17.94
kurz vor dem Ziel (75%) x zur Arbeit	-4.39	17.26
kurz vor dem Ziel (75%) x Holen oder Bringen von Personen	6.47	18.16
kurz vor dem Ziel (75%) x Einkaufen	3.19	15.69
kurz vor dem Ziel (75%) x in den Urlaub	-5.26	17.95

Tabelle B.18.: Teilnutzenwerte (nullzentriert) der Interaktionseffekte und zugehörige Standardabweichungen - Phase der Fahrt x Notwendiger Umweg

Attributausprägung	Teilnutzenwert	Standardabweichung
Start (0%) x 15 km	10.18	18.12
Start (0%) x 10 km	-1.03	20.74
Start (0%) x 5 km	-2.84	20.80
Start (0%) x 2 km	-6.31	27.51
kurz nach dem Start (25%) x 15 km	-15.44	15.39
kurz nach dem Start (25%) x 10 km	12.83	21.89
kurz nach dem Start (25%) x 5 km	-1.21	23.42
kurz nach dem Start (25%) x 2 km	3.82	28.99
halbe Strecke (50%) x 15 km	-10.68	20.69
halbe Strecke (50%) x 10 km	-17.16	16.60
halbe Strecke (50%) x 5 km	13.85	18.39
halbe Strecke (50%) x 2 km	13.99	18.04
kurz vor dem Ziel (75%) x 15 km	15.94	15.92
kurz vor dem Ziel (75%) x 10 km	5.36	12.87
kurz vor dem Ziel (75%) x 5 km	-9.79	17.70
kurz vor dem Ziel (75%) x 2 km	-11.51	14.81

Tabelle B.19.: Teilnutzenwerte (nullzentriert) der Interaktionseffekte und zugehörige Standardabweichungen - Phase der Fahrt x Umgebung

Attributausprägung	Teilnutzenwert	Standardabweichung
Start (0%) x Stadt	-10.92	21.14
Start (0%) x Autobahn	11.27	21.29
Start (0%) x Bundesstraße	0.02	19.95
Start (0%) x Landstrecke	-0.38	15.40
kurz nach dem Start (25%) x Stadt	4.85	21.71
kurz nach dem Start (25%) x Autobahn	-28.56	17.99
kurz nach dem Start (25%) x Bundesstraße	5.79	17.26
kurz nach dem Start (25%) x Landstrecke	17.93	19.98
halbe Strecke (50%) x Stadt	-1.23	19.57
halbe Strecke (50%) x Autobahn	8.01	14.72
halbe Strecke (50%) x Bundesstraße	3.51	15.30
halbe Strecke (50%) x Landstrecke	-10.29	18.11
kurz vor dem Ziel (75%) x Stadt	7.30	19.71
kurz vor dem Ziel (75%) x Autobahn	9.27	16.05
kurz vor dem Ziel (75%) x Bundesstraße	-9.31	14.39
kurz vor dem Ziel (75%) x Landstrecke	-7.26	16.59

Tabelle B.20.: Teilnutzenwerte (nullzentriert) der Interaktionseffekte und zugehörige Standardabweichungen - Phase der Fahrt x Umgebung

Attributausprägung	Teilnutzenwert	Standardabweichung
Start (0%) x bekannte Umgebung	1.42	12.19
Start (0%) x unbekannte Umgebung	-1.42	12.19
kurz nach dem Start (25%) x bekannte Umgebung	3.39	14.11
kurz nach dem Start (25%) x unbekannte Umgebung	-3.39	14.11
halbe Strecke (50%) x bekannte Umgebung	5.03	14.10
halbe Strecke (50%) x unbekannte Umgebung	-5.03	14.10
kurz vor dem Ziel (75%) x bekannte Umgebung	-9.84	18.77
kurz vor dem Ziel (75%) x unbekannte Umgebung	9.84	18.77

Tabelle B.21.: Teilnutzenwerte (nullzentriert) der Interaktionseffekte und zugehörige Standardabweichungen - Wegzweck x Notwendiger Umweg

Attributausprägung	Teilnutzenwert	Standardabweichung
zur Arbeit x 15 km	15.98	16.41
zur Arbeit x 10 km	6.39	18.42
zur Arbeit x 5 km	-8.14	24.19
zur Arbeit x 2 km	-14.23	18.51
Holen oder Bringen von Personen x 15 km	21.51	21.00
Holen oder Bringen von Personen x 10 km	-17.15	28.18
Holen oder Bringen von Personen x 5 km	-1.15	25.91
Holen oder Bringen von Personen x 2 km	-3.21	18.10
Einkaufen x 15 km	-15.55	14.84
Einkaufen x 10 km	15.71	17.20
Einkaufen x 5 km	-5.52	13.57
Einkaufen x 2 km	5.36	16.18
in den Urlaub x 15 km	-21.94	32.05
in den Urlaub x 10 km	-4.95	20.02
in den Urlaub x 5 km	14.80	23.84
in den Urlaub x 2 km	12.09	16.78

Tabelle B.22.: Teilnutzenwerte (nullzentriert) der Interaktionseffekte und zugehörige Standardabweichungen - Notwendiger Umweg x Vertrautheit der Umgebung

Attributausprägung	Teilnutzenwert	Standardabweichung
15 km x Stadt	-2.72	17.30
15 km x Autobahn	4.10	22.50
15 km x Bundesstraße	-12.00	19.77
15 km x Landstrecke	10.62	15.79
10 km x Stadt	-1.99	18.28
10 km x Autobahn	1.10	17.47
10 km x Bundesstraße	-3.59	25.40
10 km x Landstrecke	4.47	17.87
5 km x Stadt	2.85	18.37
5 km x Autobahn	-2.87	12.05
5 km x Bundesstraße	2.05	20.42
5 km x Landstrecke	-2.03	17.73
2 km x Stadt	1.86	12.19
2 km x Autobahn	-2.33	17.45
2 km x Bundesstraße	13.54	16.24
2 km x Landstrecke	-13.06	17.24

Tabelle B.23.: Teilnutzenwerte (nullzentriert) der Interaktionseffekte und zugehörige Standardabweichungen - Notwendiger Umweg x Vertrautheit der Umgebung

Attributausprägung	Teilnutzenwert	Standardabweichung
15 km x bekannte Umgebung	-2.39	13.43
15 km x unbekannte Umgebung	2.39	13.43
10 km x bekannte Umgebung	2.54	14.84
10 km x unbekannte Umgebung	-2.54	14.84
5 km x bekannte Umgebung	-0.76	12.39
5 km x unbekannte Umgebung	0.76	12.39
2 km x bekannte Umgebung	0.60	13.81
2 km x unbekannte Umgebung	-0.60	13.81

In der Reihe **Schriften des HCI Center der RWTH Aachen University** zuletzt erschienen:

Linzenich, Anika:
Wahrnehmung und soziale Akzeptanz von Carbon Capture and Utilization
ISBN 978-3-98555-075-3
Erscheinungsdatum: 14.07.2022

Philipsen, Ralf:
Übergang zu postfossiler Mobilität: Integration von Nutzeranforderungen und Verhaltensmustern in die Planung von Ladeinfrastruktur für Elektroautos
ISBN 978-3-98555-081-4
Erscheinungsdatum: 24.05.2022

Vervier, Luisa Sophie:
Akzeptanz, Nutzerdiversität und Design digitaler Informations- und Kommunikationstechnologien im Gesundheitswesen
ISBN 978-3-98555-000-5
Erscheinungsdatum: 30.09.2021

Offermann-van Heek, Julia:
Perspektiven-abhängige Wahrnehmung von Altern und Pflege verbunden mit der Akzeptanz unterstützender Technik
ISBN 978-3-86359-970-6
Erscheinungsdatum: 25.05.2021

Edition Wissenschaft
Apprimus

Himmel, Simon:
Medizintechnik für eine alternde Gesellschaft: Wirkung von Technik und Raum auf die nutzerzentrierte Akzeptanzbewertung von Ambient Assisted Living
ISBN: 978-3-86359-823-5
Erscheinungsdatum: 05.03.2020

Zaunbrecher, Barbara:
Öffentliche Wahrnehmung von Infrastruktur für die Energiewende: Die soziale Akzeptanz von Stromspeichern
ISBN: 978-3-86359-782-5
Erscheinungsdatum: 22.11.2019

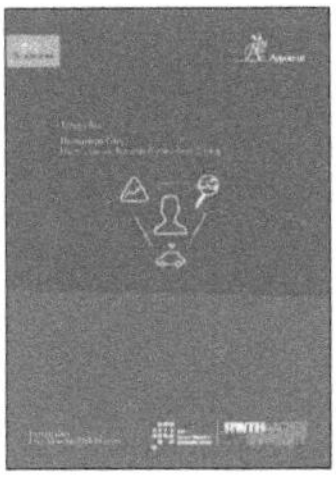

Brell, Teresa:
Humans in Cars. Users' Journey Towards Autonomous Driving
ISBN: 978-3-86359-785-6
Erscheinungsdatum: 05.11.2019

Lidynia, Chantal:
Count in IT! - Understandig the Acceptance of Life-Logging
ISBN: 978-3-86359-718-4
Erscheinungsdatum: 14.06.2019

Edition Wissenschaft
Apprimus

FSC
www.fsc.org
MIX
Papier | Fördert gute Waldnutzung
FSC® C083411

Zeitfracht Medien GmbH
Ferdinand-Jühlke-Straße 7
99095 Erfurt, Deutschland
produktsicherheit@kolibri360.de